从零开始学技能丛书

从零开始学万用表

快 速 入 门

韩雪涛　主　编
吴　瑛　韩广兴　副主编

本书是一本从零基础开始、系统全面地讲解万用表相关知识和实用技能的图书。本书以国家相关职业资格标准为指导，从初学者的实际岗位需求出发，根据万用表在行业一线的应用特点，将万用表相关的基础知识和实用技能提炼划分成不同模块。具体内容涵盖万用表的种类特点，数字万用表和指针万用表的使用练习，万用表检测电流、电压的方法，万用表检测电子元器件、电气零部件的方法，以及使用万用表进行常见电工电子产品的检修等。书中每个模块的知识和技能都严格遵循国家职业资格标准和相关行业规范，大量的实用案例配合多媒体图解演示，让即使是零基础的初学者在学习万用表时也能非常轻松并快速入门，也为今后的实际工作积累经验，以利于实现从零基础起步快速入门到全面精通的技能飞跃。

本书适合从事和希望从事电工电子领域相关工作的专业技术人员以及业余爱好者阅读，既可作为专业技能认证的培训教材，也可作为各职业技术院校相关专业的实习实训教材来使用。

图书在版编目（CIP）数据

从零开始学万用表快速入门 / 韩雪涛主编 . —北京：中央民族大学出版社，2022.9

（从零开始学技能丛书）

ISBN 978-7-5660-2102-1

Ⅰ . ①从…　Ⅱ . ①韩…　Ⅲ . ①复用电表　Ⅳ . ① TM938.107

中国版本图书馆 CIP 数据核字（2022）第 125993 号

从零开始学万用表快速入门

主　　编　韩雪涛　　策　　划　技高学堂
责任编辑　杜星宇　　责任校对　何晓雨
出版发行　中央民族大学出版社
北京市海淀区中关村南大街27号　　邮编：100081
电话：（010）68472815（发行部）　传真：（010）68932751（发行部）
（010）68932218（总编室）　（010）68932447（办公室）
经 销 者　全国各地新华书店
印 刷 厂　北京时尚印佳彩色印刷有限公司
开　　本　145mm × 210mm　1/32　　印　　张　8.5
字　　数　270千字
版　　次　2022年9月第1版　　印　　次　2022年9月第1次印刷
书　　号　ISBN 978-7-5660-2102-1
定　　价　49.90元

前　言

万用表的基础知识和实用技能，对电工电子领域的相关工作岗位来说，是非常基础也非常重要的。随着国民经济的发展和科学技术的进步，特别是随着城乡建设步伐的加快和人们生活水平的提高，社会上每年都会涌现大量的电工电子领域的就业岗位。而无论是电子产品的生产、销售、运维，还是电工加工、安装、规划、检修，以及各种家用电器和工矿企业用电设备的维修养护，绝大部分的电工电子领域的工作岗位，都要求必须具备万用表相关的基础知识和实用技能。由此可见，**掌握万用表基础知识和实用技能，是极其重要的！**

针对强劲的市场需求，根据工作岗位对万用表相关知识和技能的需要，结合初学者的学习特点，我们组织众多的具有丰富的教学经验和岗位实操经验的专家作者，专门编写了这本《从零开始学习万用表快速入门》，以满足读者**轻松学习、快速入门**的需要，并为读者今后的实际工作积累经验，以利于实现从零基础起步快速入门到全面精通的技能飞跃。

本书定位于电工电子领域的初级和中级读者，是一本从零基础起步专门讲授万用表相关基础知识和实用技能的、多媒体形式的、实用型自学和培训读物。以**“知识够用、技能实用”**为编写理念，本书具有“内容精练”“易学易用”“视频讲解”“快速入门”的鲜明特点。

内容精练就是本着实用够用的原则，将真正重要的基础知识和基本技能包含其中，按照读者的学习规律和习惯，系统全面地搭建学习万用表的体系架构，让读者通过学习能够最大限度掌握必备的基础知识和基本技能。

易学易用就是摒弃大段烦琐的文字叙述，而尽量采用精美的图表，让读者更容易学习和掌握知识的重点与学习的关键点，更容易学以致用。技能通过实战案例来检验，学后就能上手解决实际工作中的问题。做到书本学习与岗位实战的无缝对接，真正能够指导就业和实际工作。

视频讲解则是充分考虑了目前读者的学习方式和学习习惯，将新媒体的学习模式与传统纸质图书相结合，对于知识重点、关键点和拓展内容，都会放置相应的二维码。读者可以通过手机扫描二维码获得最便捷最直观的学习体验，尽可能地缩短学习周期。

快速入门就是通过巧妙编排的内容体系和图表详解再结合二维码的丰富表达，使读者通过以练代学、边学边练的方式，真正做到一看就懂、一学就会，实现知识和技能的快速提升，大大提高学习的效率，达到轻松学习、快速入门的效果。

需要特别说明的是，为了便于读者能够尽快融入行业、融入岗位，所以本书所选用的多为实际工作案例，其中涉及的很多电路图纸都是来自厂家的原厂图纸。为了保证学习效果，便于读者对实物和现场进行比照学习，所以书中部分图形符号和文字符号并未严格按照国家标准进行统一修改，这点请广大读者特别注意。

同时为了便于直接服务广大读者，出版单位专门设立了“技高学堂”微信公众号。读者在学习中遇到相关问题，以及获取本书赠送的相关资料，或加入由知名技术专家及广大同行组成的微信群等，都可以通过微信扫描图中的“技高学堂”微信公众号与我们联系。另外，广大读者还可以通过加入 QQ 群来获取服务和咨询相关问题，群号为 455923666（请根据加群提示进行操作）。

虽然专业的知识和技能我们也一直在学习和探索，但由于水平有限

且编写时间仓促，书中难免会出现一些疏漏，欢迎广大读者指正，同时也期待与您的技术交流。

数码维修工程师鉴定指导中心

网址：http://www.taoo.cn

联系电话：022-83715667/13114807267

E-mail：chinadse@126.com

地址：天津市南开区榕苑路 4 号天发科技园 8-1-401

邮编：300384

编 者

目 录

第3章 /037
练习使用数字万用表

第4章 /049
掌握万用表检测电流的方法

第5章 /057 掌握万用表检测电压的方法

第6章 /069 万用表检测元器件的训练

第7章 /099

万用表检测电气零部件的训练

第8章 /129

万用表检修电风扇的训练

P141，P145

第9章 /151

万用表检修电饭煲的训练

第10章 /165

万用表检修微波炉的应用

P175，P176

第11章 /179

P187

万用表检修电话机的应用训练

第12章 /221

P245，P252

万用表检修洗衣机的应用

附 录 /258

本书二维码清单

第 1 章

认识万用表

1.1 认识指针万用表

1.1.1 了解指针万用表的特点

指针万用表是一种模拟式万用表，它利用一只灵敏的磁电式直流电流表（微安表）作为表头。测量时，通过功能旋钮设置不同的测量项目和挡位，表头指针直接在表盘上指示测量结果。其最大特点是能够直观地检测出电流、电压等参数的变化过程和变化方向。

相对于其他一些常用的检测仪表来说，指针万用表使用方法简单，易于操作，功能强大，应用十分广泛。下面首先从指针万用表的键钮分布入手进行介绍。不同品牌和型号的指针万用表检测的项目虽有不同，但结构组成基本相同。图 1-1 所示为典型指针万用表的基本结构。

1.1.2 了解指针万用表的键钮功能

指针万用表的功能很多，主要通过选择不同的功能挡位实现检测，因此在使用指针万用表前，应先熟悉万用表的键钮分布及各个键钮的功能。

如图 1-2 所示，典型指针万用表主要由表盘（刻度盘）、指针、表头校正螺钉、晶体三极管检测插孔、零欧姆校正钮、功能旋钮、（正 / 负极性）表笔插孔、2500V电压检测插孔、5A电流检测插孔及（红/黑）表笔等组成。

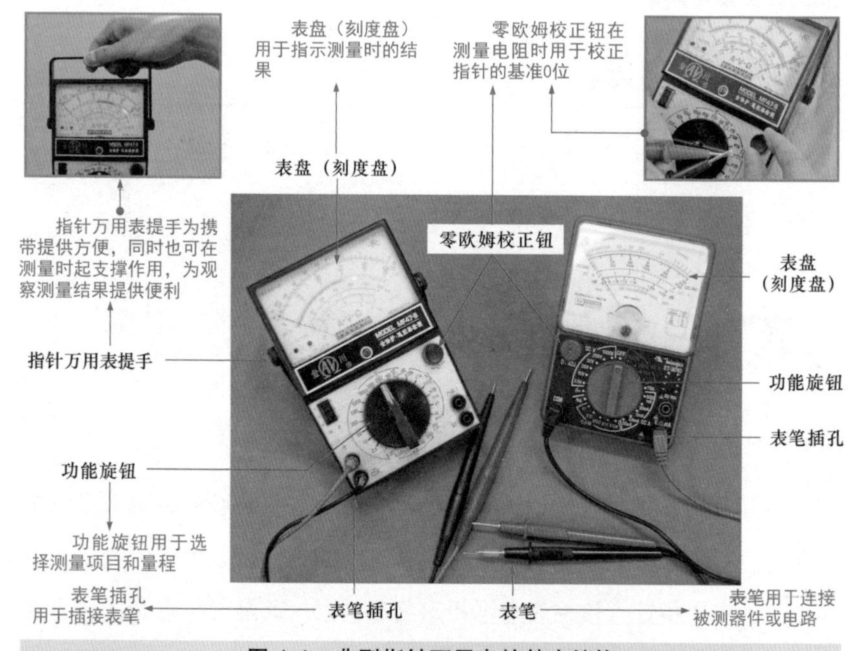

图 1-1　典型指针万用表的基本结构

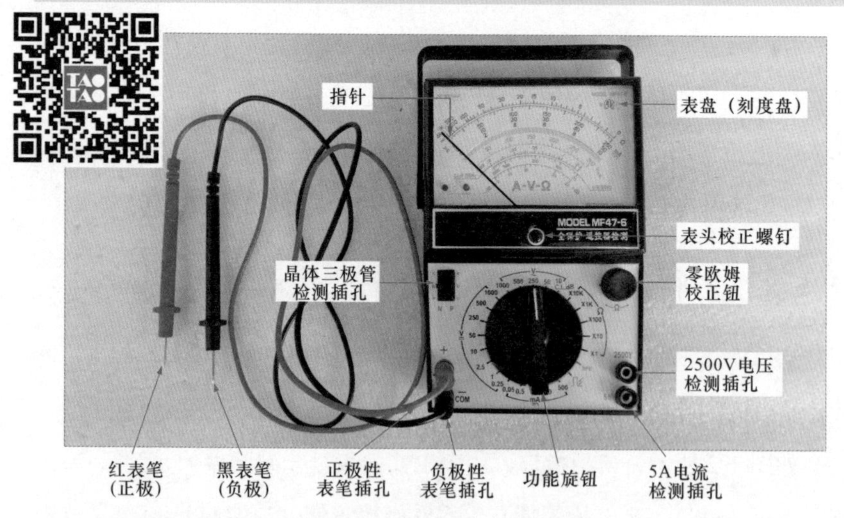

图 1-2　典型指针万用表的键钮分布

1 表盘（刻度盘）

表盘（刻度盘）位于指针万用表的最上方，由多条弧线构成，用于显示测量结果。由于指针万用表的功能很多，因此表盘上通常有许多刻度线和刻度值，如图 1-3 所示。指针万用表的表盘上面是由多条同心弧线构成的，每一条弧线上还标识出了与量程选择旋钮相对应的刻度值。

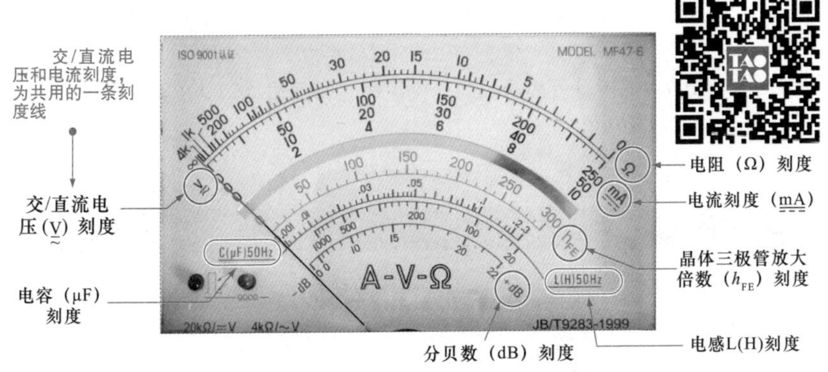

图 1-3 指针万用表的表盘（刻度盘）

图 1-4 所示为指针万用表表盘（刻度盘）各刻度线的功能。

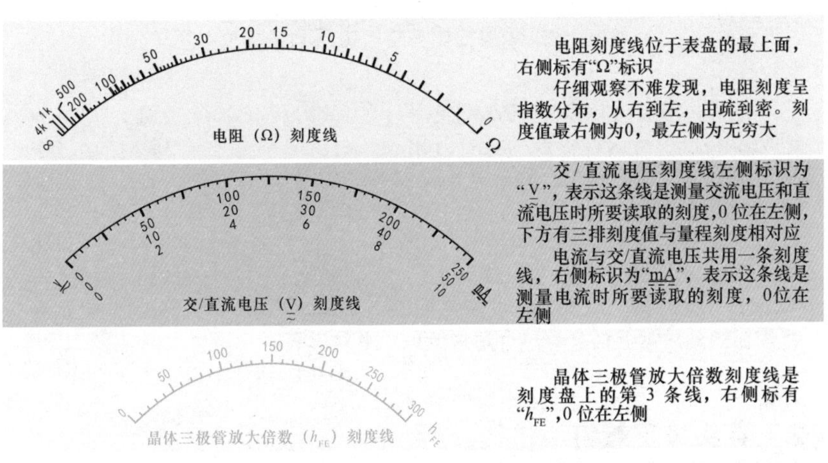

图 1-4 指针万用表表盘（刻度盘）各刻度线的功能

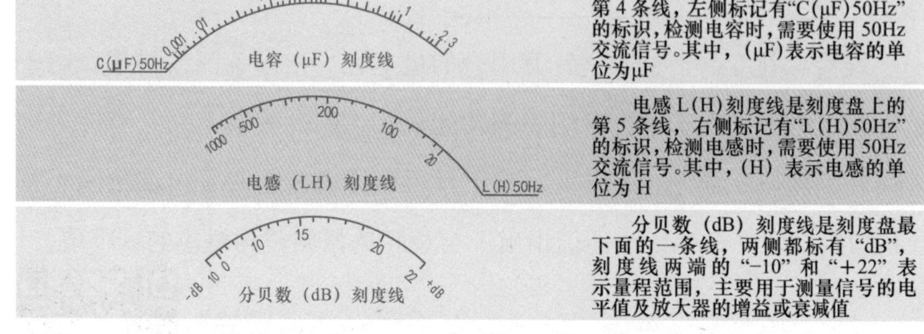

图 1-4　指针万用表表盘（刻度盘）各刻度线的功能（续）

提示

有一些指针万用表未专门设置分贝测量挡位（dB 挡）。通常，这种万用表的分贝测量挡位与交流电压测量挡位共用一个挡位设置，如图 1-5 所示。

交流电压测量挡位	附加dB数
AC 10V挡	0
AC 50V挡	14
AC 250V挡	28
AC 1000V挡	40

附加dB数说明

交流电压测量挡位与分贝测量挡位共用

交流电压测量挡位

图 1-5　分贝测量挡位与交流电压测量挡位共用

通常，遵照国际标准，0dB（电平）的标准为在 600Ω 负载上加 1mW 的功率。若采用这种标准的指针万用表，则 0dB 对应交流 10V 挡刻度线上的 0.775V，-10dB 对应交流 10V 挡刻度线上的 0.45V，20dB 对应交流 10V 挡刻度线上的 7.75V，而 10V 这一点则对应 +22dB。还有一些指针万用表采用 500Ω 负载加 6mW 功率作为 0dB 的标准，则这种指针万用表的 0dB 对应交流 10V 挡刻度线上的 1.732V 刻度。若测量的电平值大于 +22dB，就需要将功能旋钮设置在高量程交流电压挡。一般来说，在指针万用表的刻度盘上都会有一个附加分贝关系对应表。

2　表头校正螺钉

表头校正螺钉位于表盘下方的中央位置，用于指针万用表的机械调零，如图 1-6 所示。

3 功能旋钮

功能旋钮位于指针万用表的主体位置（面板），在其圆周标有测量功能及测量范围，通过旋转功能旋钮可选择不同的项目及挡位，如图 1-7 所示。

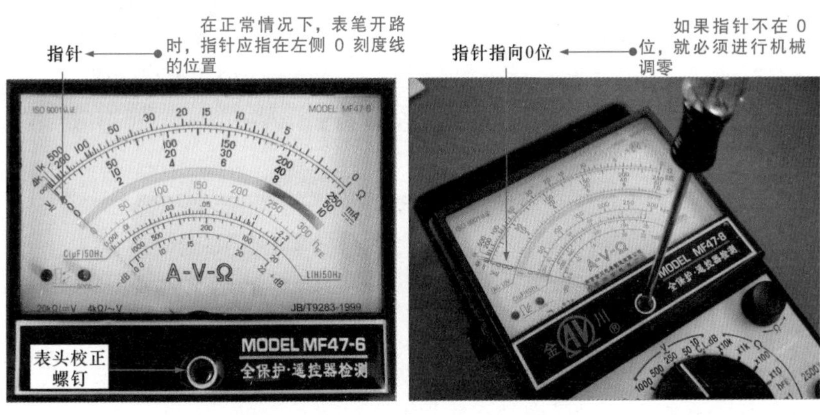

图 1-6 指针万用表的表头校正螺钉

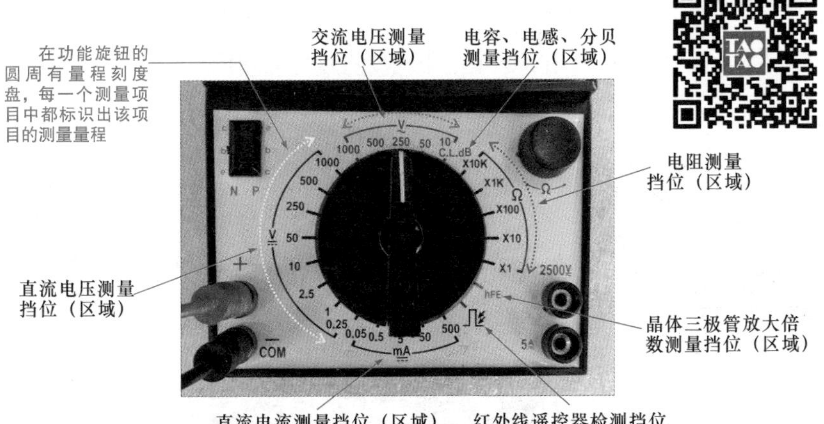

图 1-7 指针万用表的功能旋钮

图 1-8 所示为指针万用表功能旋钮各挡位的功能。

交流电压(V)测量挡位(区域)

测量交流电压时选择该挡。根据被测的电压值，可调整的量程范围为10V、50V、250V、500V、1000V

电容、电感、分贝(C.L.dB)测量挡位(区域)

测量电容器的电容量、电感器的电感量及分贝值时选择该挡位

电阻(Ω)测量挡位(区域)

测量电阻值时选择该挡。根据被测的电阻值，可调整的量程范围为 ×1、×10、×100、×1k、×10k。有些指针万用表的电阻检测区域中还有一挡位的标识为“·))”(蜂鸣挡)，主要是用于检测二极管及线路的通断

晶体三极管放大倍数(h_{FE})测量挡位(区域)

在指针万用表的电阻检测区域中可以看到有一个h_{FE}挡位，该挡位主要用于测量晶体三极管的放大倍数

红外线( )遥控器检测挡位

该挡位主要用于检测红外线发射器。当功能旋钮转至该挡位时，使用红外线发射器的发射头垂直对准表盘中的红外线遥控器检测挡位，并按下遥控器的功能按键。如果红色发光二极管（GOOD）闪亮，则表示该红外线发射器工作正常

直流电流(mA)测量挡位(区域)

测量直流电流时选择该挡。根据被测的电流值，可调整的量程范围为0.05mA、0.5mA、5mA、50mA、500mA、5A

直流电压(V)测量挡位(区域)

测量直流电压时选择该挡。根据被测的电压值，可调整的量程范围为0.25V、1V、2.5V、10V、50V、250V、500V、1000V

图 1-8 指针万用表功能旋钮各挡位的功能

4 零欧姆校正钮

零欧姆校正钮位于表盘下方，用于调整万用表测量电阻时指针的基准0位。在使用指针万用表测量电阻前要进行零欧姆校正，如图1-9所示。

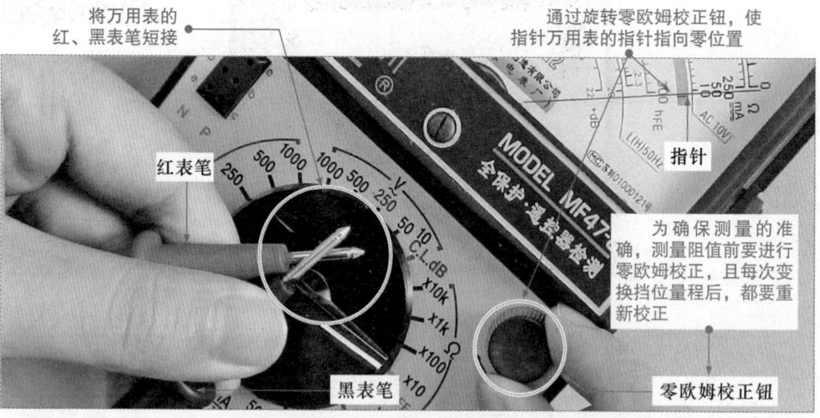

图 1-9 指针万用表的零欧姆校正钮

5 晶体三极管检测插孔

晶体三极管检测插孔位于操作面板的右侧，专门用来检测晶体三极管的放大倍数 h_{FE}，通常在晶体三极管检测插孔的上方标有“N”和“P”的文字标识，如图 1-10 所示。

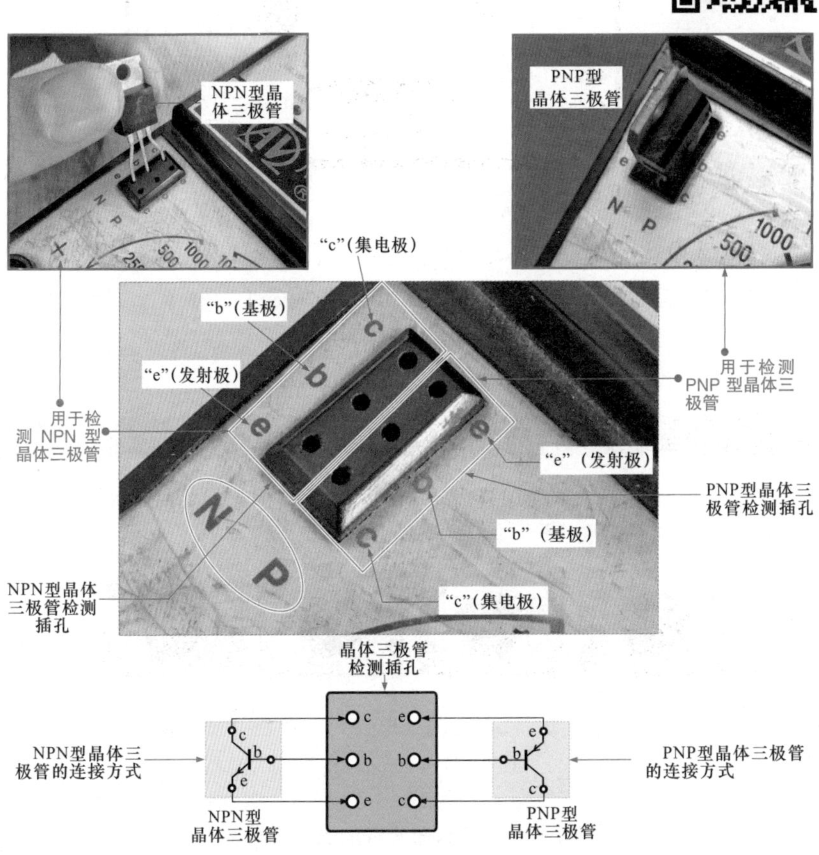

图 1-10 指针万用表的晶体三极管检测插孔

6 表笔插孔

通常在指针万用表的操作面板下面有 2 ~ 4 个插孔，用来与表笔相连（指针万用表的型号不同，表笔插孔的数量及位置都不相同）。指针万用表的每个插孔都用文字或符号标识，如图 1-11 所示。

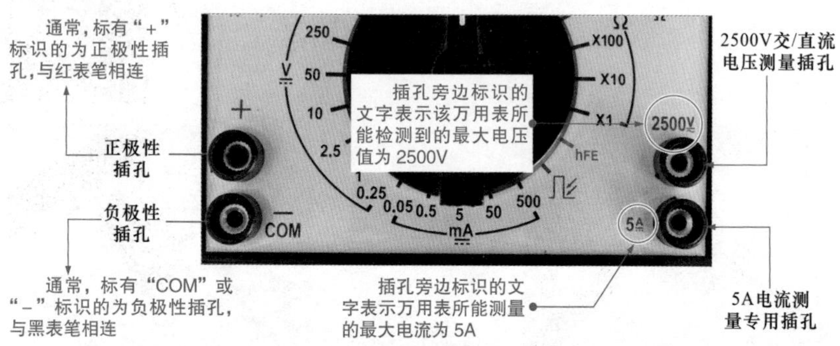

图 1-11 指针万用表的表笔插孔

提示

指针万用表测量不同项目时，两表笔插接的测量插孔与被测元器件（电路）的连接方式会有所区别，如图 1-12 所示。

a）测量电阻　b）测量电压　c）测量大电流（500mA～5A）　d）测量大电压（1000～2500V）

图 1-12 指针万用表的表笔插孔

7 表笔

指针万用表的表笔分别使用红色和黑色标识，主要用于待测电路、元器件与万用表之间的连接，如图 1-13 所示。

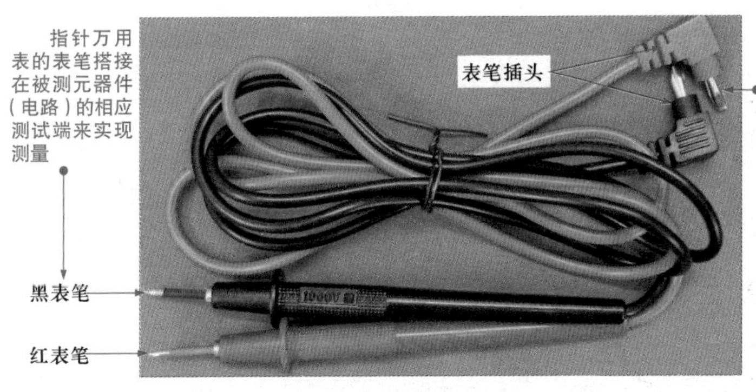

图 1-13　指针万用表的表笔

1.2 认识数字万用表

1.2.1 了解数字万用表的特点

数字万用表又称数字多用表，它采用数字处理技术直接显示所测得的数值。测量时，通过液晶显示屏下面的功能旋钮设置不同的测量项目和挡位，并通过液晶显示屏直接将所测量的电压、电流、电阻等测量结果显示出来。其最大的特点就是显示清晰、直观、读取准确，既保证了读数的客观性，又符合使用者的读数习惯。

图 1-14 所示为典型数字万用表的外形结构。数字万用表主要是由液晶显示屏、功能旋钮、功能按钮（电源按钮、峰值保持按钮、背光灯按钮、交 / 直流切换按钮）、表笔插孔（电流检测插孔、低于 200mA 电流检测插孔、公共接地插孔、电阻 / 电压 / 频率和二极管检测插孔）、表笔、附加测试器、热电偶传感器等构成的。

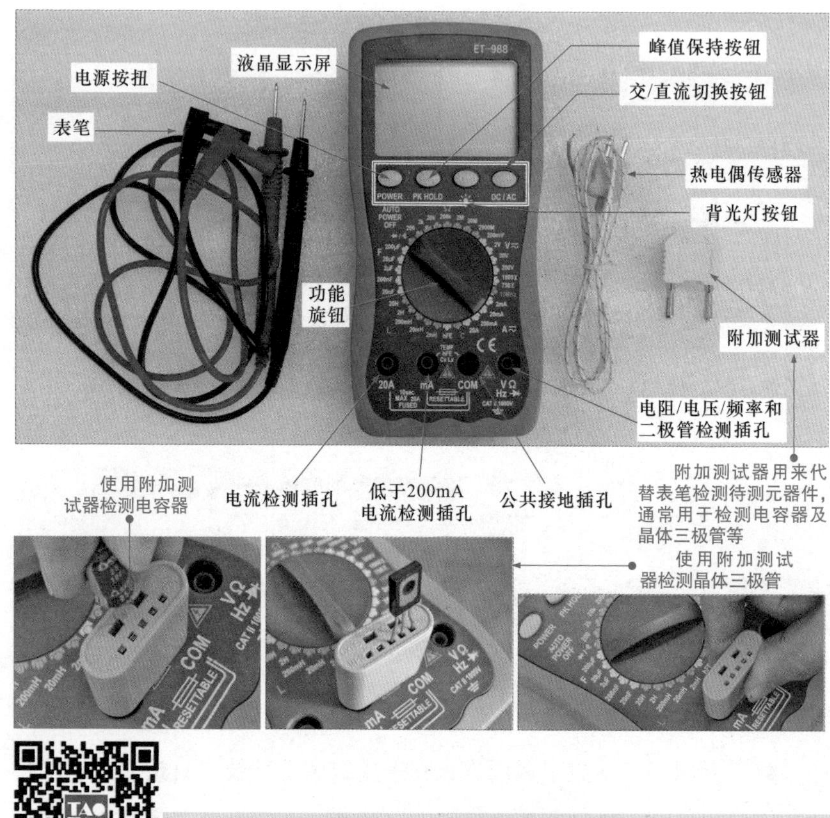

图 1-14　典型数字万用表的外形结构

1.2.2　了解数字万用表的键钮功能

1　液晶显示屏

液晶显示屏是用来显示当前测量状态和最终测量数值的，如图 1-15 所示。由于数字万用表的功能很多，因此在液晶显示屏上会有许多标识，会根据使用者选择的不同测量功能来显示不同的测量状态。

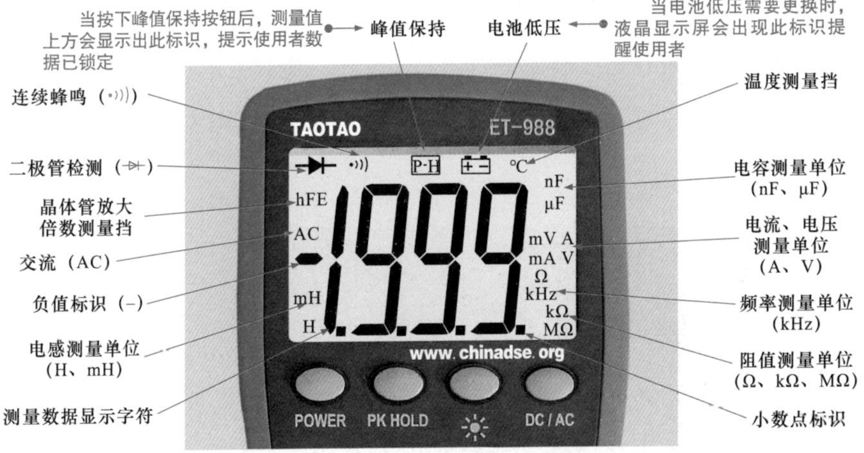

图 1-15　数字万用表的液晶显示屏

提示

有些数字万用表中的液晶显示屏还可以显示出表笔连接的插孔信息，当数字万用表的表笔插入表笔插孔后，会在液晶显示屏的下端显示出相应的连接标识，如图 1-16 所示。

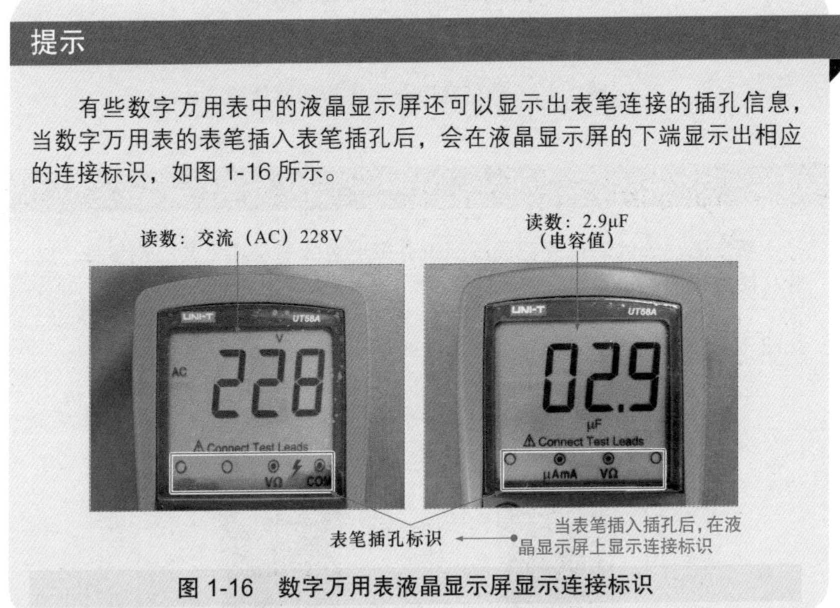

图 1-16　数字万用表液晶显示屏显示连接标识

2　功能旋钮

功能旋钮位于数字万用表的主体位置（面板），通过旋转功能旋钮可选择不同的测量项目及测量挡位。在功能旋钮的圆周上有多种测量功能标识，测量时仅需要旋动中间的功能旋钮，使其指示到相应的挡位，即可进入相应的测量状态。图 1-17 所示为典型数字万用表的功能旋钮。

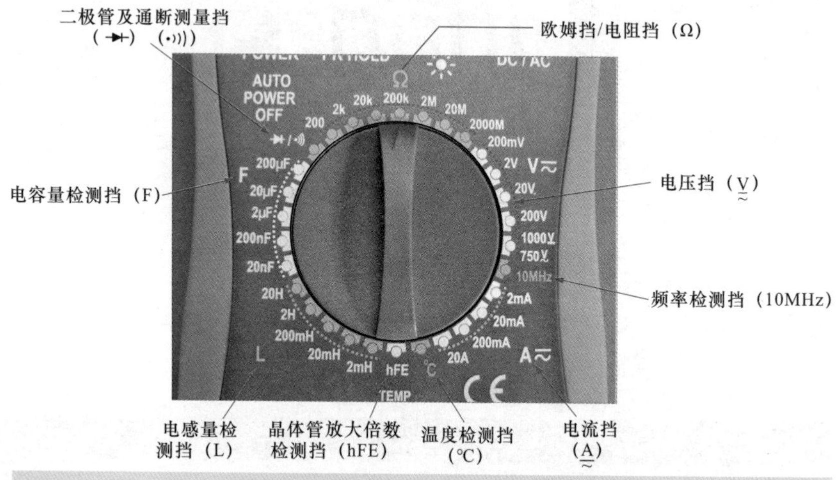

图 1-17　典型数字万用表的功能旋钮

提示

数字万用表的功能旋钮周围标识有万用表的测量项目及挡位量程。旋转功能旋钮使其对应相应的挡位量程后，即可实现相应的测量功能。目前，数字万用表主要分为手动量程数字万用表和自动量程数字万用表两大类，如图 1-18 所示。

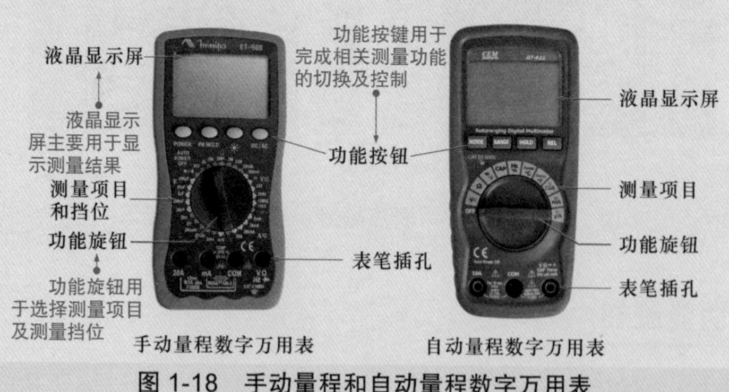

图 1-18　手动量程和自动量程数字万用表

下面来介绍手动量程数字万用表功能旋钮所对应的各挡位功能。一般来说，数字万用表都具有电阻测量、电压测量、频率测量、电流测量、温度测量、晶体管放大倍数测量、电感量测量、电容量测量及二极管通断测量九大功能。

（1）欧姆挡　欧姆挡位于最上端，测量电阻时选择该挡位。根据被测的电阻值，可调整的量程范围有 200、2k、20k、200k、2M、20M、2000M。

（2）电压挡　测量电压时选择该挡位。根据被测电压值的不同，可调整的量程范围有 200mV、2V、20V、200V、750V、1000V。

（3）频率检测挡　使用数字万用表检测频率时，可选择该挡位。

（4）电流挡　测量电流时选择该挡位。根据被测电流值的不同，可调整的量程范围有 2mA、20mA、200mA、20A。

（5）温度检测挡　当使用数字万用表检测温度时，可将功能旋钮调至该挡位。

（6）晶体管放大倍数检测挡　使用数字万用表检测晶体三极管的放大倍数时，可将功能旋钮调至该挡位。

（7）电感量检测挡　使用数字万用表检测电感器的电感量时，可将功能旋钮调至该挡位。

（8）电容量检测挡　使用数字万用表检测电容器的电容量时，可将功能旋钮调至该挡位。

（9）二极管及通断测量挡　使用数字万用表检测二极管性能是否良好或检测通断情况时，可将数字万用表的挡位调至该挡位并测量。

如图 1-19 所示，自动量程数字万用表的功能旋钮周围仅标识有挡位（测量项目）选项，没有明确的量程标识。

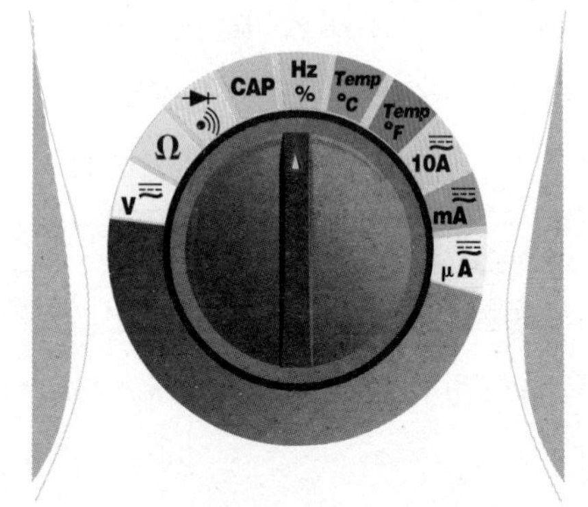

图 1-19　自动量程数字万用表的功能旋钮

因此，使用自动量程数字万用表测量时，只需将功能旋钮调整到对应的挡位，数字万用表便会根据实际测量情况自动实现测量功能，省去了根据测量对象（环境）预先设定量程的环节，非常智能和方便。

3　功能按钮

数字万用表的功能按钮位于数字万用表液晶显示屏与功能旋钮之间，测量时只需按动功能按钮，即可完成相关测量功能的切换及控制，如图 1-20 所示。数字万用表的功能按钮主要包括电源按钮、峰值保持按钮、背光灯按钮及交 / 直流切换按钮，每个按钮可以完成不同的功能。

（1）电源按钮　电源按钮周围通常标识有“POWER”，用来启动或关断数字万用表的供电电源。很多数字万用表都具有自动断电功能，长时间不使用时，万用表会自动切断电源。

（2）峰值保持按钮　峰值保持按钮周围通常标识有“HOLD”，用来锁定某一瞬间的测量结果，方便使用者记录数据。

（3）背光灯按钮　按下背光灯按钮后，液晶显示屏会点亮 5s，然后自动熄灭，方便使用者在黑暗的环境下观察测量数据。

（4）直 / 交流切换按钮　在直 / 交流切换按钮未被按下的情况下，

数字万用表测量直流电；按下按钮后，数字万用表测量交流电。

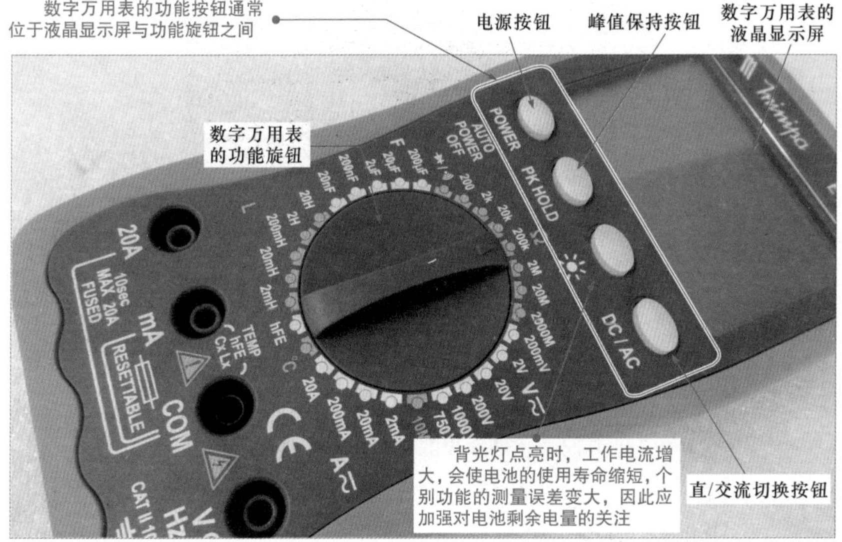

图 1-20　数字万用表的功能按钮

图 1-21 所示为自动量程数字万用表的功能按钮，包括量程按钮、模式按钮、数据保持按钮、相对值按钮。测量时只需按动功能按钮，即可完成相关测量功能的切换及控制。

4　表笔插孔

如图 1-22 所示，表笔插孔位于数字万用表下方，主要用于连接表笔。其中，标有“20A”的表笔插孔用于测量大电流（200mA ~ 20A）；标有“mA”的表笔插孔为低于 200mA 的电流检测插孔，也是附加测试器和热电偶传感器的负极输入端；标有“COM”的表笔插孔为公共接地插孔，主要用来连接黑表笔，也是附加测试器和热电偶传感器的正极输入端；标有“VΩHz”的表笔插孔为电阻 / 电压 / 频率和二极管检测插孔，主要用来连接红表笔。

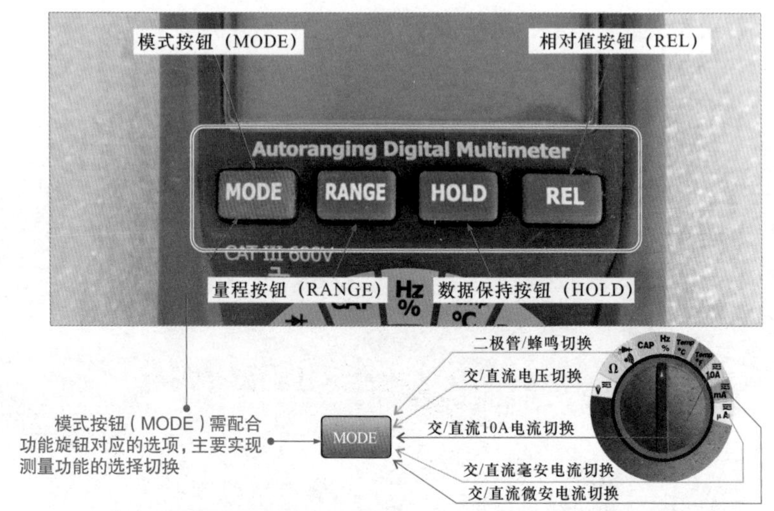

图 1-21　自动量程数字万用表的功能按钮

5　热电偶传感器

数字万用表配有一个热电偶传感器，主要用来测量物体或环境的温度，如图 1-23 所示。检测时，通过万用表表笔或附加测试器进行连接，实现数字万用表对温度的测量。

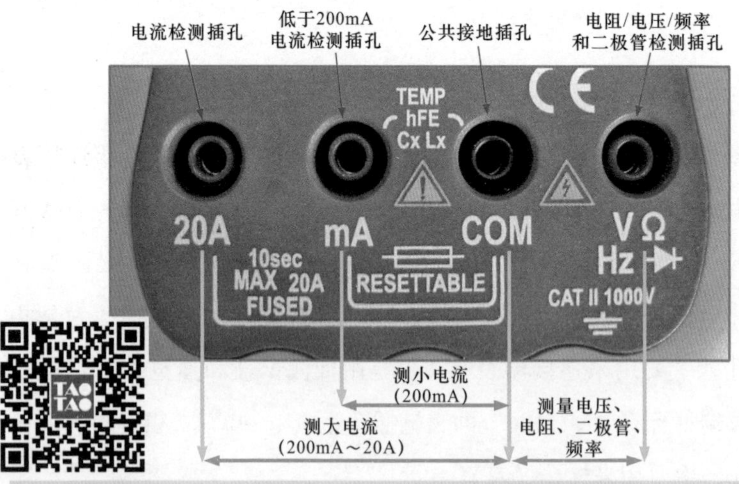

图 1-22　数字万用表的表笔插孔

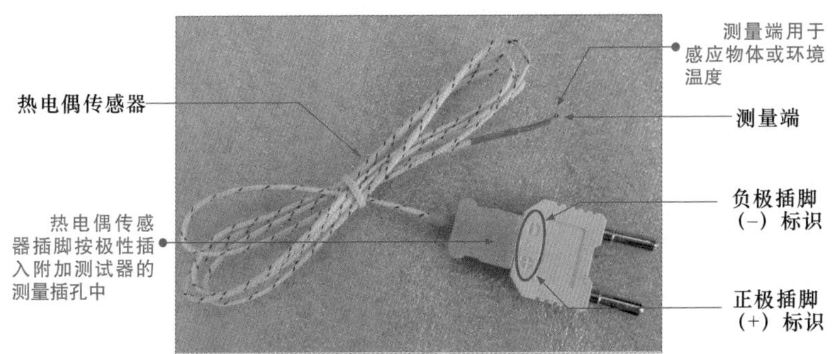

图 1-23　数字万用表的热电偶传感器

6　附加测试器

数字万用表几乎都配有一个附加测试器，其上设有插接元器件的插孔，主要用来代替表笔检测待测元器件。图 1-24 所示为数字万用表的附加测试器。

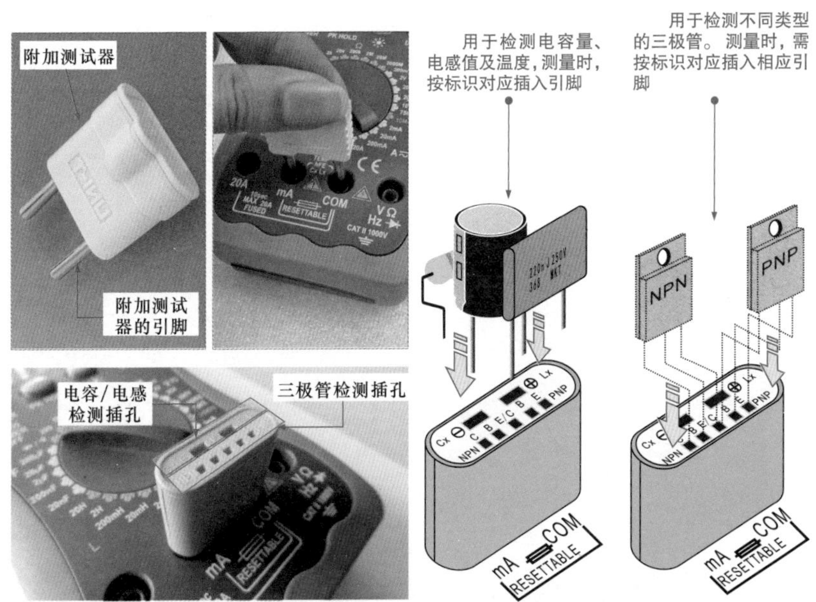

图 1-24　数字万用表的附加测试器

7 表笔

数字万用表的表笔分别使用红色和黑色标识，用于待测电路、元器件与数字万用表之间的连接。图 1-25 所示为数字万用表的表笔。

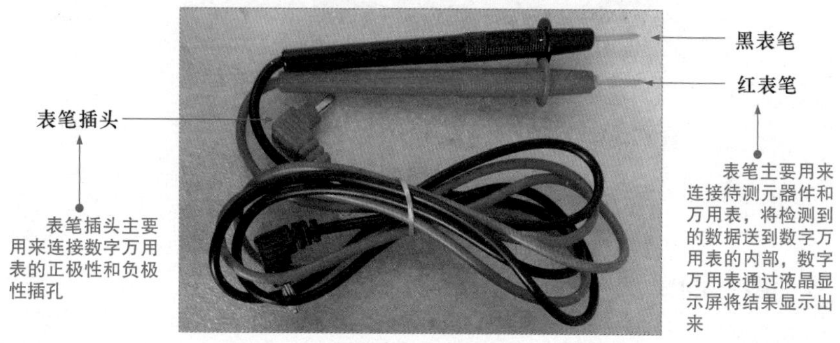

图 1-25 数字万用表的表笔

第 2 章

练习使用指针万用表

2.1 指针万用表的使用操作

2.1.1 连接指针万用表表笔

指针万用表有两支测量表笔：红表笔和黑表笔，使用指针万用表测量前，应先将两支表笔对应插入相应的表笔插孔中。图 2-1 所示为指针万用表测量表笔的连接操作。

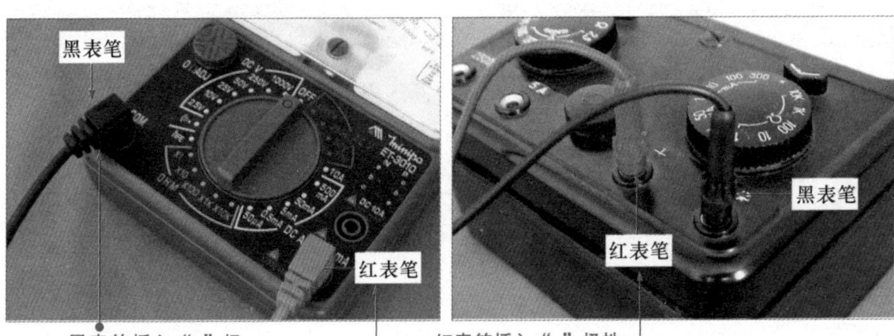

图 2-1 指针万用表测量表笔的连接操作

2.1.2 指针万用表的表头校正

指针万用表的表笔开路时，指针应指在 0 的位置。如果指针没有指在 0 的位置，则可用螺钉旋具微调校正螺钉使指针处于零位，完成对指针万用表的零位调整。这就是使用指针万用表测量前进行的表头校正，又称零位调整，如图 2-2 所示。

使用螺钉旋具旋转表头校正旋钮即可调整表头指针的偏摆

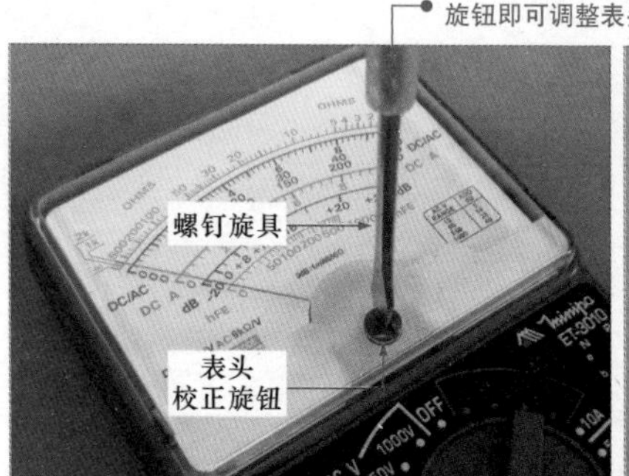

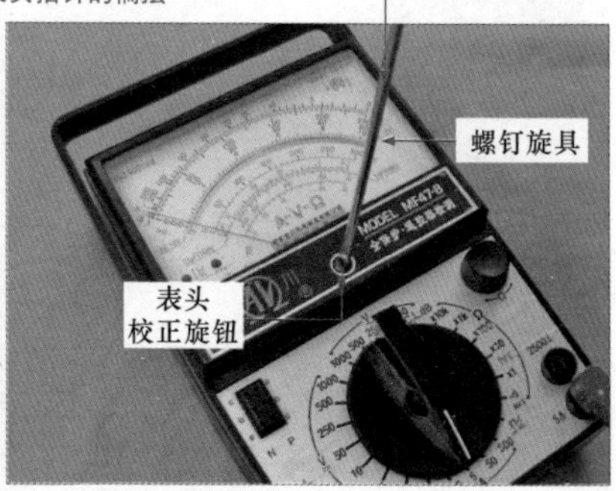

图 2-2　指针万用表的表头校正操作

提示

将万用表置于水平位置，表笔开路，观察指针是否位于刻度盘的零位。如表针偏正或者偏负，都应微调螺钉，使指针准确地对准零位。校正后能保持很长时间不用调整，通常只有在万用表受到较大的冲击、震动后才需要重新校正。如万用表在使用过程中超过量程出现“打表”的情况，则可能引起表针错位，需要注意。

2.1.3　测量范围的设置

根据测量的需要，无论是测量电流、电压还是电阻，均需要对量程范围进行设置。调整指针万用表的功能旋钮，将功能旋钮调整到相应的测量状态，如图 2-3 所示。

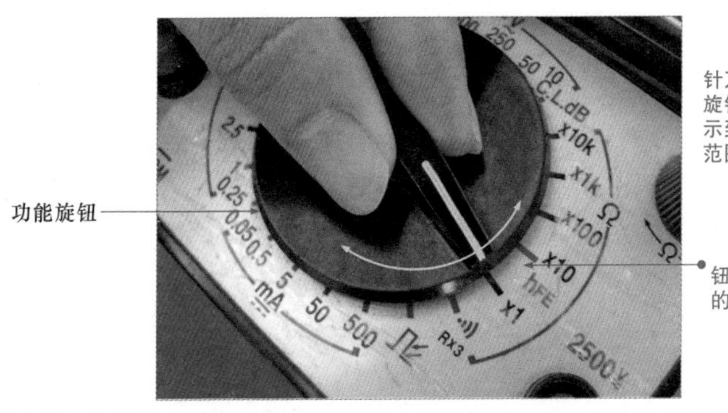

图 2-3　测量范围的设置方法

提示

被测电路或元器件的参数不能预测时，必须将指针万用表调到最大量程，先测大约的值，然后再切换到相应的测量范围进行准确的测量。这样既能避免损坏指针万用表，又可减少测量误差。

使用指针万用表测量之前，必须明确要测量的项目是什么，采取什么具体的测量方法，然后再选择相应的测量模式和适合的量程。每次测量时，务必要对测量的各项设置进行仔细核查，避免因错误设置造成仪表损坏。

2.1.4　零欧姆调整

在使用指针万用表测量电阻值时，首先需要对指针万用表进行零欧姆调整，保证准确度，如图 2-4 所示。

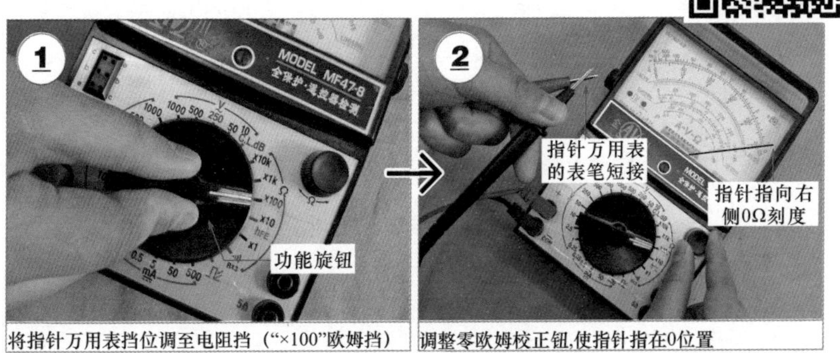

图 2-4　零欧姆调整

提示

在测量电阻值时，每变换一次挡位或量程，就需要重新通过零欧姆校正钮进行零欧姆调整，这样才能确保测量电阻值的准确。测量电阻值以外的其他量时，不需要进行零欧姆调整。

2.1.5 量程范围的选择

使用指针万用表测量时，根据被测量值大小来选择合适的量程才能获得精确的值。如果量程选择得不适当，会引起较大的误差。

例如，使用指针万用表检测五号电池的电压值。五号电池的标称电压值为1.5V，新电池的电压应大于1.6V。在该检测试验中所使用指针万用表的直流电压量程一共有8个，即0.25V/1V/2.5V/10V/50V/250V/500V/1000V。

如果选择500V(或1000V)挡检测五号电池的电压，如图2-5所示，每一小格相当于10V，表针微微摆动一点，就很难准确读出所测电压值。

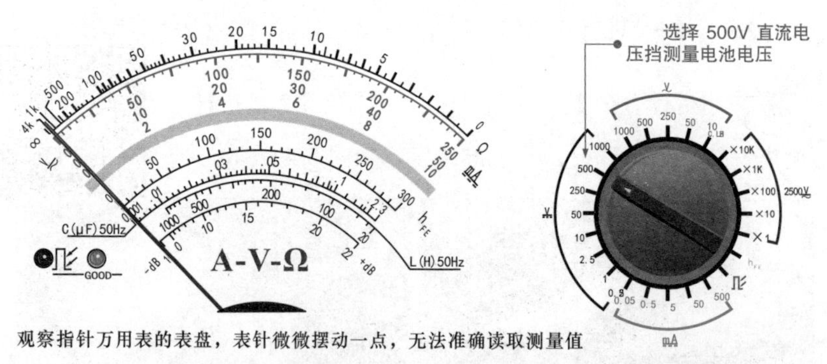

图2-5　选择500V量程挡位测量电池电压

如果选择量程为250V挡，如图2-6所示，每一小格相当于5V，表针摆不到半格，仍然读不出准确的数值。

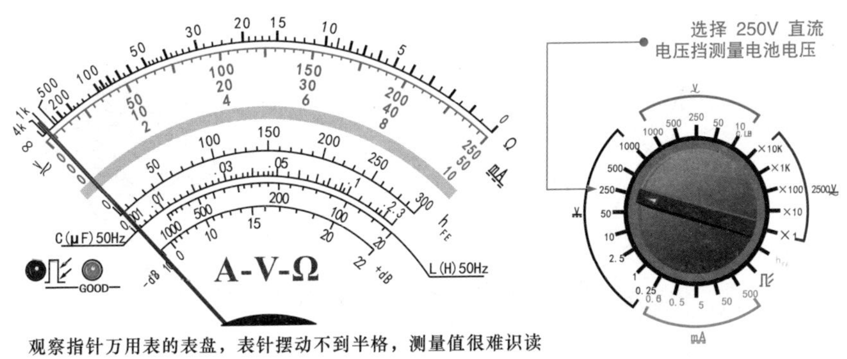

图 2-6　选择 250V 量程挡位测量电池电压

如果选择量程为 50V 挡，如图 2-7 所示，每一小格相当于 1V，表针摆动接近 2V，测量值可判断在 1 ~ 2V 之间，但不准确。

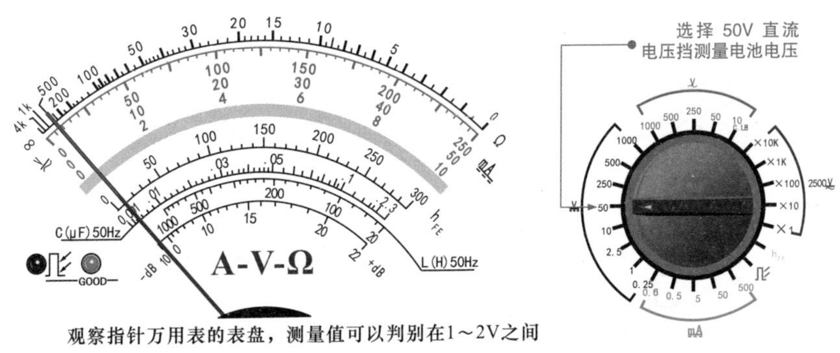

图 2-7　选择 50V 量程挡位测量电池电压

如果选择量程为 10V 挡，如图 2-8 所示，每 1 小格相当于 0.2V，表针指在 1.6 ~ 1.8V 之间，此值已接近电池的真实电压值。

如果选择量程为 2.5V 挡，如图 2-9 所示，每一小格相当于 0.05V，表针指示在 1.65 ~ 1.7V 中间的位置，此值最为精确，因而量程应选择 2.5V 挡。

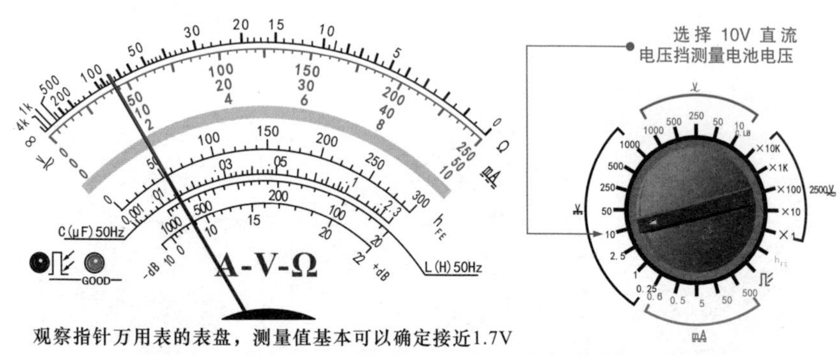

图 2-8　选择 10V 量程挡位测量电池电压

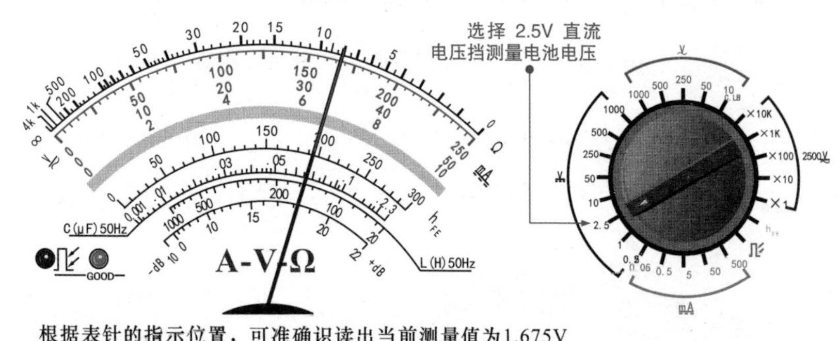

图 2-9　选择 2.5V 量程挡位测量电池电压

如果选择量程为 0.25V 挡，如图 2-10 所示，电池电压已超过测量范围，会出现打表现象，有可能损坏万用表，因而不能选择小于量程的挡位。

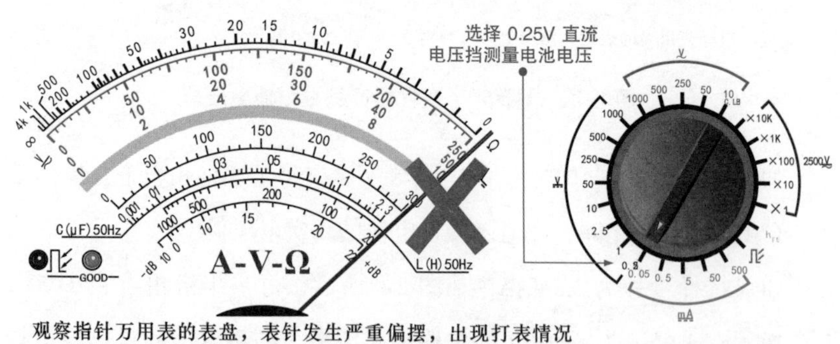

图 2-10　选择 0.25V 量程挡位测量电池电压

由于指针万用表是靠指针的偏摆角度与刻度盘对应读取测量数值的，因此在测量时选择正确的量程对于测量的准确度非常重要。通常，在指针偏摆角度很小的情况下，读数的误差较大。

图 2-11 所示为指针万用表测量电阻时的量程选择。

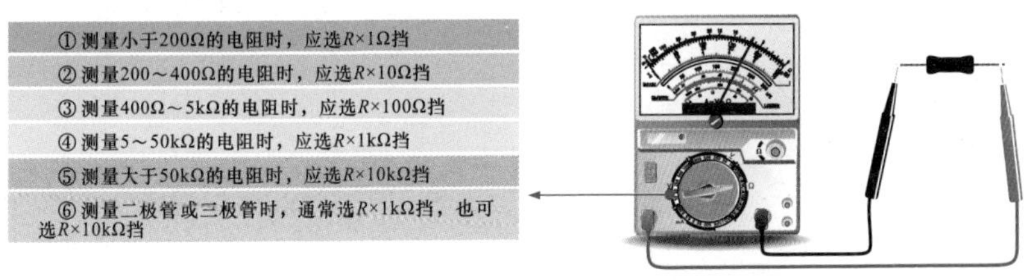

图 2-11 指针万用表测量电阻时的量程选择

图 2-12 所示为指针万用表测量直流电压时的量程选择。在检测电压之前，往往很难预测所测电压的范围，所以先选较大的量程试测。例如，先选 500V 挡试测，如果表针偏摆很小，再换量程为 50V；如表针偏摆不足 10V，再改量程为 10V 挡，即可测出小于 10V 的实测直流电压值。

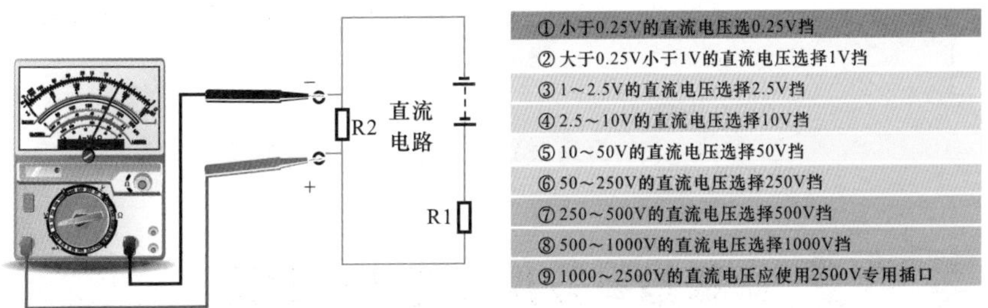

图 2-12 指针万用表测量直流电压时的量程选择

图 2-13 所示为指针万用表测量直流电流时的量程选择。测量直流电流前可对检测的值进行预测，如不能预测出电流的范围，也应先选择较大的量程，以免损坏万用表，因为过大的电流会引起表针或线圈损坏。

一般来说，普通指针万用表直流电流的最大量程为500mA，可用最大量程试测，观察表针的摆动情况。如发现表针摆幅小于50mA，则将万用表量程调至50mA挡再进行测量，即可测出准确的值。

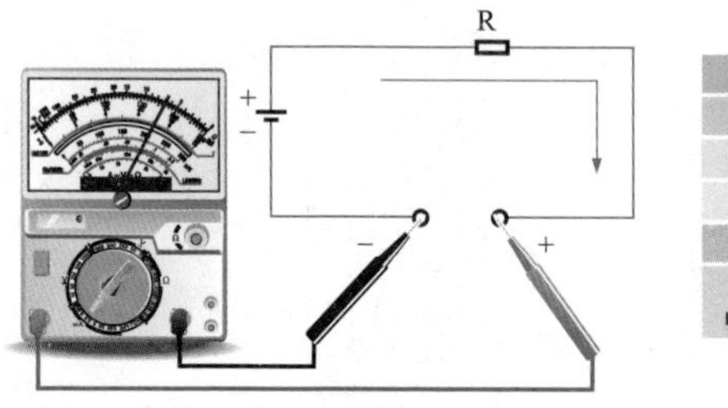

①测量小于0.25mA的电流选择0.25mA挡

②测量0.25～0.5mA的电流选择0.5mA挡

③测量0.5～5mA的电流选择5mA挡

④测量5～50mA的电流选择50mA挡

⑤测量50～500mA的电流选择500mA挡

⑥如测量电流很大，超过500mA，小于5A，则应用大电流检测插口

图 2-13　指针万用表测量直流电流时的量程选择

图2-14所示为指针万用表测量交流电压时的量程选择。量程调整与直流电压类似，应从大量程逐挡测试。

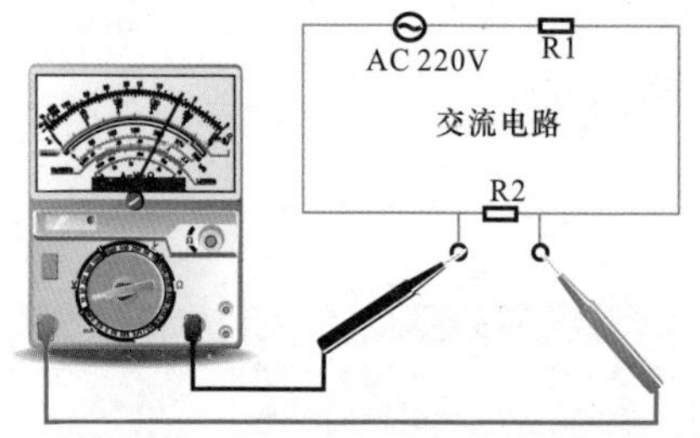

①测量10V以下的交流电压选择0～10V挡

②测量10～50V交流电压选择50V挡

③测量50～250V交流电压选择250V挡

④测量250～500V交流电压选择500V挡

⑤测量500～1000V交流电压选择1000V挡

⑥测量超过1000V、小于2500V的交流电压时，选用大电压检测专用插口

图 2-14　指针万用表测量交流电压时的量程选择

2.2　读取指针万用表的测量数据

2.2.1　读取电阻测量数据

图2-15所示为使用指针万用表测量电阻的操作示意图。断开电阻的一端，当红、黑表笔测量电阻两端时，指针万用表表盘上的表针便会摆动，直至停在一个固定位置，这时便可根据表针所指示的刻度值，结合

所选择的量程读出测量结果。

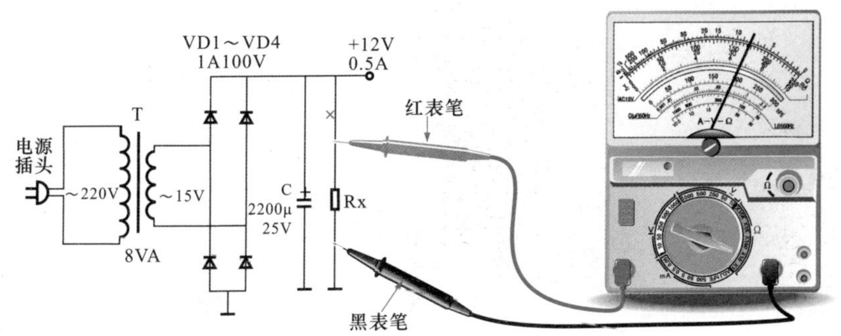

图 2-15　使用指针万用表测量电阻的操作示意图

若选择“×10”欧姆挡量程，则根据表针指示的位置可以读出当前测量的电阻值为 100Ω。图 2-16 所示为选择“×10”欧姆挡量程时的读数方法。

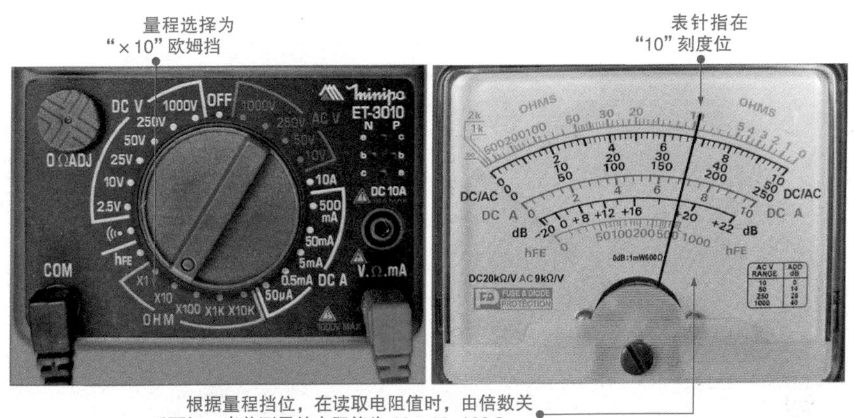

图 2-16　选择“×10”欧姆挡量程时的读数方法

测量 1000 ~ 5000Ω 的电阻时，可选择“×100”欧姆挡量程，根据表针的指示位置可以读出当前测量的电阻值为 1000Ω。图 2-17 所示为选择“×100”欧姆挡量程时的读数方法。

图 2-17　选择“×100”欧姆挡量程时的读数方法

测量 5～50kΩ 的电阻时，可选择“×1k”欧姆挡量程，根据表针的指示位置可以读出当前测量的电阻值为 10kΩ。图 2-18 所示为选择“×1k”欧姆挡量程时的读数方法。

图 2-18　选择“×1k”欧姆挡量程时的读数方法

测量 50～500kΩ 的电阻时，可选择“×10k”欧姆挡量程，根据表针的指示位置可以读出当前测量的电阻值为 100kΩ。图 2-19 所示为选择“×10k”欧姆挡量程时的读数方法。

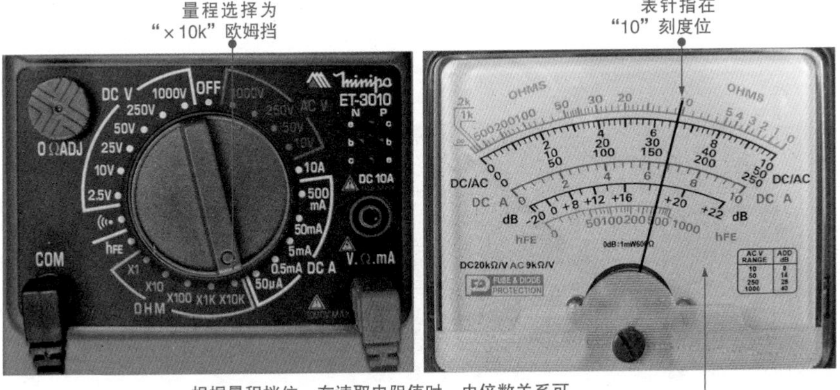

图 2-19　选择“×10k”欧姆挡量程时的读数方法

2.2.2　读取直流电压测量数据

图 2-20 所示为使用指针万用表测量直流电压的操作示意图。当用红、黑表笔测量直流电压时，指针万用表表盘上的表针便会摆动，直至停在一个固定位置，这时便可根据表针所指示的刻度值，结合所选择的量程读出测量结果。

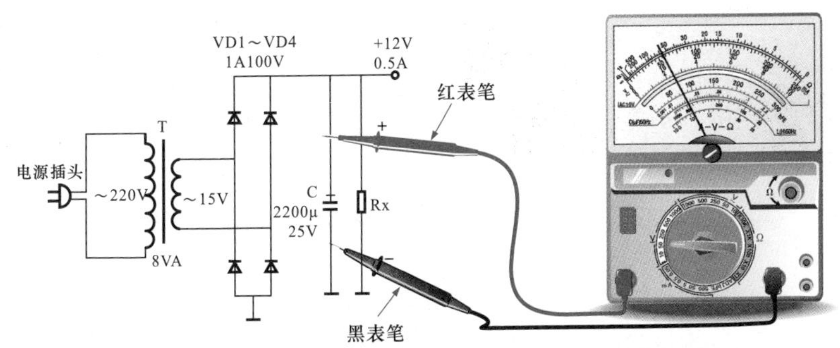

图 2-20　使用指针万用表测量直流电压的操作示意图

若选择“直流 2.5V”电压挡，则根据表针的指示位置可以读出当前测量的电压值为 1.80V。图 2-21 所示为选择直流“2.5V”电压挡量程时的读数方法。

量程选择为“直流 2.5V”电压挡

选择 0 ~ 250 刻度盘进行读数，由于挡位与刻度盘的倍数关系，所测得的电压值为 180 ×（2.5/250）=1.80V

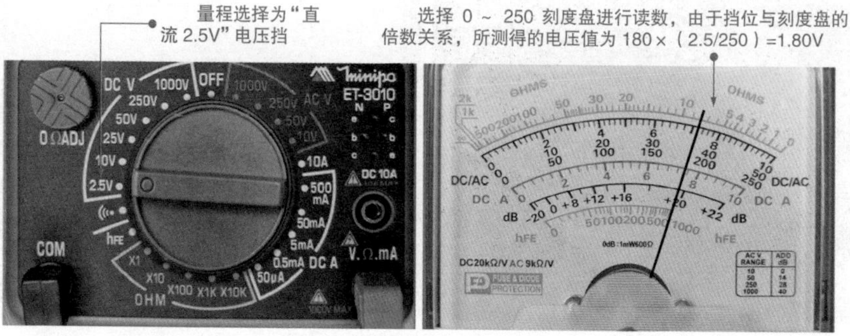

图 2-21　选择直流“2.5V”电压挡量程时的读数方法

测量 2.5 ~ 10V 的直流电压时，应选择“直流 10V”电压挡，根据表针的指示位置可以读出当前测量的电压值为 7V。图 2-22 所示为选择直流“10V”电压挡量程时的读数方法。

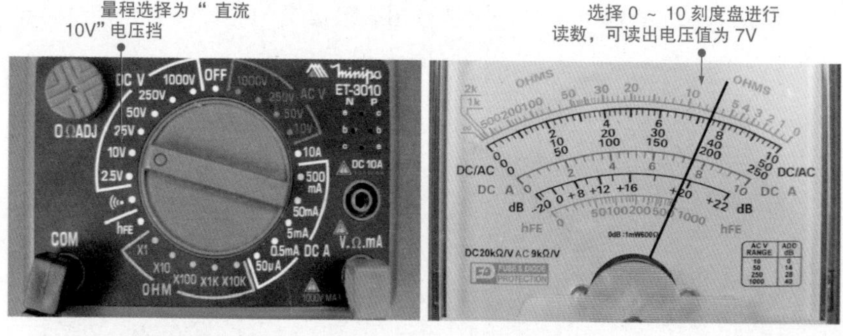

图 2-22　选择直流“10V”电压挡量程时的读数方法

测量 10 ~ 25V 的直流电压时，应选择直流电压“25V”量程，根据表针的指示位置可以读出当前测量的电压值为 17.5 V。图 2-23 所示为选择直流“25V”电压挡量程时的读数方法。

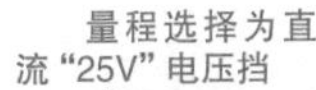

选择 0 ～ 250 刻度盘进行读数，由于挡位与刻度盘的倍数关系，所测得的电压值为 175×（25/250）=17.5V

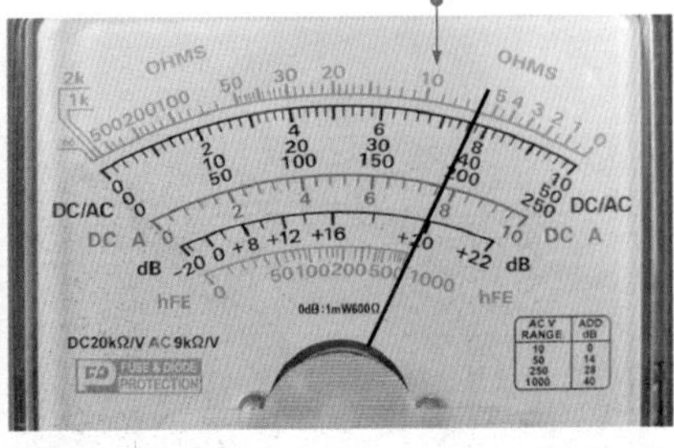

图 2-23　选择“直流 25V”电压挡量程时的读数方法

2.2.3　读取交流电压测量数据

图 2-24 所示为使用指针万用表测量交流电压的操作示意图。当用红、黑表笔测量交流电压时，指针万用表表盘上的表针便会摆动，直至停在一个固定位置，这时便可根据表针所指示的刻度值，结合所选择的量程读出测量结果。

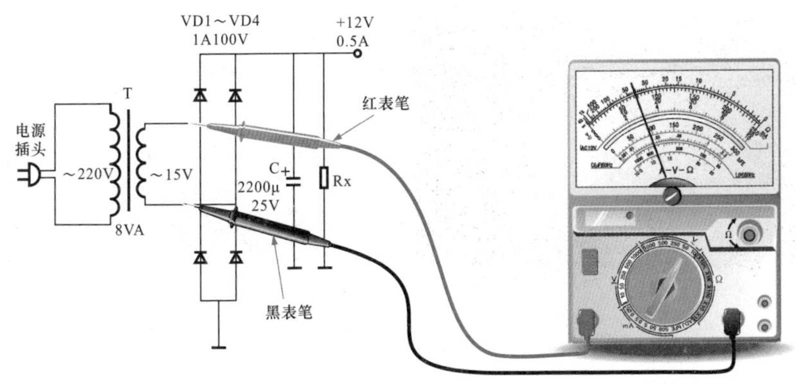

图 2-24　使用指针万用表测量交流电压的操作示意图

若选择“交流 50V”电压挡，则根据表针的指示位置可以读出当前测量的电压值为 15V。图 2-25 所示为选择“交流 50V”电压挡量程时的读数方法。

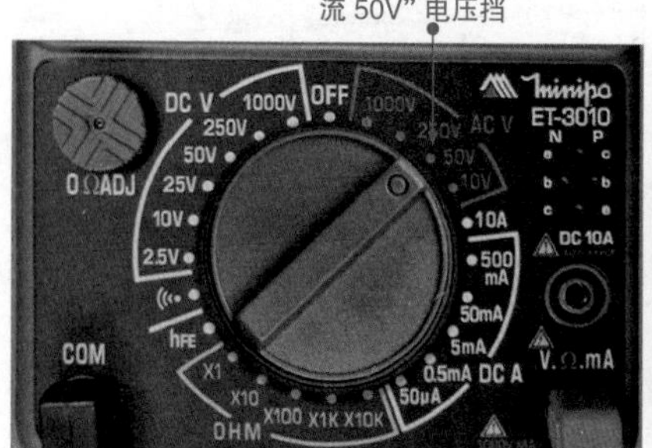

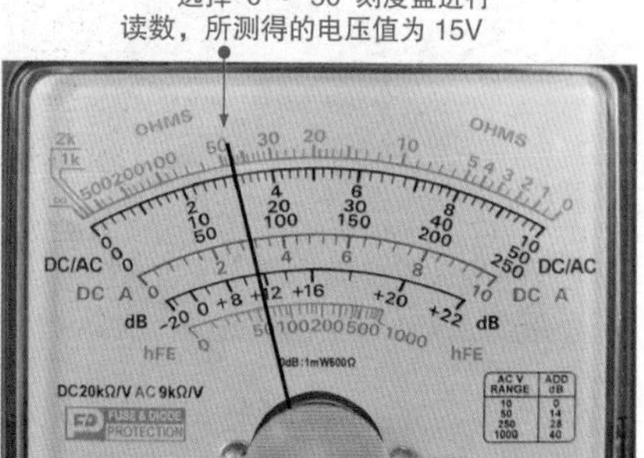

图 2-25　选择“交流 50V”电压挡量程时的读数方法

如测量交流 250 ~ 1000V 的电压，应选择“交流 1000V”电压挡，则根据表针的指示位置可以读出当前测量的电压值为 300V。图 2-26 所示为选择“交流 1000V”电压挡量程时的读数方法。

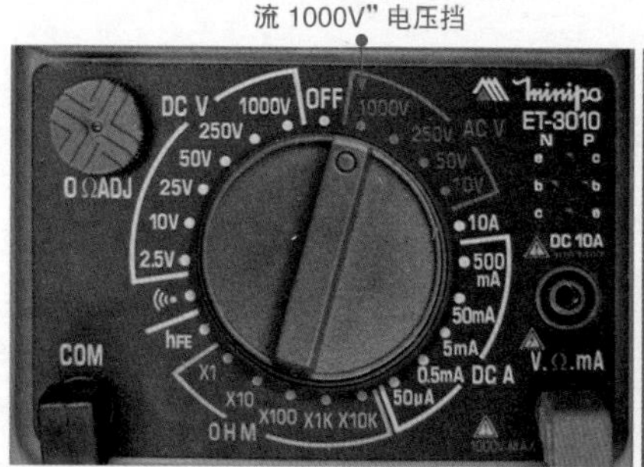

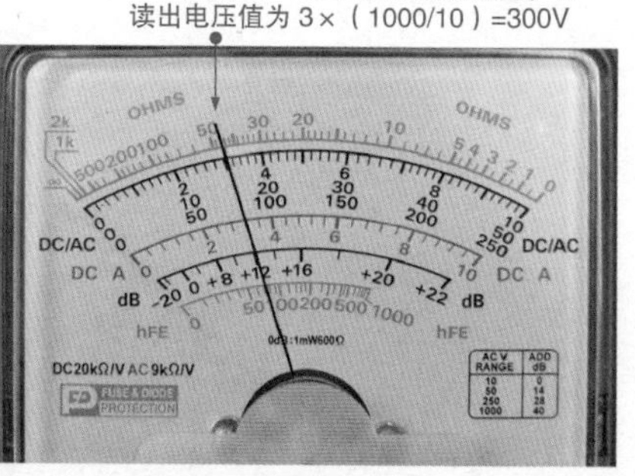

图 2-26　选择“交流 1000V”电压挡量程时的读数方法

2.2.4　读取直流电流测量数据

使用指针万用表可以检测电路的直流电流，检测时需将万用表串入电路中。图 2-27 所示为使用指针万用表检测直流电流的操作示意图。

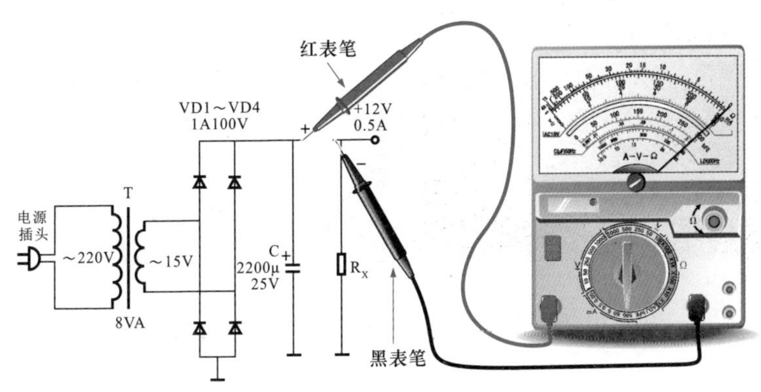

图 2-27　使用指针万用表检测直流电流的操作示意图

若选择“直流 50μA”电流挡检测，则根据表针的指示位置可以读出当前测量的电流值为 34μA。图 2-28 所示为选择“直流 50μA”电流挡量程时的读数方法。

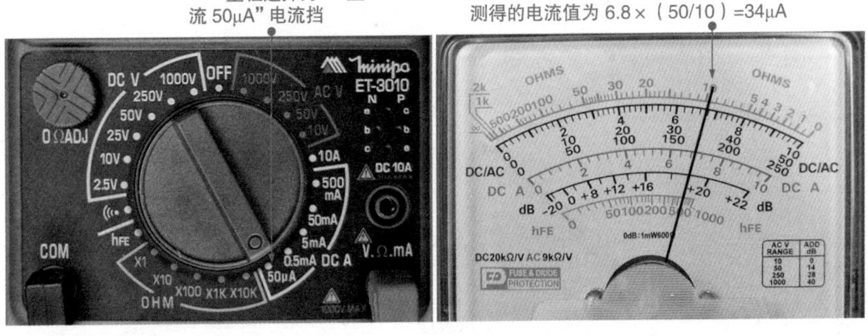

图 2-28　选择“直流 50 μA”电流挡量程时的读数方法

若测量的电流大于 500mA，需要使用“直流 10A”电流挡检测时，则需要将万用表的红表笔插到“DC 10A”的位置上，测得读数为 6.8A。图 2-29 所示为选择“DC 10A”电流挡量程时的读数方法。

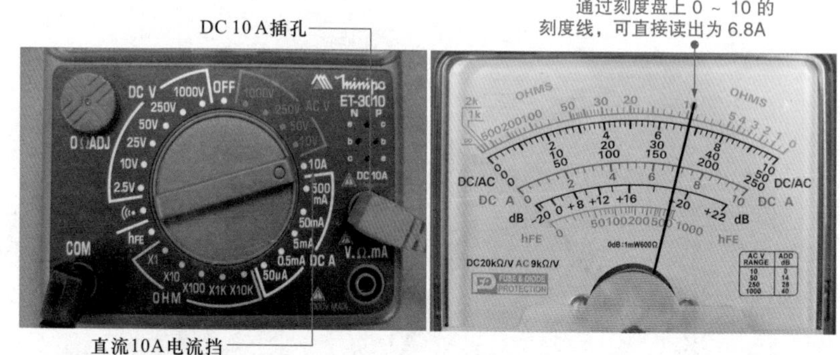

图 2-29　选择“DC 10A”电流挡量程时的读数方法

2.2.5　读取交流电流测量数据

高压交流电流的检测都要使用钳形电流表（大电流检测仪表），钳住一根导线就可以测出交流电流值。这样不用切断线路，安全性好，操作也方便。对于低压交流电流的检测，在实用场合，常常采用测量负载上的交流电压和电阻值，再换算出交流电流值的方法。因而目前市场上很多万用表没有直接测量交流电流的功能。

有些万用表可以测量低频（50 ~ 500Hz）交流电流，有些万用表可以测量 20kHz 的交流电流。其测量方法与测量直流电流相同，将万用表串接在交流线路中即可，如图 2-30 所示。

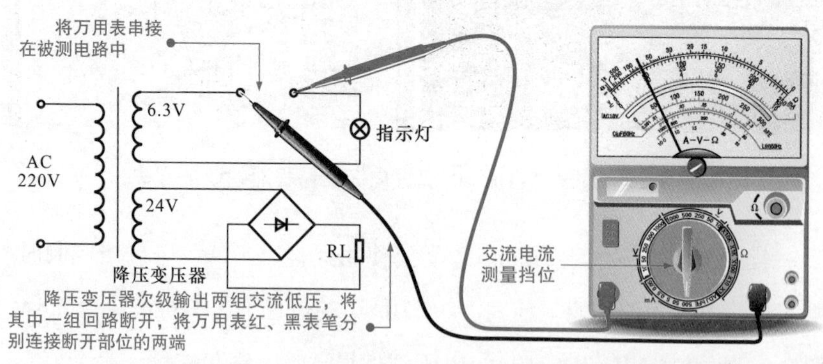

图 2-30　用指针万用表测量交流电流的方法

提示

图 2-30 中，交流 220V 电压经变压器变成交流 6.3V 为指示灯供电。如需要测量交流电流，则将万用表置于交流电流测量挡，将万用表串接在电路中，不分极性，即可测出交流电流值。万用表内设整流电路，可将交流变成直流再去驱动表头。

2.2.6 读取晶体三极管放大倍数测量数据

使用指针万用表检测晶体三极管的放大倍数时，将万用表的挡位调整至晶体三极管测量挡进行检测即可。若指针指向如图 2-31 所示的位置，则读取数值时，通过晶体三极管放大倍数刻度盘（hFE）直接读数即可，所测得的晶体三极管放大倍数为 30 倍左右。

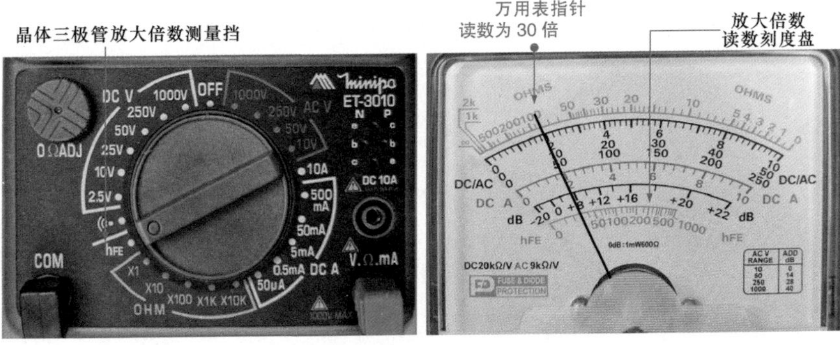

图 2-31　指针万用表测量晶体三极管放大倍数的读取方法

第 3 章

练习使用数字万用表

3.1 数字万用表的使用操作

3.1.1 连接测量表笔

使用数字万用表之前，先应了解所用的数字万用表的接口及功能，黑表笔可作为公共端插到“COM”插孔中，其余三个插孔对应不同的功能，如图 3-1 所示。

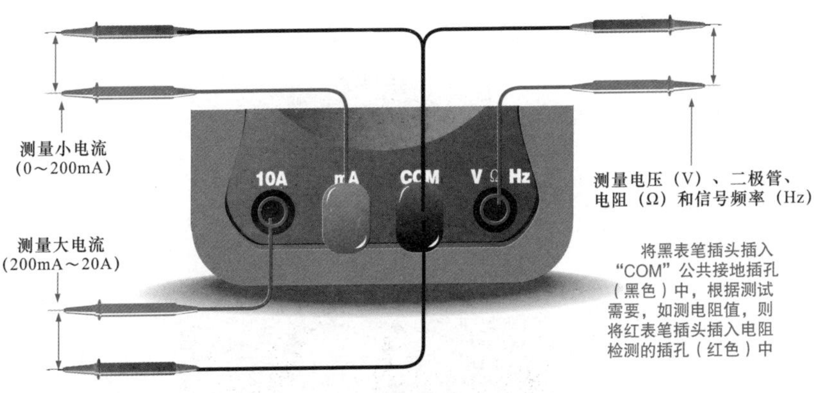

图 3-1　连接测量表笔

提示

有些数字万用表的显示屏可以显示当前表笔的连接孔及连接状态。因此，对于显示屏上提示表笔插孔位置的数字万用表，应按照提示来连接表笔，如图 3-2 所示。

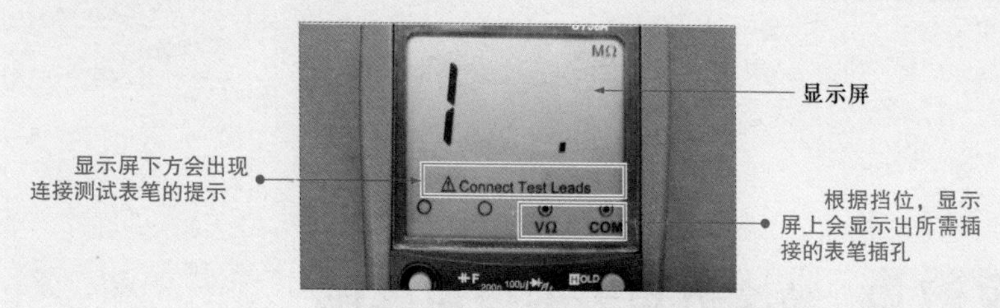

图 3-2　根据提示连接测量表笔

3.1.2　量程的设定

数字万用表在使用前不需要进行表头零位校正和零欧姆调整，只需根据测量的需要，调整数字万用表的功能旋钮，将数字万用表调整到相应的测量状态即可。无论是测量电流、电压还是电阻，都可以通过功能旋钮轻松地切换，如图 3-3 所示。

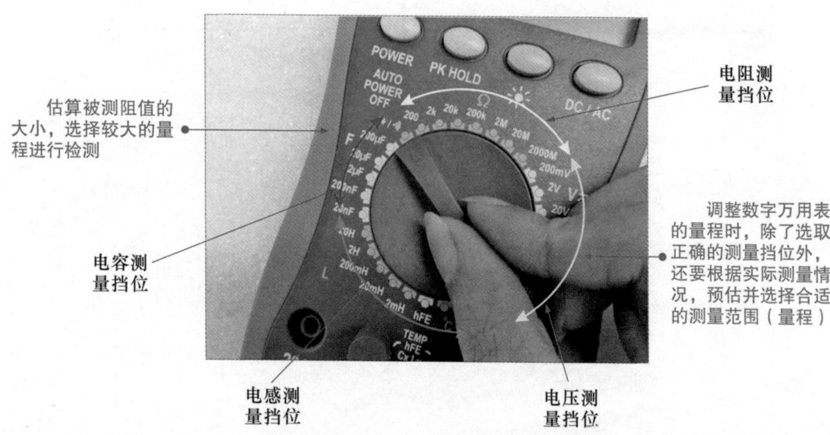

图 3-3　量程设定的方法

提示

数字万用表设置量程时，应尽量选择大于待测参数的范围且最接近的测量挡位。若选择的量程范围小于待测参数，则数字万用表液晶屏显示“1L”或“OL.”，表示已超范围；若选择的量程范围远大于待测参数，则可能造成测量数据读数不准确。

有些数字万用表的功能设定较为简单，具有自动选择量程的功能，因此检测之前，只需要根据被测的数值类型选择测量的挡位即可，如电阻挡、电压挡、电容挡等，不用调整量程的范围，如图 3-4 所示。

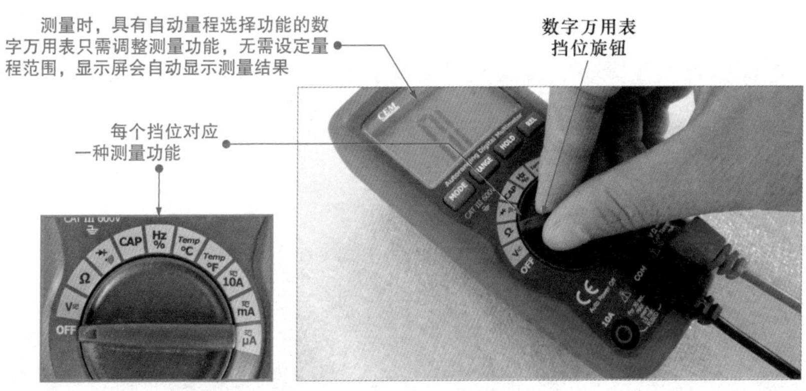

图 3-4　根据被测数值类型选择测量挡位

3.1.3　测量模式的设定

设定好具体的量程后，按下数字万用表的电源开关，启动数字万用表。电源开关通常位于液晶显示屏的下方，功能旋钮的上方，带有“POWER”标识，如图 3-5 所示。

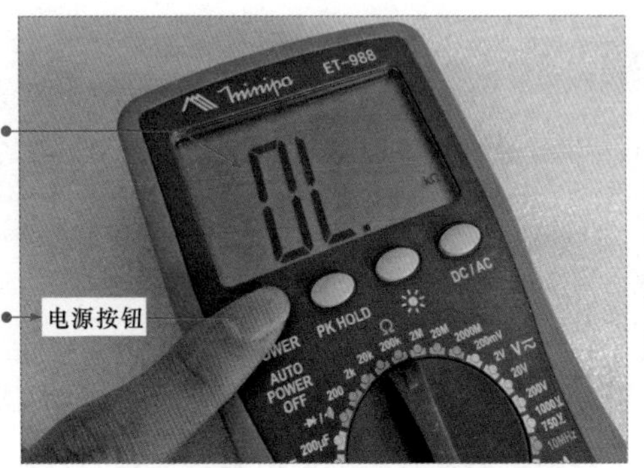

图 3-5　开启电源开关

若数字万用表的一个挡位上具有两种测量状态，则需要根据具体的测量类型设置数字万用表的测量模式，如电流测量挡具有交流电流和直流电流两种测量状态。若需要使用数字万用表检测交流电流，则需要设定测量模式，如图 3-6 所示。

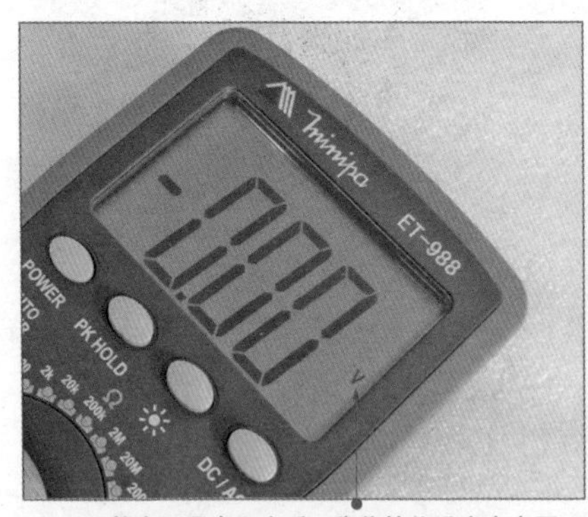

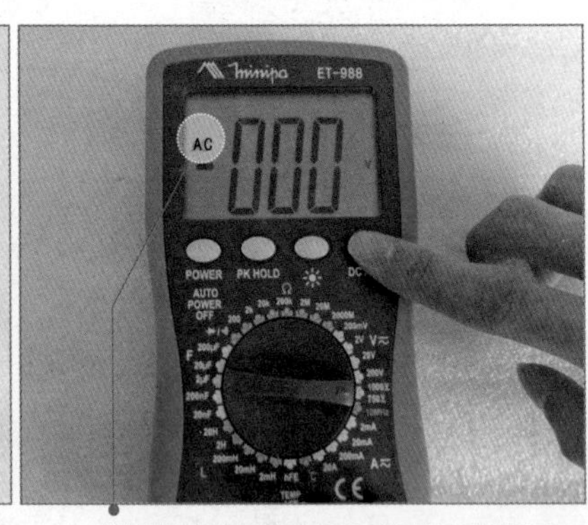

图 3-6　测量模式的设定

提示

使用数字万用表检测电压时，开机后默认的是直流电压检测模式。若要检测交流电压，则需要按下直/交流切换按钮切换后再检测。

使用数字万用表检测电流时，开机后默认的是直流电流检测模式。若要检测交流电流，则需要按下直/交流切换按钮切换后再检测。

具有自动量程设定功能的数字万用表设定测量模式的方法比较简单，如图 3-7 所示。

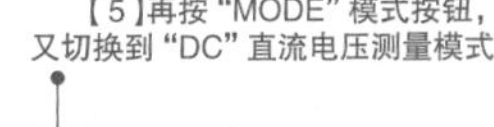

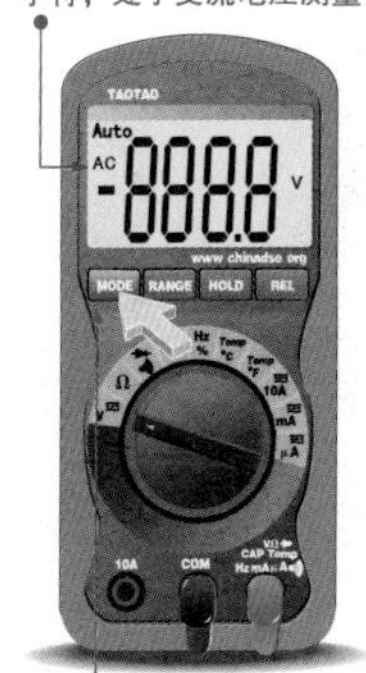

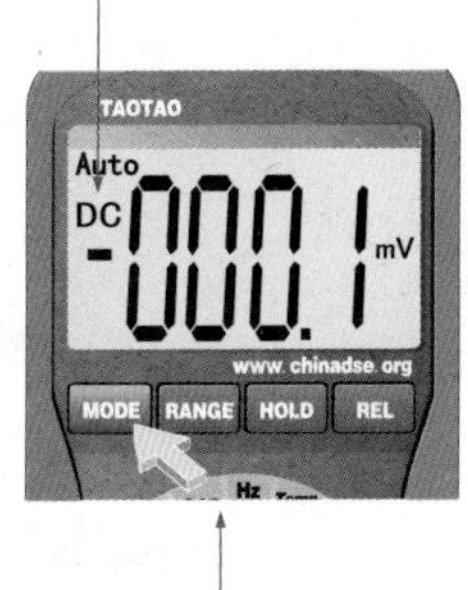

图 3-7 自动量程数字万用表测量模式的设定

3.1.4 连接附加测试器

数字万用表的附加测试器用于检测电容、电感、温度及晶体三极管的放大倍数。若需要测量上述数据，除了需要调整功能旋钮外，还需要将附加测试器插接到特定的表笔插孔中，如图 3-8 所示。

使用数字万用表检测电感量、电容量、温度及晶体三极管放大倍数时，需要使用附加测试器进行检测，如图 3-9 所示。

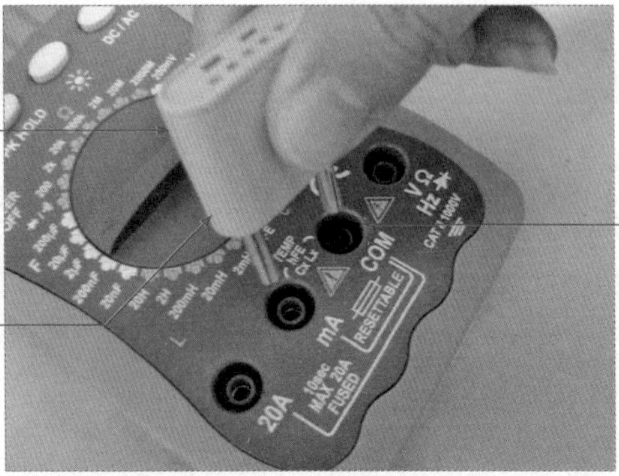

附加测试器

表笔插孔

将附加测试器按照极性插入到数字万用表相应的表笔插孔中

图 3-8　连接数字万用表的附加测试器

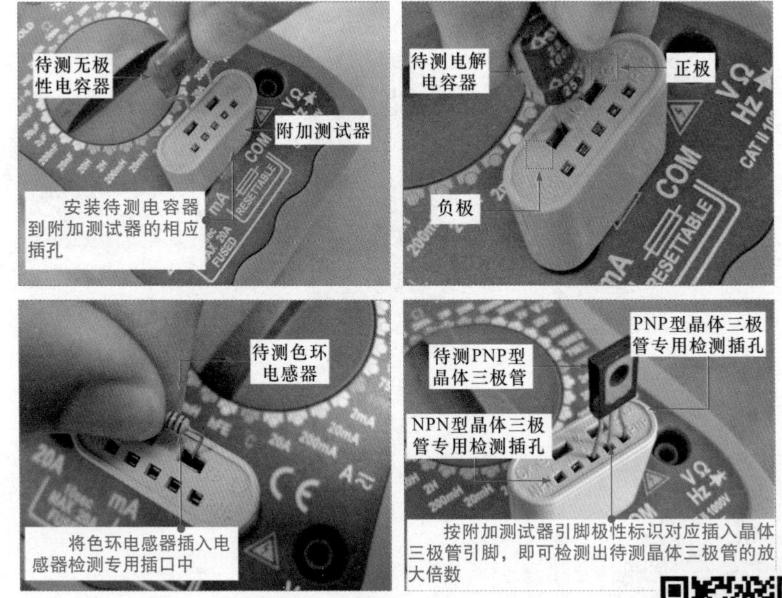

图 3-9　数字万用表附加测试器的使用方法

3.1.5　量程的选择

下面以数字万用表测量五号电池的电压值为例，讲述数字万用表量程的选择。五号电池的标称值为 1.5V，新电池的电压应大于 1.6V。

该检测试验中所使用数字万用表的直流电压量程一共有 5 个挡位，即 200mV/2V/20V/200V/1000V。

选择直流 1000V 电压挡测量五号电池的电压，如图 3-10 所示。1000V 挡是测量电压不超过 1000V 的直流电压挡，不能显示小数点以后的值，测量结果为 1V。

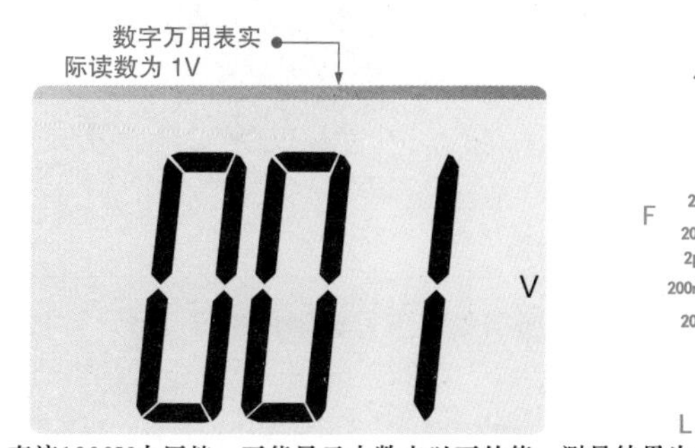

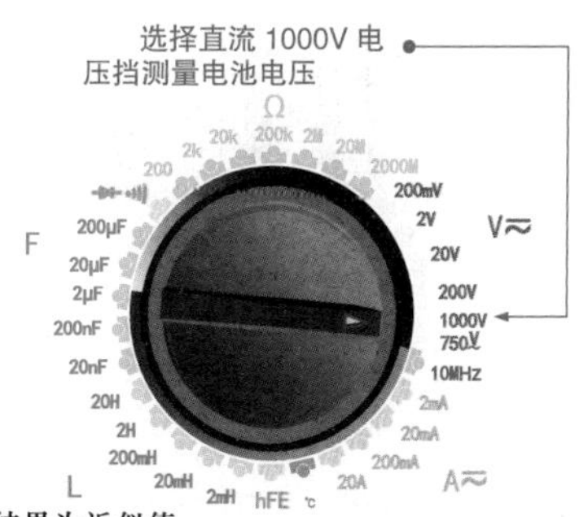

图 3-10　选择直流 1000V 电压挡测量五号电池的电压

选择直流 200V 电压挡测量五号电池的电压，如图 3-11 所示。该范围可显示小数点后 1 位数，因而可测得直流电压值为 1.6V，测量值可显示到小数点后 1 位数。

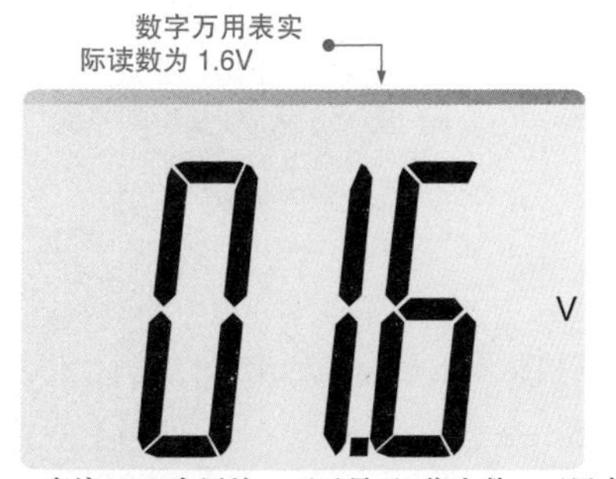

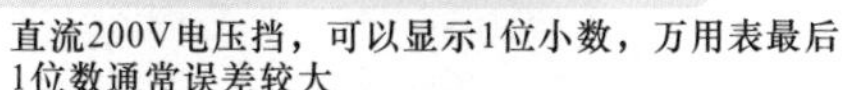

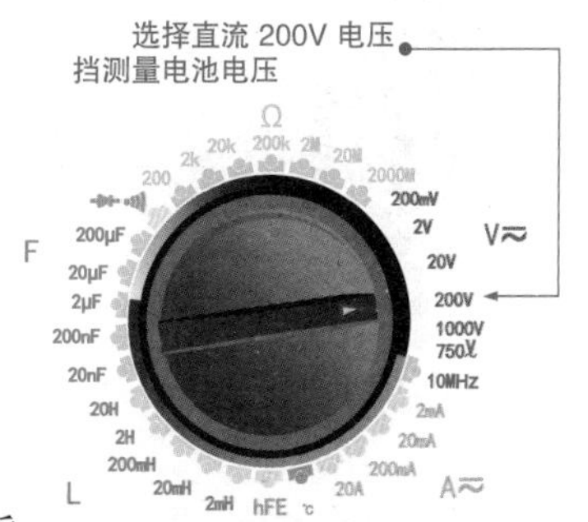

图 3-11　选择直流 200V 电压挡测量五号电池的电压

选择直流 20V 电压挡测量五号电池的电压，如图 3-12 所示。该范围可显示小数点后 2 位数，测量结果为 1.61V，比较准确。

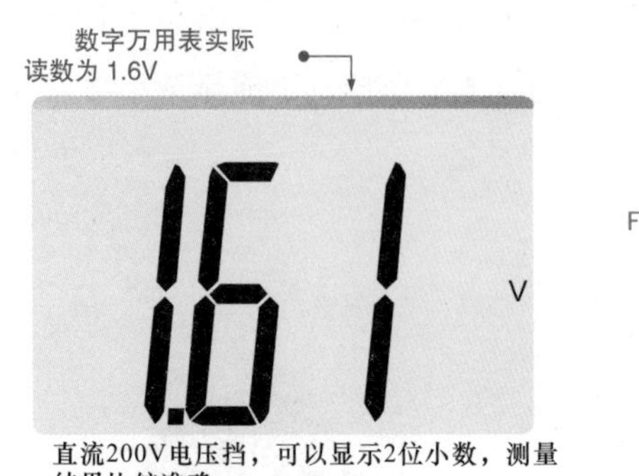

选择直流 200V 电压挡测量电池电压

图 3-12　选择直流 20V 电压挡测量五号电池的电压

选择直流 2V 电压挡测量五号电池的电压，如图 3-13 所示。该范围可显示小数点后 3 位数，测量结果为 1.617V，选择该挡位测量结果更为准确。

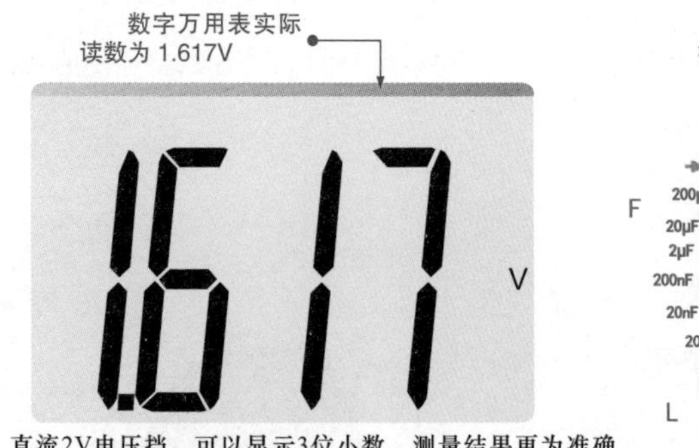

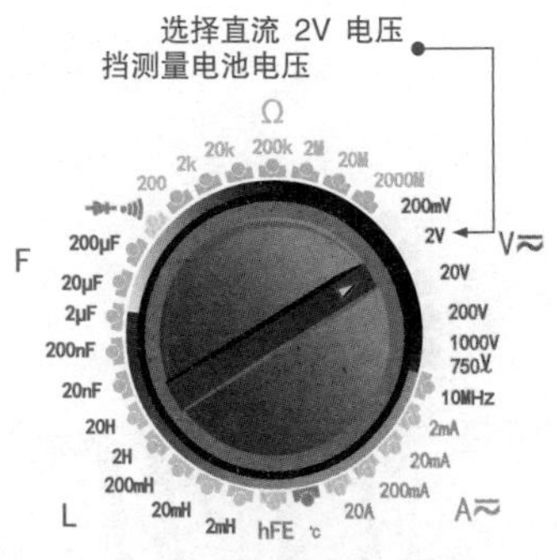

图 3-13　选择直流 2V 电压挡测量五号电池的电压

选择直流 200mV 电压挡测量五号电池的电压，如图 3-14 所示。该挡会显示出“OL.”（过载）符号，表明测量值已超出测量范围，不能使用该挡位进行测量。

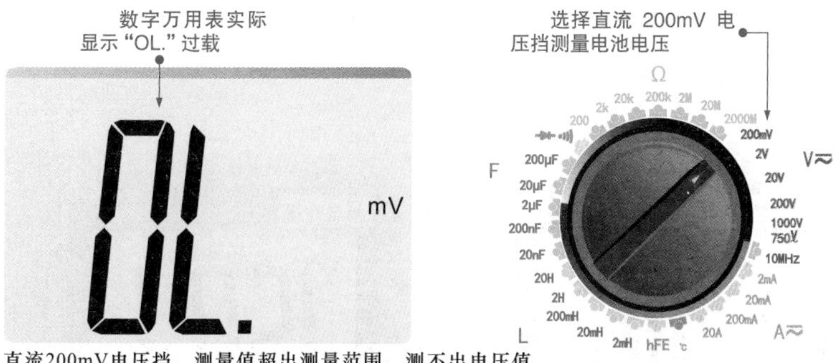

图 3-14 选择直流 200mV 电压挡测量五号电池的电压

提示

如果使用具有自动选择量程功能的数字万用表，则可直接显示所测的电压值，如图 3-15 所示。

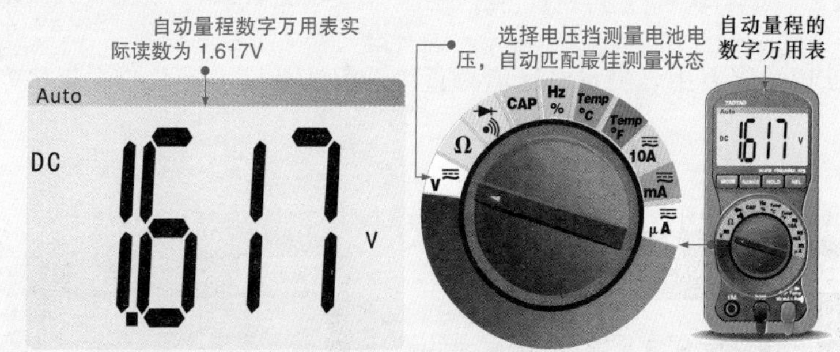

图 3-15 具有自动选择量程功能的数字万用表测量电池电压

3.2 读取数字万用表的测量数据

3.2.1 读取电阻测量结果

使用数字万用表测量电阻值的测量结果，为直接读取液晶显示屏上的读数和单位即可。常见的电阻值单位为 Ω、kΩ、MΩ。当小数点出现在读数的第一位之前时，表示“0.”。如图 3-16 所示，电阻值分别为 118.6Ω 和 15.01kΩ。

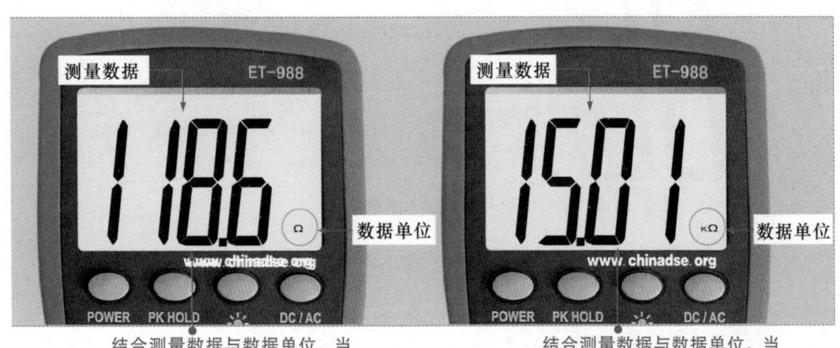

图 3-16　数字万用表电阻测量结果的读取

3.2.2　读取电压测量结果

使用数字万用表测量电压值时直接读取液晶显示屏上的读数和单位即可，如图 3-17 所示。

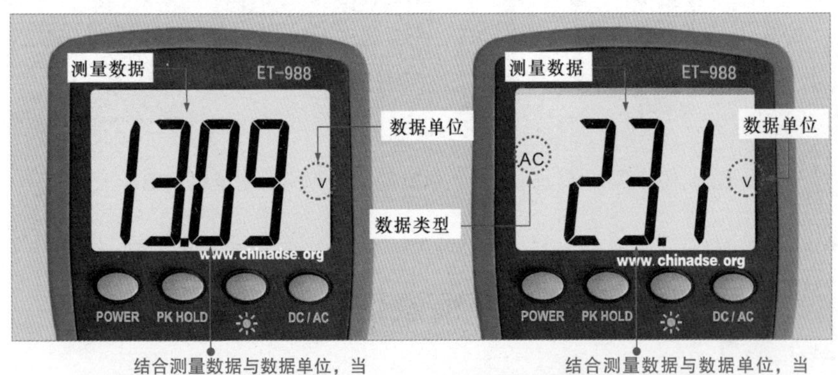

图 3-17　数字万用表测量电压结果的读取

3.2.3 读取电流测量结果

使用数字万用表测量电流值时直接读取液晶显示屏上的读数和单位即可，如图 3-18 所示。

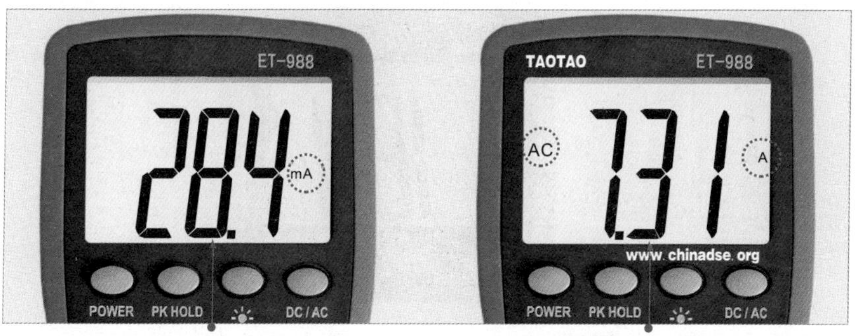

图 3-18 数字万用表测量电流结果的读取

3.2.4 读取电容测量结果

使用数字万用表测量电容量时直接读取液晶显示屏上的读数和单位即可，如图 3-19 所示。

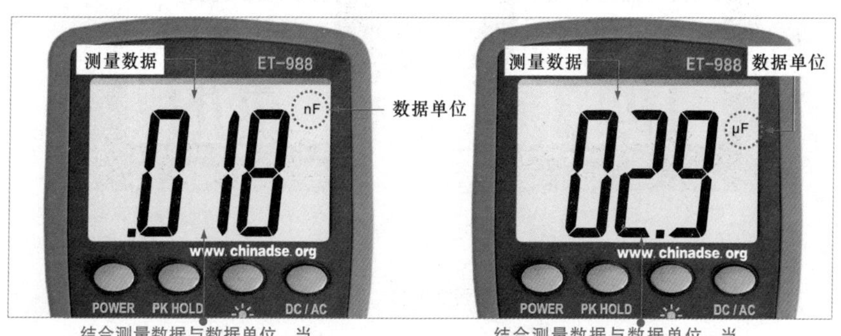

图 3-19 数字万用表测量电容量结果的读取

3.2.5 读取晶体三极管放大倍数测量结果

使用数字万用表测量晶体三极管的放大倍数时直接读取液晶显示屏上的读数即可，如图 3-20 所示。

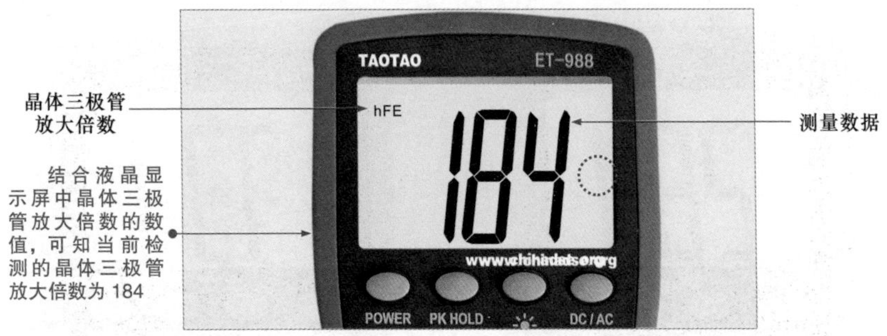

图 3-20 数字万用表测量放大倍数结果的读取

提示

数字万用表还具有温度、频率等测量功能，其测量结果直接根据液晶显示屏上的读数和单位读取即可。图 3–21 所示为数字万用表测量温度、频率结果的读取方法。

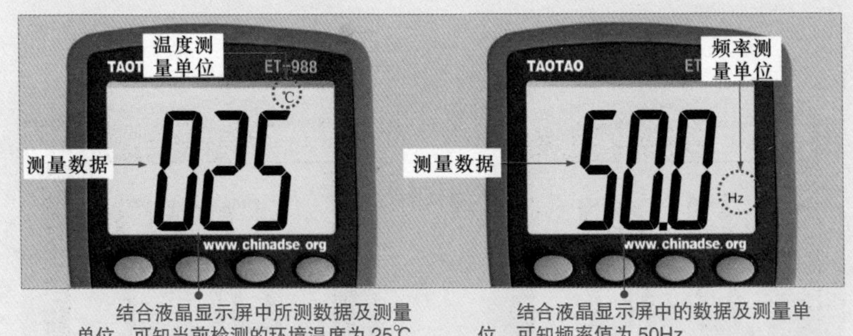

图 3-21 数字万用表测量温度、频率结果的读取方法

第 4 章

掌握万用表检测电流的方法

4.1 指针万用表检测电流的方法

4.1.1 检测直流电流的方法

指针万用表检测直流电流时，根据实际电路选择合适的直流电流量程，然后断开被测电路，将万用表的红表笔（正极）接电路正极，万用表黑表笔（负极）接电路负极，串入被测电路中，此时即可通过指针的位置读出测量的直流电流值。图 4-1 所示为指针万用表直流电流的检测方法及连接。

下面以检测充电电池性能为例，介绍指针万用表直流电流的具体检测方法。充电电池是日常生活中经常用到的，由于电池输出的为直流电，因此在对电池的电量进行检测时需要选择万用表的直流电流检测功能进行检测。

指针万用表检测电池充电状态的直流电流值的方法如图 4-2 所示。

4.1.2 检测交流电流的方法

指针万用表检测交流电流时，根据实际电路选择合适的交流电流量程，然后断开被测电路，将万用表的红黑表笔随意串联到被测电路中，此时即可通过指针的位置读出测量的交流电流值。

测量流过灯泡的直流电流
断开被测电路，将万用表串入电路中
根据实际电路选择合适的直流电流量程
万用表
若指针式万用表红黑表笔接反，指针会反向摆动，若摆动过大会出现指针损坏的情况
黑表笔搭在被测电路的负极
开关闭合
红表笔搭在被测电路的正极
+ 电池 -

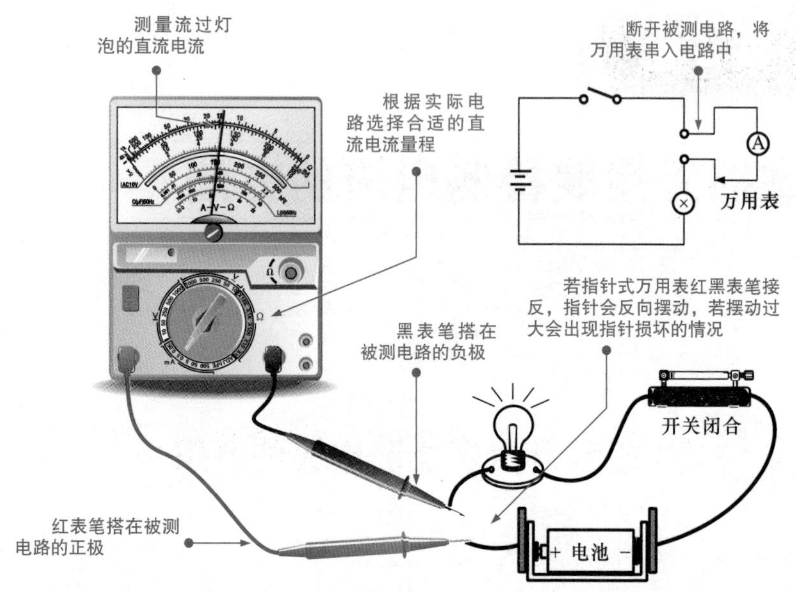

图 4-1　指针万用表直流电流的检测方法及连接

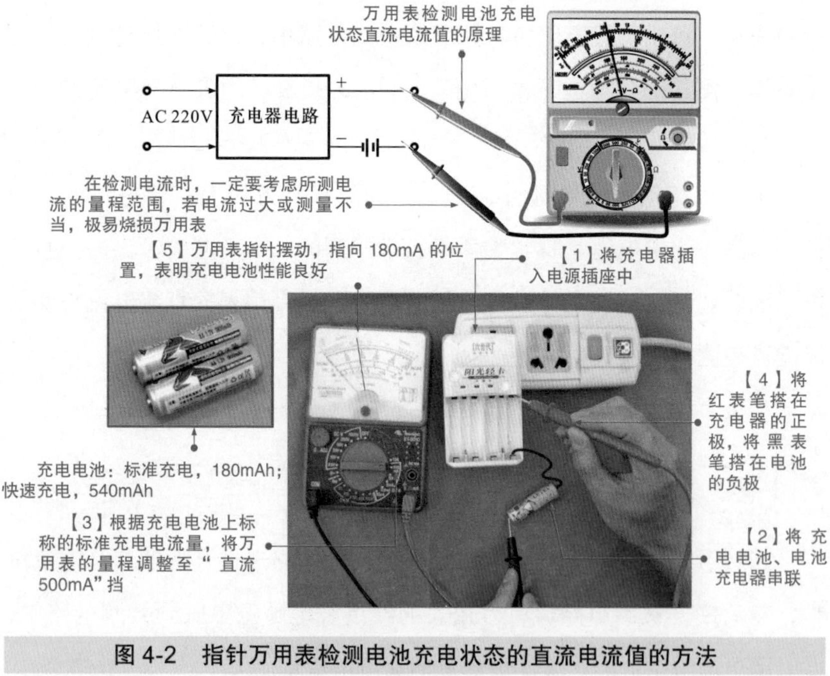

万用表检测电池充电状态直流电流值的原理
AC 220V
充电器电路
+
-
在检测电流时，一定要考虑所测电流的量程范围，若电流过大或测量不当，极易烧损万用表
【5】万用表指针摆动，指向 180mA 的位置，表明充电电池性能良好
【1】将充电器插入电源插座中
【4】将红表笔搭在充电器的正极，将黑表笔搭在电池的负极
充电电池：标准充电，180mAh；快速充电，540mAh
【3】根据充电电池上标称的标准充电电流量，将万用表的量程调整至“直流500mA”挡
【2】将充电电池、电池充电器串联

图 4-2　指针万用表检测电池充电状态的直流电流值的方法

图 4-3 所示为指针万用表交流电流的检测方法及连接。

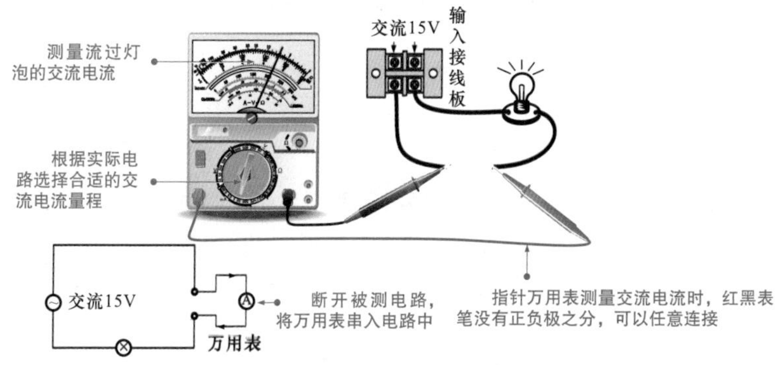

图 4-3 指针万用表交流电流的检测方法及连接

下面以检测电风扇摇头电动机回路中的交流电流为例，介绍指针万用表交流电流的具体检测方法。指针万用表检测电风扇摇头电动机回路中的交流电流的方法如图 4-4 所示。

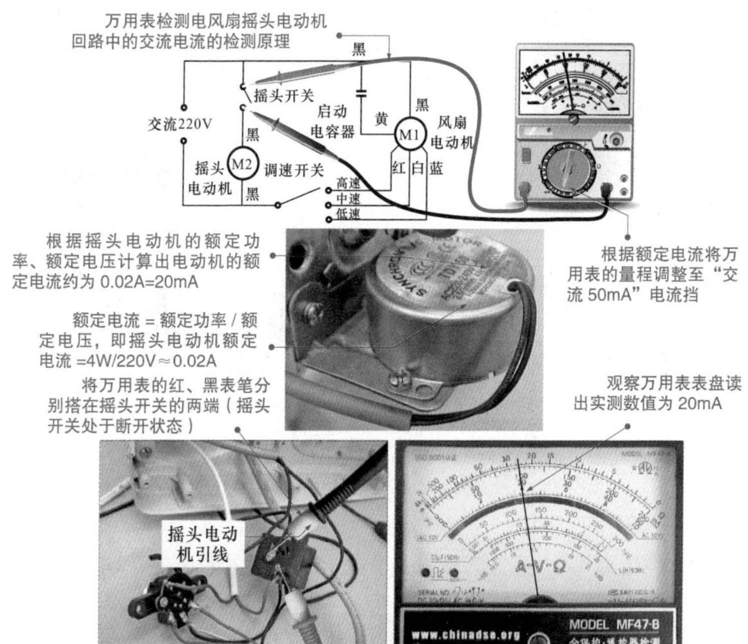

图 4-4 指针万用表检测电风扇摇头电动机回路中的交流电流的方法

051

4.2 数字万用表检测电流的方法

4.2.1 检测直流电流的方法

数字万用表检测直流电流时，根据实际电路选择合适的直流电流量程，然后断开被测电路，将万用表的红表笔（正极）接电路正极，万用表黑表笔（负极）接电路负极，串入被测电路中，此时即可通过显示屏读出测量的直流电流值。

图 4-5 所示为数字万用表直流电流的检测方法及连接。

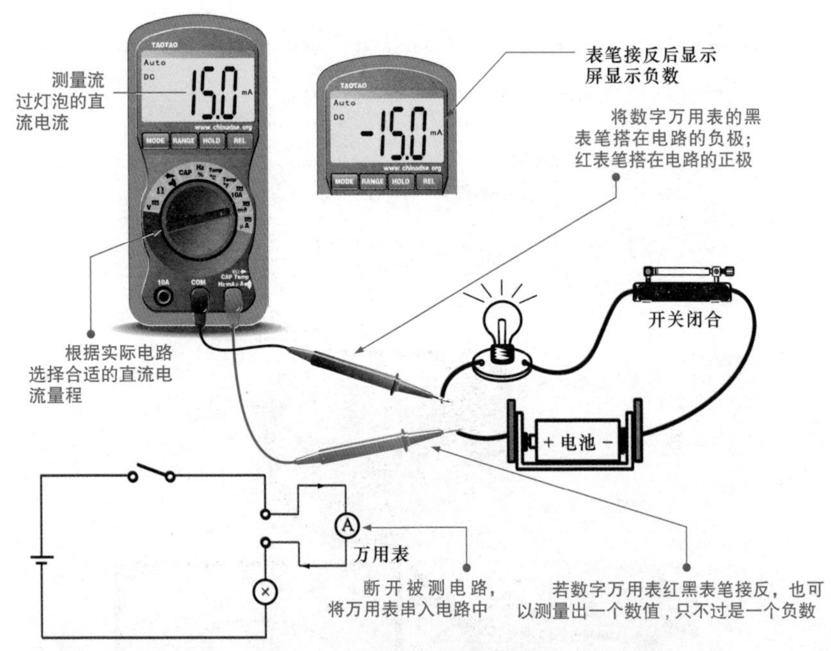

图 4-5 数字万用表直流电流的检测方法及连接

下面以检测万能充电器的性能为例，介绍数字万用表直流电流的具体检测方法。通过数字万用表的直流电流检测方法检测万能充电器输出的额定电流量，方可判断万能充电器是否损坏。

数字万用表检测万能充电器输出直流电流量的方法如图 4-6 所示。

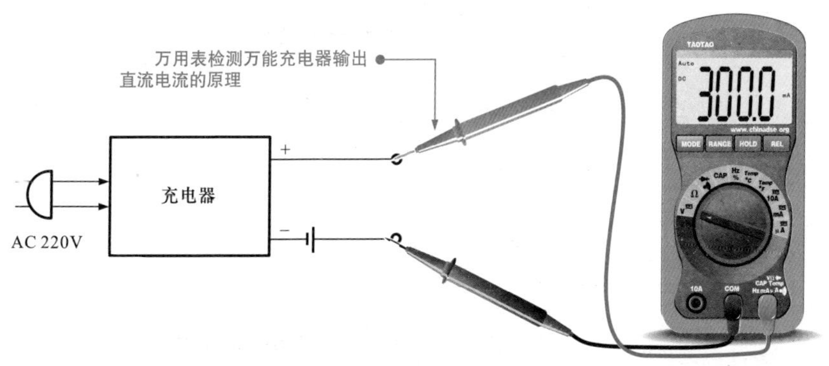

图 4-6 数字万用表检测万能充电器输出直流电流的方法

4.2.2 检测交流电流的方法

数字万用表检测交流电流时，根据实际电路选择合适的交流电流量程，然后断开被测电路，将万用表的红黑表笔串联到被测电路中，此时即可通过显示屏读出测量的交流电流值。

图 4-7 所示为数字万用表交流电流的检测方法及连接。

提示

对于交流电流比较大的情况下，尤其是 220V 的供电电路，为了确保人身安全，一般不会使用串联万用表的方法进行测量，可通过检测电压进行换算。

在实际检测过程中，在检测交流高压大电流时，通常使用钳型万用表进行测量。

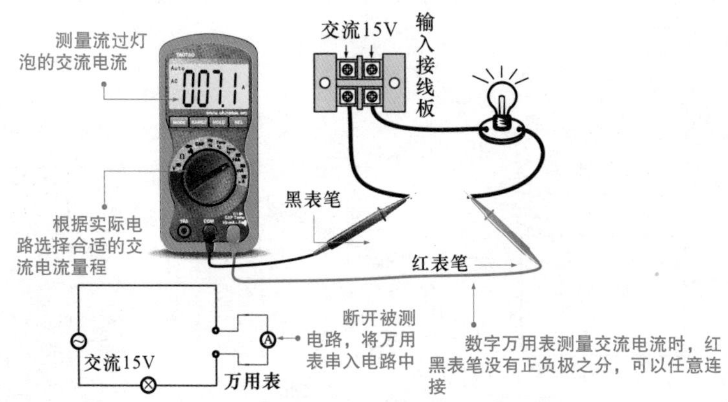

图 4-7　数字万用表交流电流的检测方法及连接

下面以检测吸尘器驱动电动机回路中的交流电流为例，介绍数字万用表交流电流的具体检测方法。

数字万用表检测吸尘器驱动电动机回路中的交流电流的方法如图 4-8 所示。

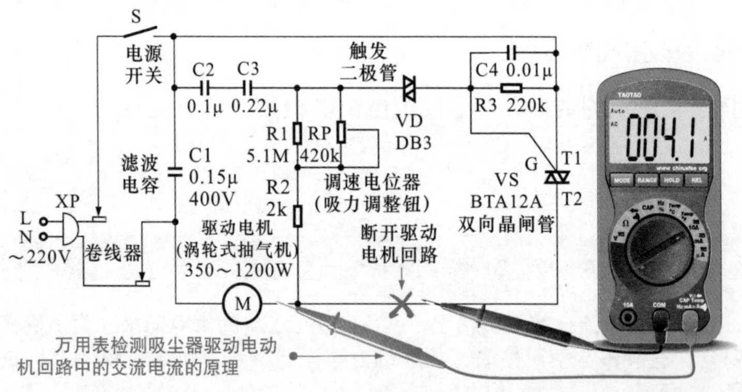

图 4-8　数字万用表检测吸尘器驱动电动机回路中的交流电流的方法

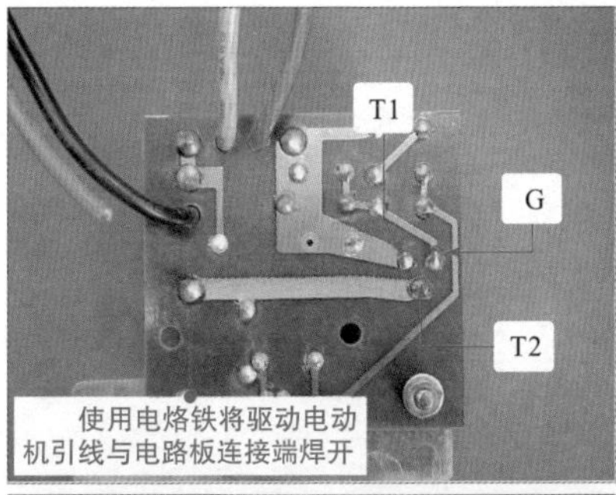

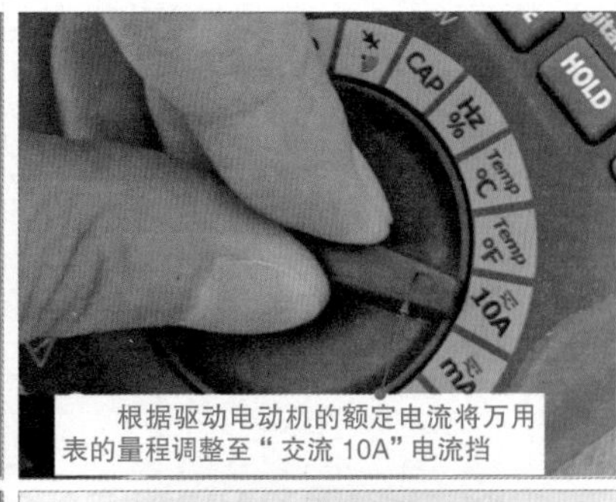

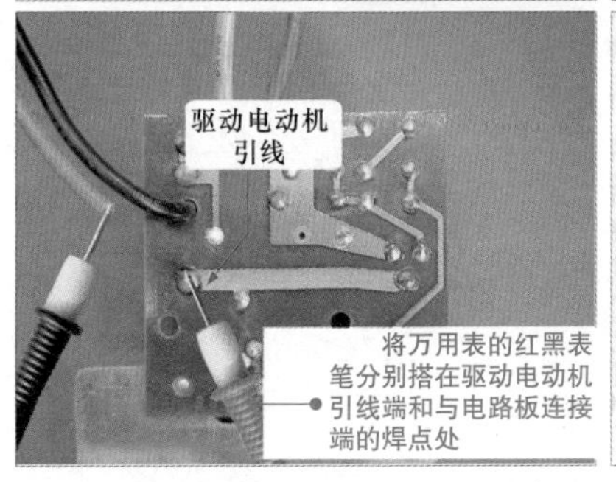

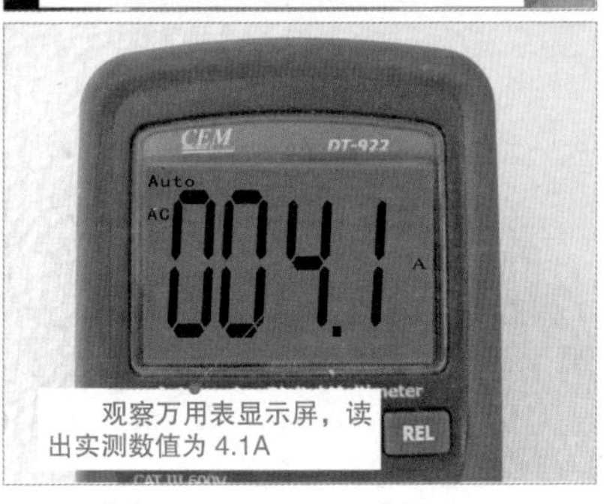

图 4-8　数字万用表检测吸尘器驱动电动机回路中的交流电流的方法（续）

第 5 章

掌握万用表检测电压的方法

5.1 指针万用表检测电压的方法

5.1.1 检测直流电压的方法

指针万用表检测直流电压时，根据实际电路选择合适的直流电压量程，然后将万用表的黑表笔接电源（或负载）的负极，红表笔接电源（或负载）的正极，即可通过指针的位置读出测量的直流电压值。指针万用表直流电压的检测方法及连接如图 5-1 所示。

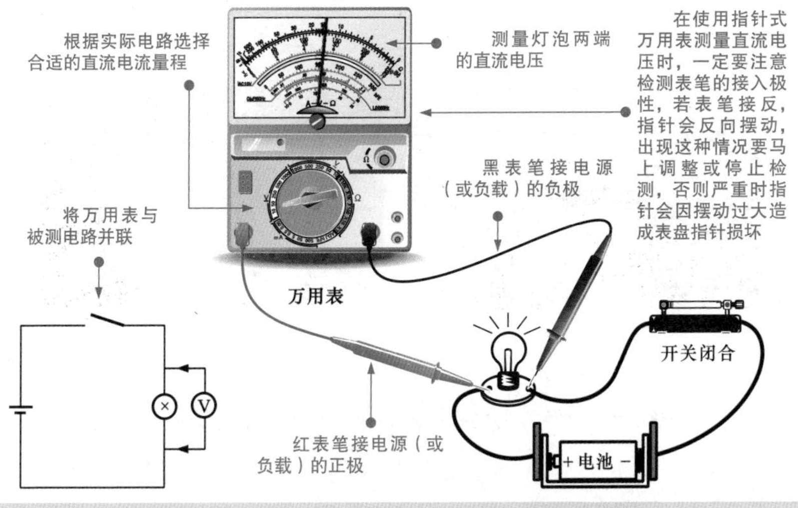

图 5-1　指针万用表直流电压的检测方法及连接

提示

使用指针万用表测量直流电压时，应重点注意正负极性，再将万用表并联在被测电路的两端。如果预先不知道被测电压的极性时，应该先将万用表的功能旋钮拨到较高电压挡进行试测，如果出现指针反摆的情况立即调换表笔，防止因表头严重过载而将指针打弯。

下面以检测开关电源电路次级直流输出电压和电池充电器输出直流电压为例，介绍指针万用表直流电压的具体检测方法。指针万用表检测开关电源直流输出电压的方法如图 5-2 所示。

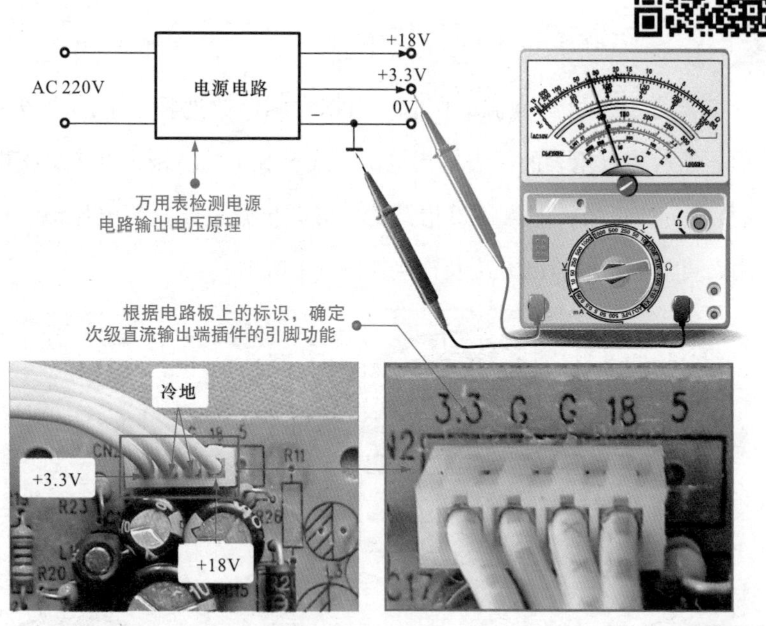

图 5-2　指针万用表检测开关电源直流输出电压的方法

平时很少进行此项调整，只有偶然出现偏差时才需要调整

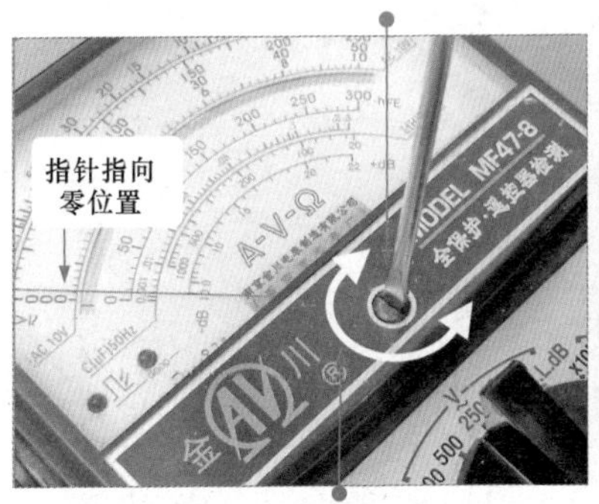

【2】对指针万用表进行机械调零

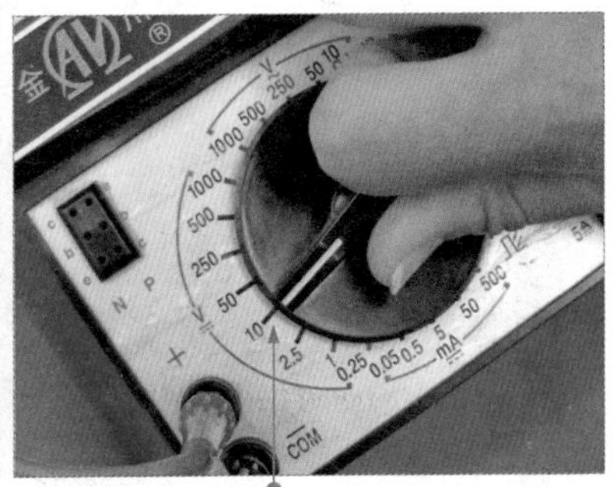

【3】将万用表的量程调整至“直流10V”电压挡

【5】将万用表的黑表笔搭在插件的接地端

【4】接通开关电源电路

【6】将万用表的红表笔搭在插件的+3.3V输出端

【7】观察万用表表盘读出实测数值为3.3V

若检测结果存在偏差，则说明开关电源电路次级输出电路有故障

图 5-2　指针万用表检测开关电源直流输出电压的方法（续）

指针万用表检测电池充电器输出直流电压的方法如图 5-3 所示。

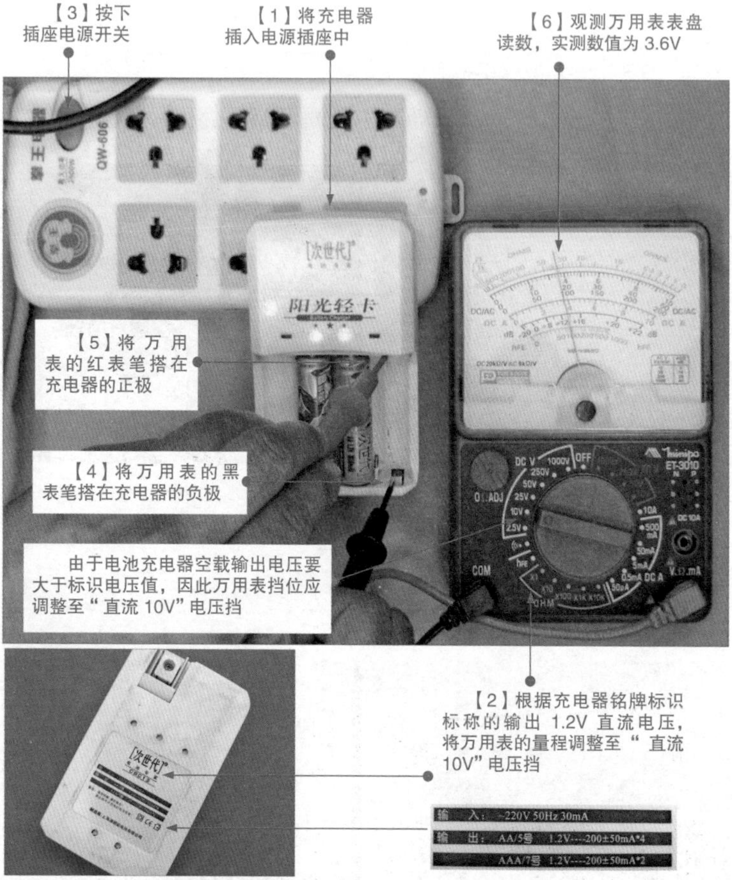

【3】按下插座电源开关

【1】将充电器插入电源插座中

【6】观测万用表表盘读数，实测数值为 3.6V

【5】将万用表的红表笔搭在充电器的正极

【4】将万用表的黑表笔搭在充电器的负极

由于电池充电器空载输出电压要大于标识电压值，因此万用表挡位应调整至“直流 10V”电压挡

【2】根据充电器铭牌标识标称的输出 1.2V 直流电压，将万用表的量程调整至“直流 10V”电压挡

输　入：~220V 50Hz 30mA

输　出：AA/5号　1.2V---200±50mA*4

AAA/7号　1.2V---200±50mA*2

图 5-3　指针万用表检测电池充电器输出直流电压的方法

5.1.2　检测交流电压的方法

指针万用表检测交流电压时，根据实际电路选择合适的交流电压量程，然后将万用表的红黑表笔并联接入被测电路中，此时即可通过指针的位置读出测量的交流电压值。图 5-4 所示为指针万用表交流电压的检测方法及连接。

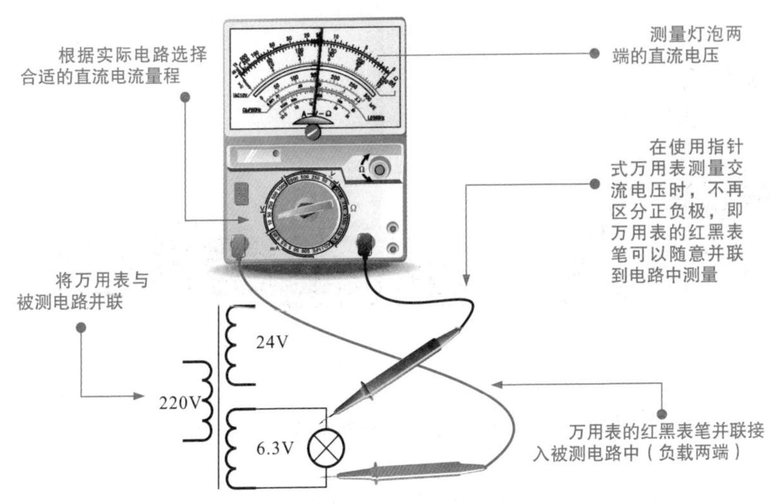

图 5-4 指针万用表交流电压的检测方法及连接

下面以检测电源转换器输出交流电压和市电插座输出交流电压为例，介绍指针万用表交流电压的具体检测方法。指针万用表检测电源转换器输出交流电压的方法如图 5-5 所示。

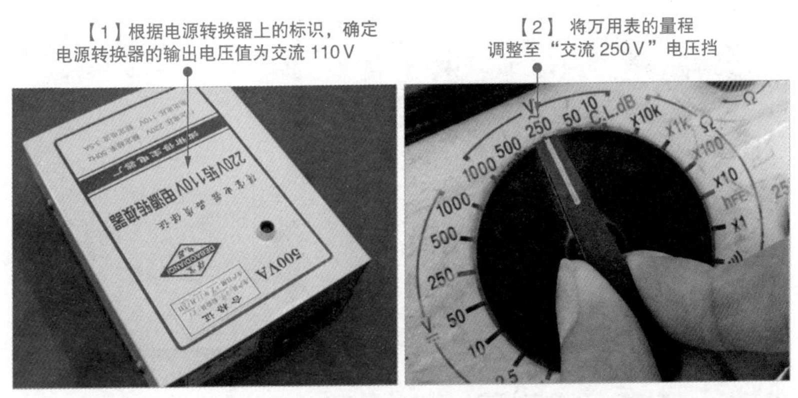

图 5-5 指针万用表检测电源转换器输出交流电压的方法

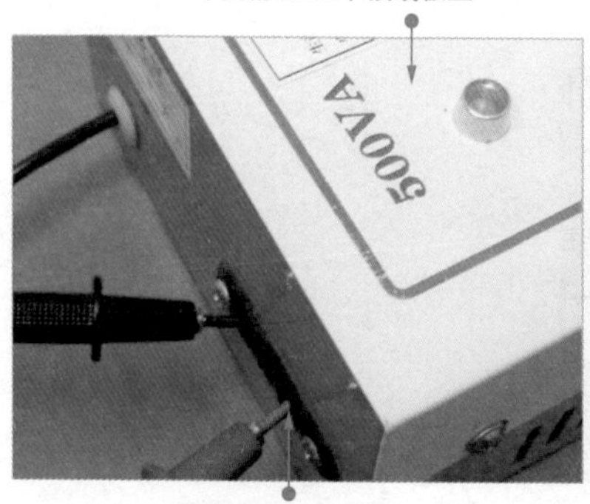

图 5-5　指针万用表检测电源转换器输出交流电压的方法（续）

指针万用表检测市电插座输出交流电压的方法如图 5-6 所示。

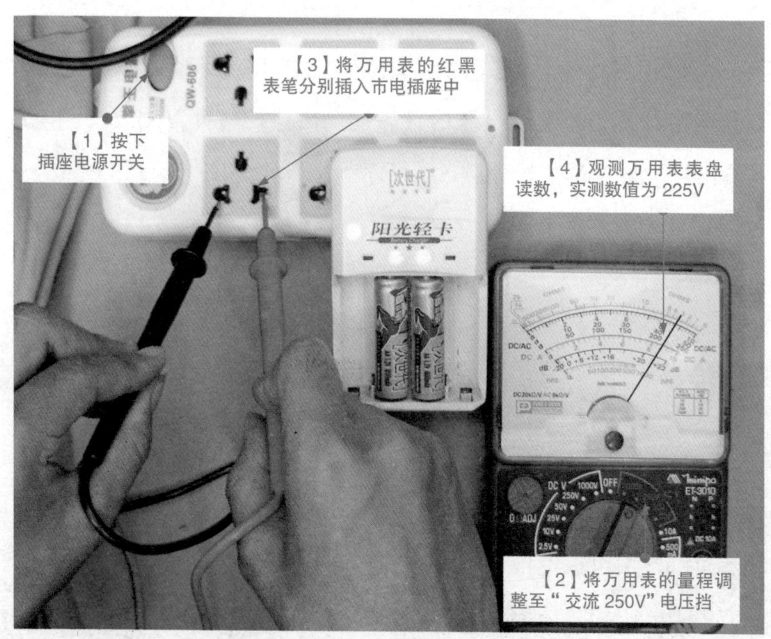

图 5-6　指针万用表检测市电插座输出交流电压的方法

5.2 数字万用表检测电压的方法

5.2.1 检测直流电压的方法

数字万用表检测直流电压时，根据实际电路选择合适的直流电压量程，然后将万用表的黑表笔接电源（或负载）的负极，红表笔接电源（或负载）的正极，此时即可通过显示屏读出测量的直流电压值。数字万用表直流电压的检测方法及连接如图 5-7 所示。

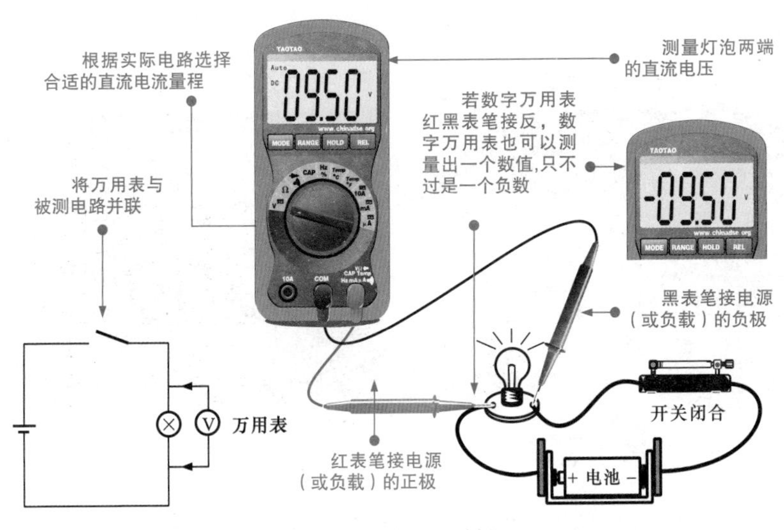

图 5-7　数字万用表直流电压的检测方法及连接

下面以检测手机电池和电源适配器输出的直流电压为例，介绍数字万用表直流电压的具体检测方法。数字万用表检测手机电池输出直流电压的方法如图 5-8 所示。

【1】根据手机电池上的标识信息，确定手机电池的额定电压为3.7V

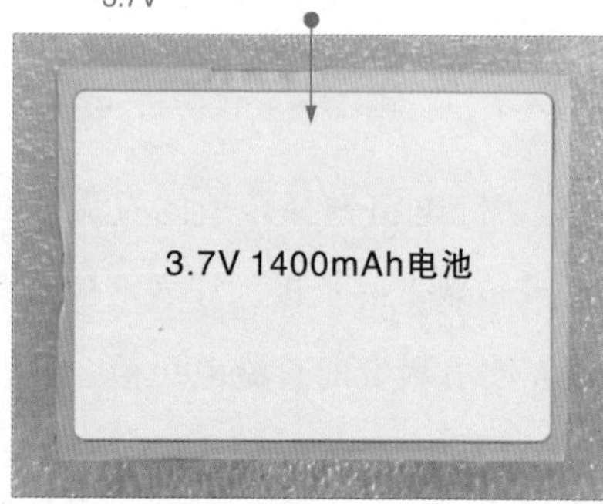

【2】将万用表的量程调整至电压挡

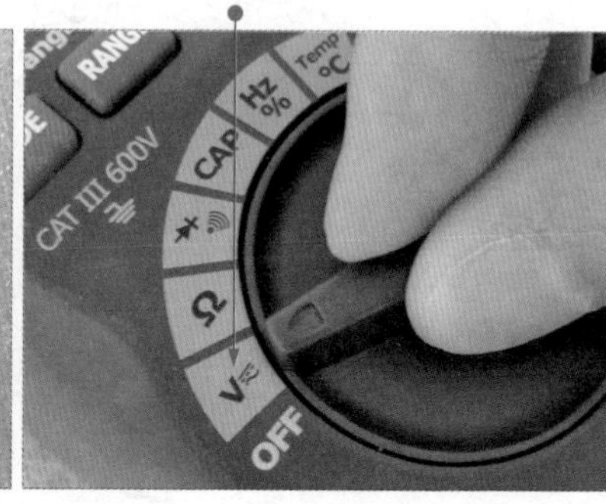

【3】在电池上接上一只82Ω/3 W左右的电阻作为负载

【4】将万用表的黑表笔搭在手机电池的负极

【6】观察万用表液晶显示屏读出实测数值为3.66V

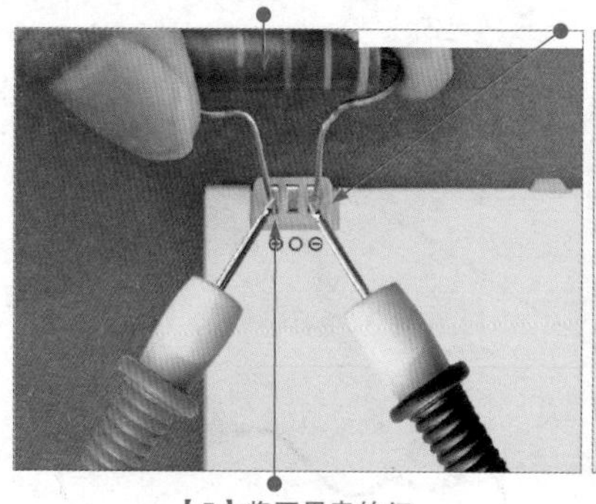

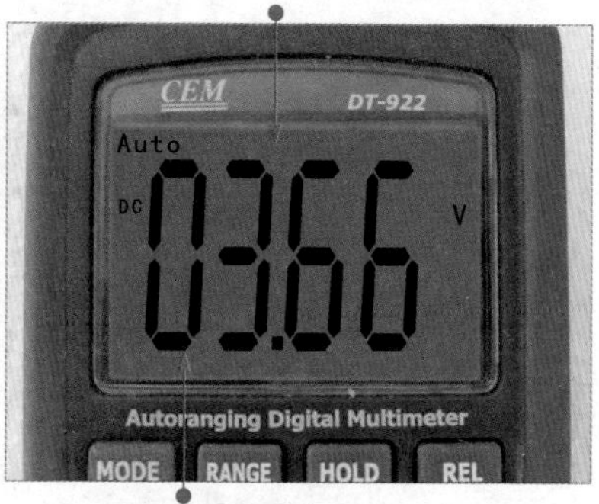

【5】将万用表的红表笔搭在手机电池的正极

若检测结果存在偏差，则说明手机电池性能不良

图 5-8　数字万用表检测手机电池输出直流电压的方法

提示

一般情况下，无论是手机电池，还是我们常用的五号、七号干电池，用万用表直接进行测量时，不论电池电量是否充足，测得的值都会与它的额定电压值基本相同，也就是说测量电池空载时的电压不能判断电池电量情况。电池电量耗尽，主要表现是电池内阻增加，而当接上负载电阻后，会有一个电压降。例如，一节五号干电池，电池空载时的电压为 1.5V，但接上负载电阻后，电压降为 0.5V，表明电池电量几乎耗尽。

数字万用表检测电源适配器输出直流电压的方法如图 5-9 所示。

万用表检测电源适配
器输出直流电压的原理
AC 220V
电源
适配器
+
−
16.49

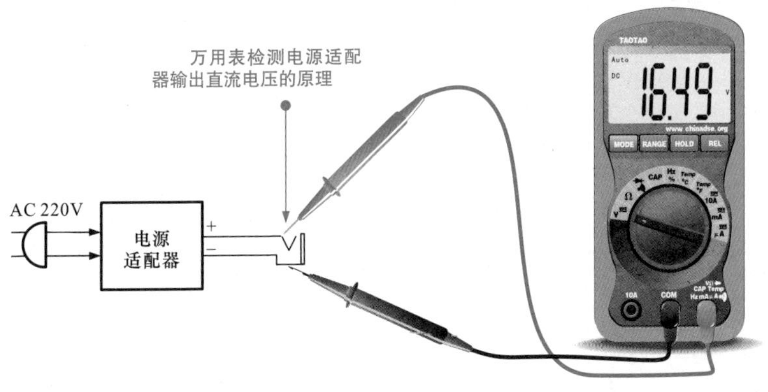

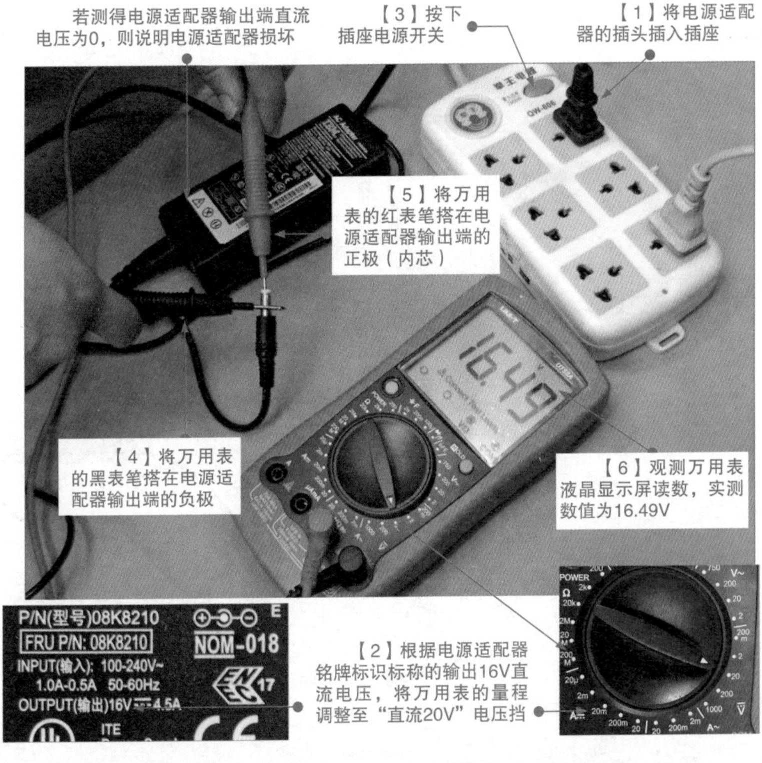

若测得电源适配器输出端直流
电压为0，则说明电源适配器损坏
【3】按下
插座电源开关
【1】将电源适配
器的插头插入插座
【5】将万用
表的红表笔搭在电
源适配器输出端的
正极（内芯）
【4】将万用表
的黑表笔搭在电源适
配器输出端的负极
【6】观测万用表
液晶显示屏读数，实测
数值为16.49V
P/N(型号)08K8210
FRU P/N: 08K8210
NOM-018
INPUT(输入): 100-240V~
1.0A-0.5A 50-60Hz
OUTPUT(输出)16V ⎓ 4.5A
【2】根据电源适配器
铭牌标识标称的输出16V直
流电压，将万用表的量程
调整至“直流20V”电压挡

图 5-9　数字万用表检测电源适配器输出直流电压的方法

提示

当测量未知直流电压时，测量工作会有一定的难度。此时可以将万用表的电压量程调至最大，再进行测量；然后根据每一次的测量结果相应地调整电压量程，直到测量出最准确的电压值为止。这样就可以避免因被测电压超过了万用表的量程，而对万用表造成损坏。

5.2.2 检测交流电压的方法

数字万用表检测交流电压时，根据实际电路选择合适的交流电压量程，然后将万用表的红黑表笔并联接入被测电路中，此时即可通过显示屏读出测量的交流电压值。数字万用表交流电压的检测方法及连接如图 5-10 所示。

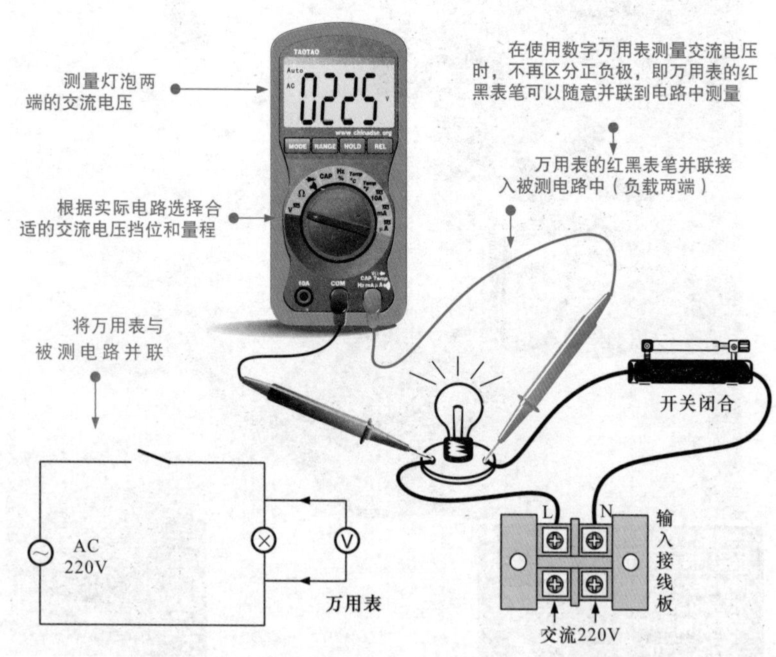

图 5-10　数字万用表交流电压的检测方法及连接

下面以检测电磁炉电源变压器输入、输出交流电压和市电插座输出交流电压为例，介绍数字万用表交流电压的具体检测方法。

数字万用表检测电磁炉电源变压器输入、输出交流电压的方法，如图 5-11 所示。

【1】将电磁炉通电，万用表的红黑表笔分别搭在电源变压器的交流输入引脚上

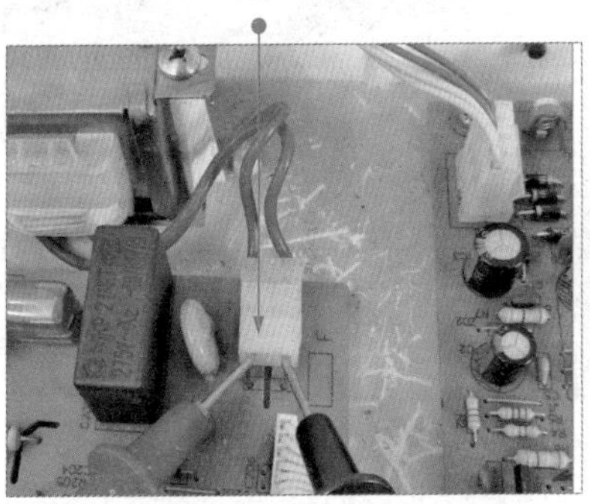

【2】观察万用表液晶显示屏读出实测数值为AC 220.3V

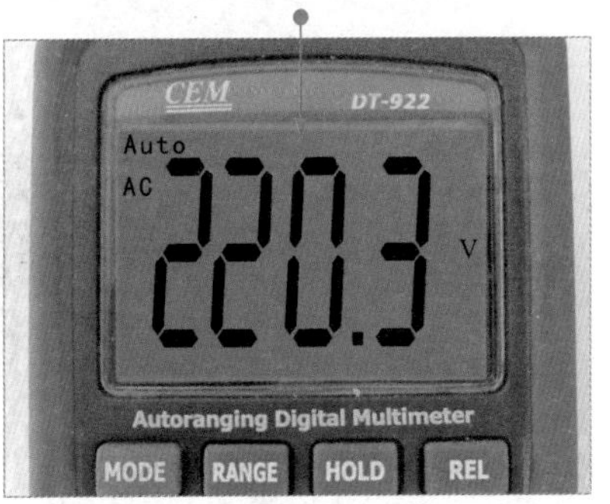

【3】接着将万用表的红黑表笔分别搭在电源变压器的交流输出蓝色引线引脚上

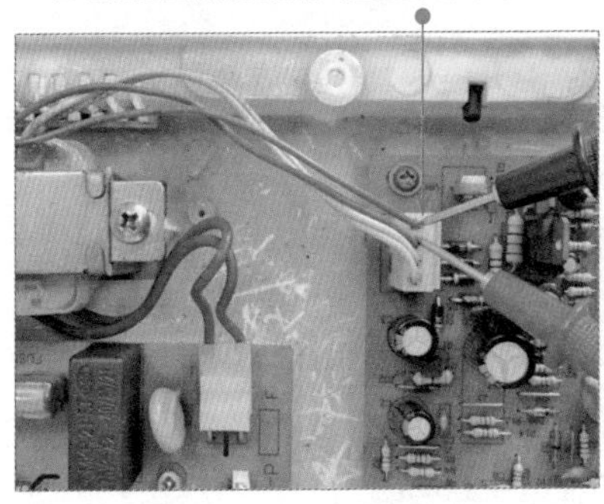

【4】观察万用表液晶显示屏读出实测数值为AC16.1V

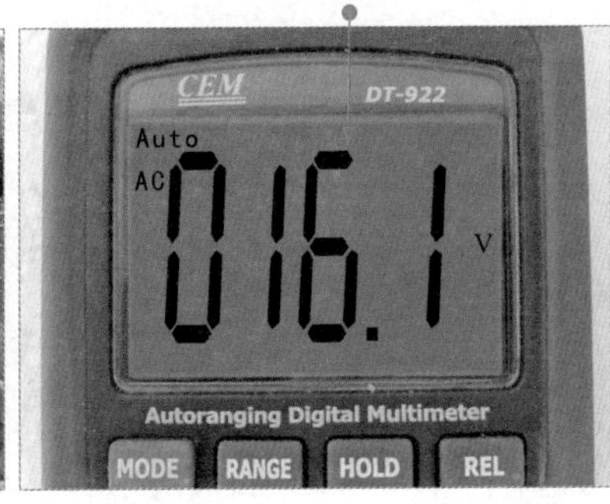

图 5-11　数字万用表检测变压器输入、输出交流电压的方法

数字万用表检测市电插座输出交流电压的方法，如图 5-12 所示。

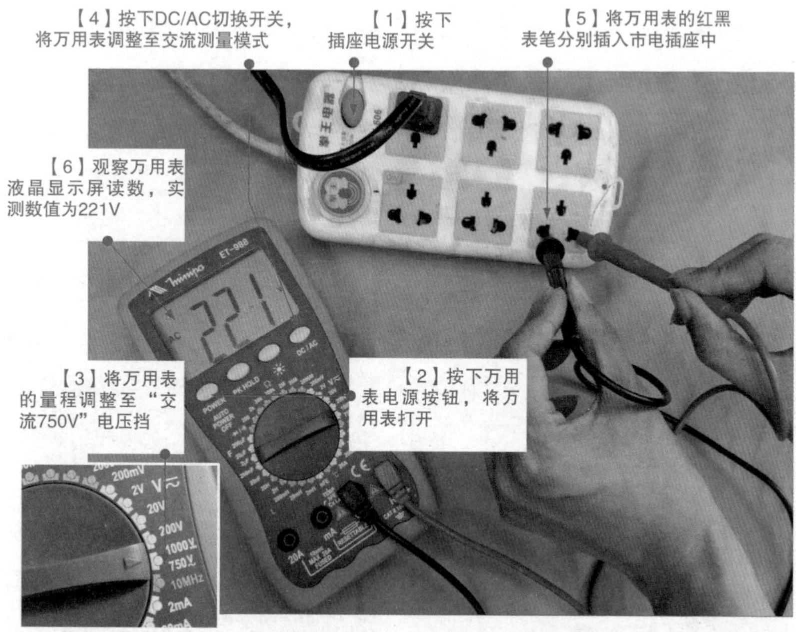

图 5-12　数字万用表检测市电插座输出交流电压的方法

提示

当测量未知交流电压时，应将万用表的电压量程调至最大后再进行测量，然后根据测量结果相应地调整电压量程。但在测量过程中严禁在测量较高电压（如交流 220V 以上）或较大电流（如 0.5A 以上）时拨动量程选择开关，以免产生电弧，烧坏万用表内开关的触点。

同时，当被测电压高于 100V 时必须注意安全！应养成单手操作的习惯，可以预先把一支表笔固定在被测电路的公共地端，再拿另一支表笔去碰触测试点，这样可以避免因看读数时而不小心触电。

第 6 章

万用表检测元器件的训练

6.1 万用表检测常用电子元件的训练

6.1.1 万用表检测电阻器的训练

1 检测普通电阻器

通常，对于普通电阻器的检测，可通过万用表对待测电阻器的阻值进行测量，将测量结果与待测电阻器的标称阻值进行比对，即可判别电阻器的性能。

图 6-1 所示为待测的普通电阻器的实物外形。根据电阻器上的色环标注或直接标注识，便能读出该电阻器的阻值。可以看到，该电阻器采用的是色环标注法，色环从左向右依次为“红”“黄”“棕”“金”，由此可以识读出该电阻器的阻值为 240Ω，允许偏差为 ±5%。

在检测电阻器时，可以采用万用表检测其电阻阻值，进而判断其好坏。

将万用表的功能旋钮调整至电阻挡，并将其挡位调整至“×10Ω”挡后，旋转调零旋钮进行调零校正，如图 6-2 所示。

将万用表的红黑表笔分别搭在待测电阻器的两引脚上，观察万用表的读数，如图 6-3 所示。若测得的阻值与标称值相符或相近，则表明该电阻器正常；若测得的阻值与标称值相差过多，则该电阻器可能已损坏。

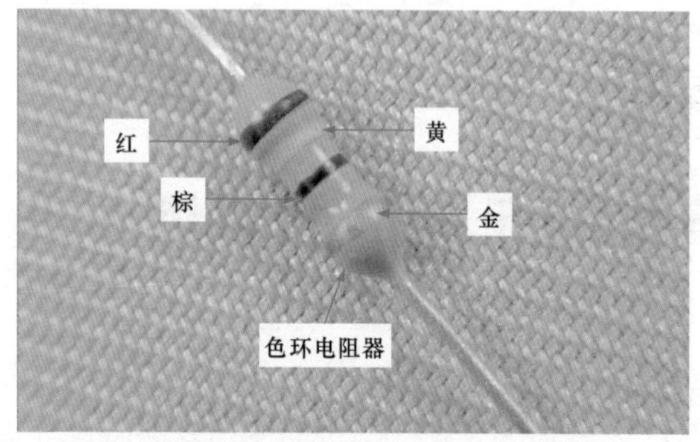

图 6-1　待测的普通电阻器的实物外形

图 6-2　万用表的零欧姆校正

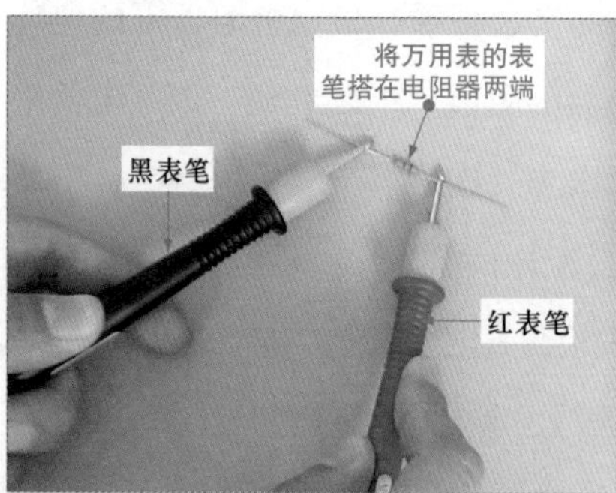

图 6-3　普通电阻器的检测方法

提示

无论是使用指针万用表还是数字万用表，在设置量程时，要尽量选择与测量值相近的量程以保证测量值准确。如果设置的量程范围与待测值之间相差过大，则不容易测出准确值。这在测量时要特别注意。

2 检测敏感电阻器

光敏电阻器、热敏电阻器、湿敏电阻器都属于敏感电阻器，该类电阻器的阻值会随环境变化而发生变化。例如，光敏电阻器的阻值会受光照强弱的变化而变化，热敏电阻器的阻值会受环境温度的影响而变化，湿敏电阻器的阻值则会受环境湿度的影响而变化。因此，对此类电阻器的检测可在阻值测量过程中人为改变环境参数，若待测敏感电阻器的阻值也随之变化，则说明性能正常。

以光敏电阻器为例，图 6-4 所示为待测光敏电阻器的实物外形。光敏电阻器的特点是当外界光照强度变化时，光敏电阻器的阻值也会随之变化。若被测光敏电阻器表面没有标称阻值，应使用较大的量程测量，以免损坏万用表。

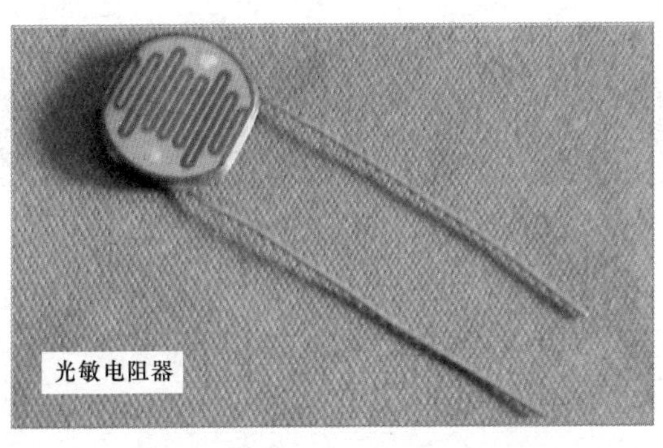

图 6-4 待测光敏电阻器的实物外形

在正常光照下，将万用表的红黑表笔分别搭在光敏电阻器的两引脚上，并观察万用表的读数，如图 6-5 所示。

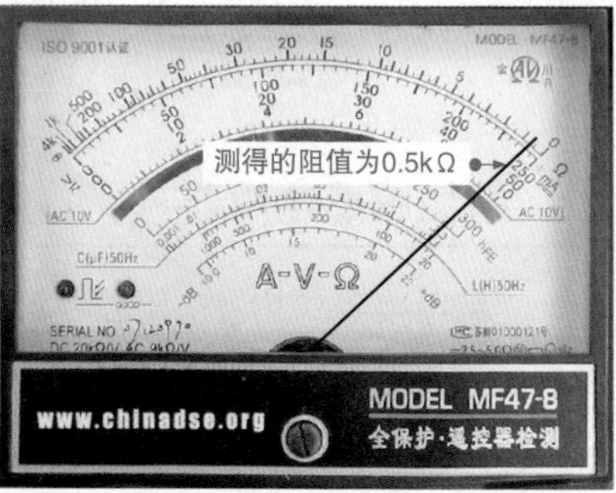

图 6-5　正常光照下检测光敏电阻器

万用表的量程和表笔位置不变，将光敏电阻器用遮光物遮住，观察万用表的读数，如图 6-6 所示。

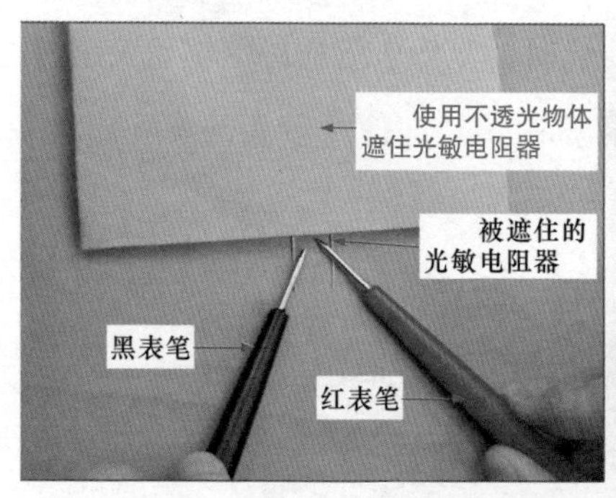

图 6-6　光照不足条件下检测光敏电阻器

正常情况下，光敏电阻器的阻值会随光照强度的不同发生相应变化。一般来说，光照强度越高，光敏电阻器阻值越小。

图 6-7 所示为热敏电阻器的检测操作。检测时根据热敏电阻器的特性改变环境温度观察阻值的变化，即可完成对热敏电阻器性能的检测。

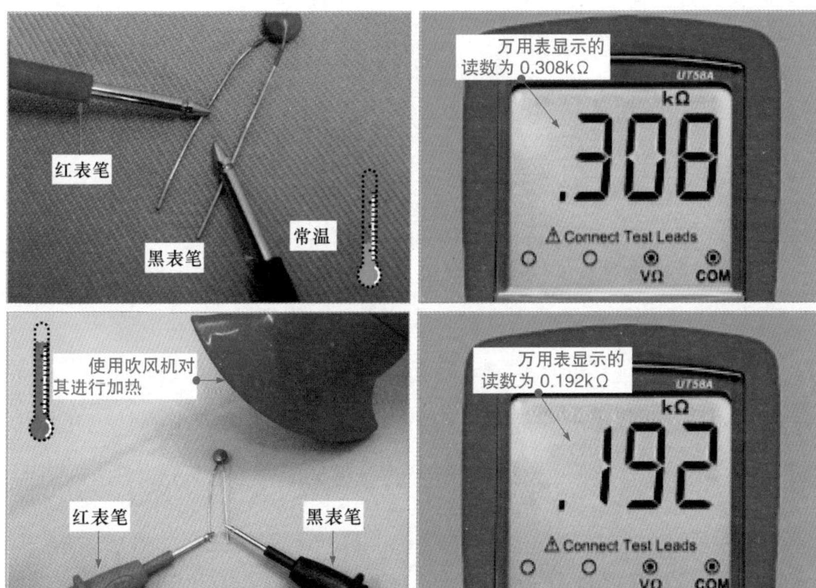

图 6-7　热敏电阻器的检测操作

提示

根据随温度升高阻值变化趋势的不同，热敏电阻器可分为正温度系数热敏电阻器和负温度系数热敏电阻器两种：阻值随温度的升高而增大的热敏电阻器称为正温度系数热敏电阻器（FTC），阻值随温度的升高而降低的热敏电阻器称为负温度系数热敏电阻器（NTC）。

6.1.2　万用表检测电容器的训练

1　检测固定电容器

固定电容器是指电容器制成后，其电容量不能发生改变的电容器。图 6-8 所示为待测固定电容器的实物外形，观察该电容器标识，根据标识可以识读出该电容器的标称容量值为 220nF，即 0.22μF。

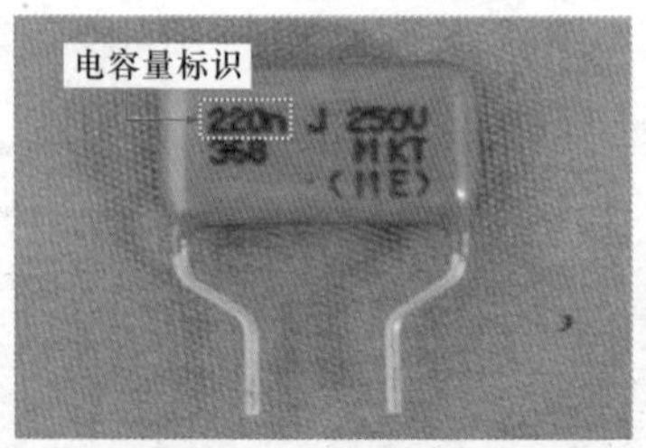

图 6-8　待测固定电容器的实物外形

使用万用表对其进行检测，一般选择带有电容测量功能的数字万用表进行。首先将万用表的电源开关打开，将万用表调至电容挡，根据电容器上标识的电容值，应当将万用表的量程调至“2μF”，如图 6-9 所示。

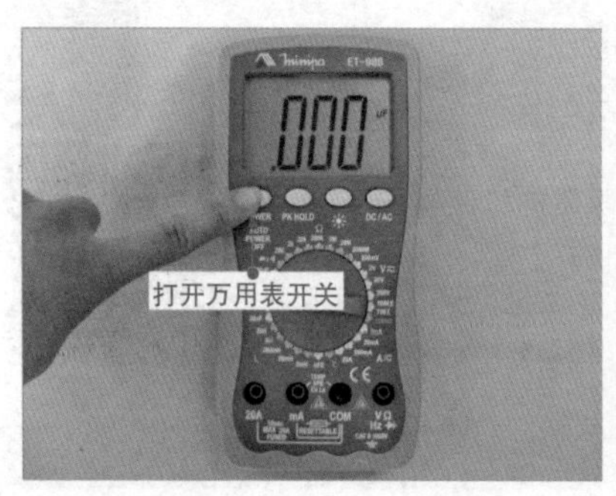

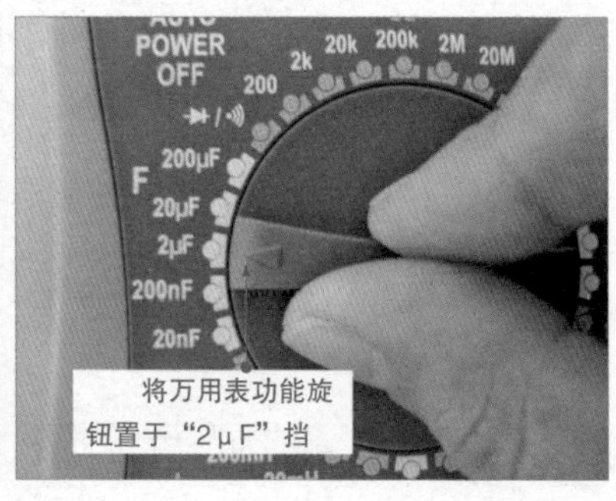

图 6-9　打开万用表开关并调整量程

然后将附加测试器插座插入万用表的表笔插孔中，如图 6-10 所示。

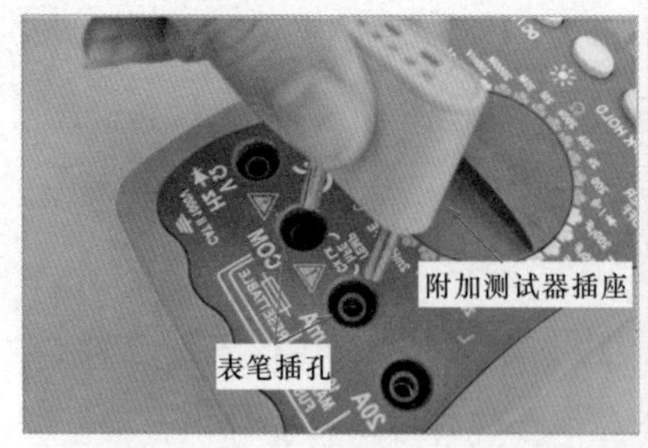

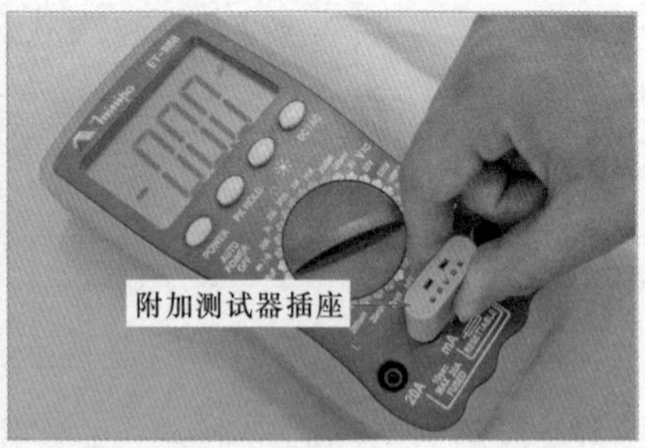

图 6-10　将附加测试器插座插入万用表的表笔插孔中

将待测电容器的引脚插入附加测试器的“Cx”电容输入插孔中，观测万用表显示的电容读数，测得其电容为 0.231nF，如图 6-11 所示。根据计算，$1\mu F=10^3 nF=10^6 pF$，得 $0.231\mu F=231nF$，与电容器标称容量值基本相符。

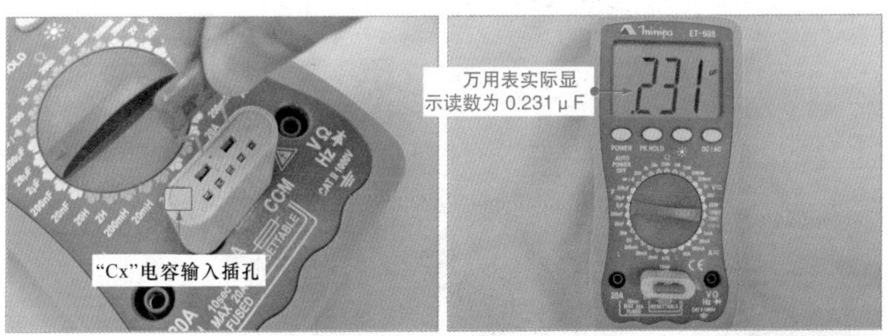

图 6-11　对固定电容器进行检测

2　检测电解电容器

电解电容器属于有极性电容，从电解电容的外观上即可判断。一般在电解电容器的一侧标记为“−”，则表示这一侧的引脚极性为负极，而另一侧引脚为正极。电解电容器的检测是使用指针万用表对其漏电电阻值的检测来判断电解电容器性能的好坏，如图 6-12 所示为待测电解电容器的实物外形。

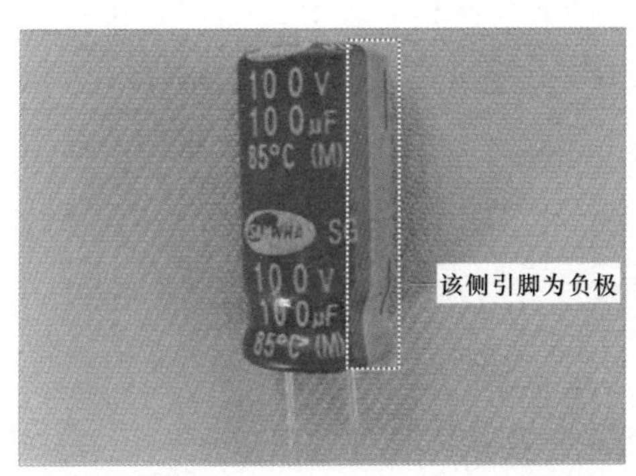

图 6-12　待测电解电容器的实物外形

提示

对于大容量电解电容器在工作中可能会有很多电荷，如短路会产生很强的电流。为防止损坏万用表或引发电击事故，应先用电阻对其放电，然后再进行检测。对大容量电解电容器放电可选用阻值较小的电阻，将电阻的引脚与电容器的引脚相连即可，如图6-13所示为电解电容器的放电过程。

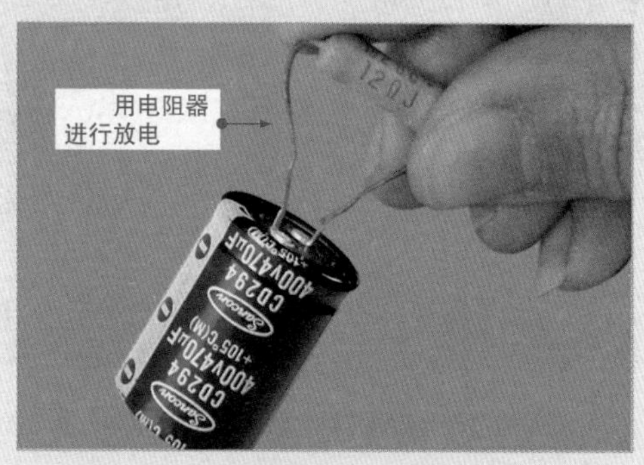

图 6-13　电解电容器的放电过程

用万用表检测电解电容器的充放电性能时，为了能够直观地看到充放电的过程，通常选择指针式万用表进行检测。

电解电容器放电完成后，将万用表旋至电阻挡，量程调整为“R×10k”挡。测量电阻值须先进行调零校正，即将万用表两表笔短接，旋转调零旋钮使指针指示为0。

将万用表红表笔接至电解电容器的负极引脚上，黑表笔接至电解电容器的正极引脚上，观测其指针摆动幅度，如图6-14所示。

在刚接通的瞬间，万用表的指针会向右（电阻小的方向）摆动一个较大的角度。当表针摆动到最大角度后，接着表针又会逐渐向左摆回，直至表针停止在一个固定位置，这说明该电解电容有明显的充放电过程。所测得的阻值即为该电解电容的正向漏电阻，该阻值在正常情况下应比较大。

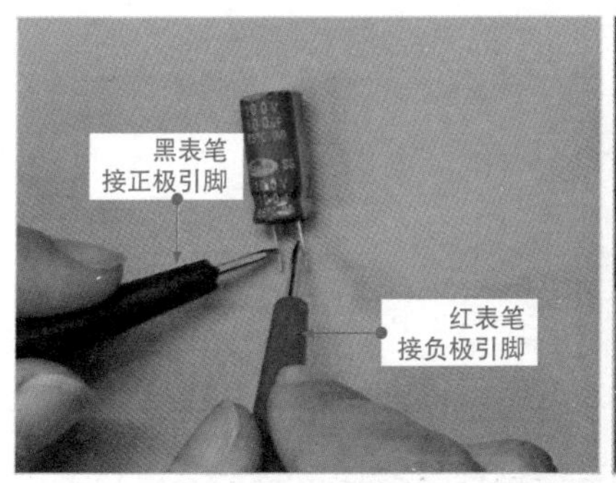

图 6-14　万用表指针向左逐渐摆回至某一固定位置

若表笔接触到电解电容器引脚后，表针摆动到一个角度后随即向回稍微摆动一点，即并未摆回到较大的阻值，此时可以说明该电解电容器漏电严重，如图 6-15 所示。

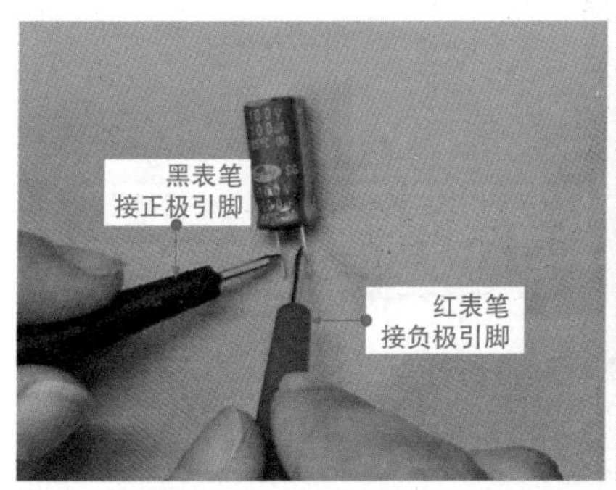

图 6-15　万用表指针达到的最大摆动幅度与最终停止时的角度

若表笔接触到电解电容器引脚后，表针即向右摆动，并无回摆现象，指针就指示一个很小的阻值或阻值趋近于 0，这说明当前所测电解电容器已被击穿短路（损坏），如图 6-16 所示。

若表笔接触到电解电容器引脚后，表针并未摆动，仍指示阻值很大或趋于无穷大，则说明该电解电容器中的电解质已干涸，失去电容量（损坏），如图 6-17 所示。

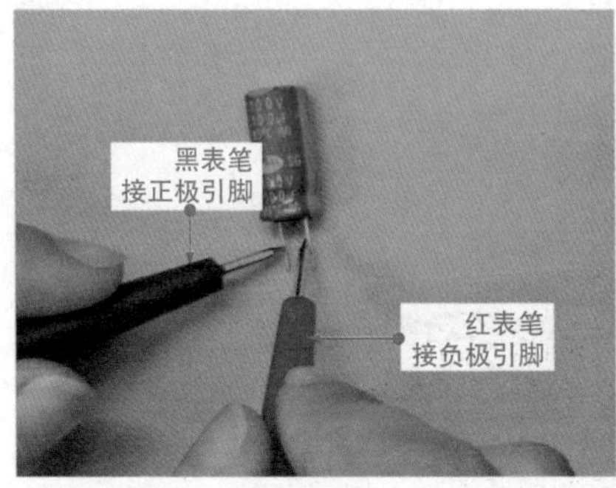

图 6-16　万用表指针向右摆动且趋近于 0

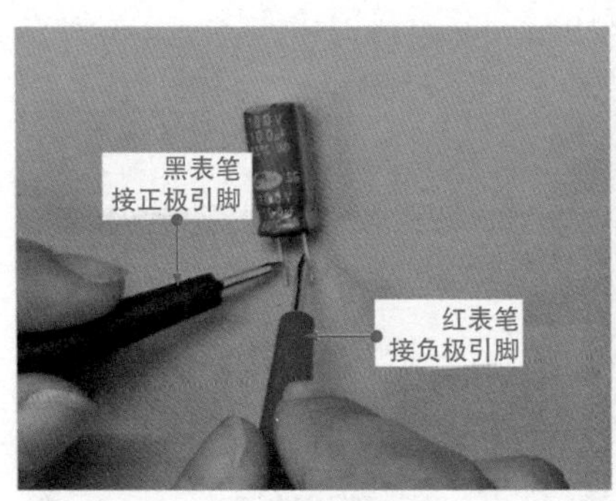

图 6-17　万用表指针无摆动且趋近于无穷大

上述方法用于判断电解电容器的好坏或性能，若需要对其电容量进行检测，通常可使用数字万用表的电容量挡进行检测（200nF ~ 100μF 范围内）。

6.1.3　万用表检测电感器的训练

1　检测固定电感器

对固定电感器的检测，可使用数字万用表的电感测量功能，直接检测待测电感器的电感量。

图 6-18 所示为待测固定电感器的实物外形。观察该电感器色环，其采用色环标注法，颜色从左至右分别为“棕”“黑”“棕”“银”，根据色环颜色定义可以识读出该色环电感器的标称阻值为“100μH”，允许偏差值为 ±10%。

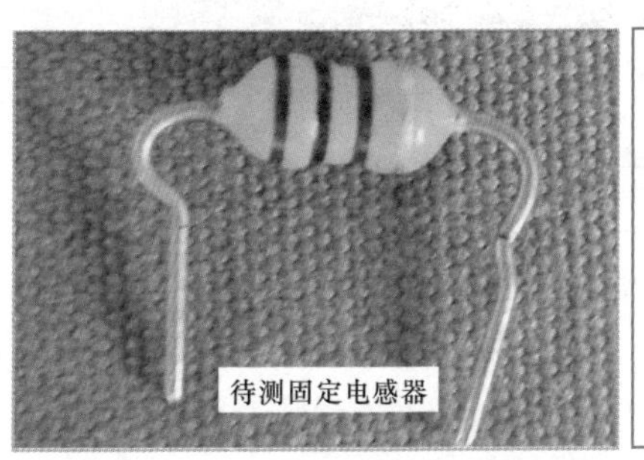

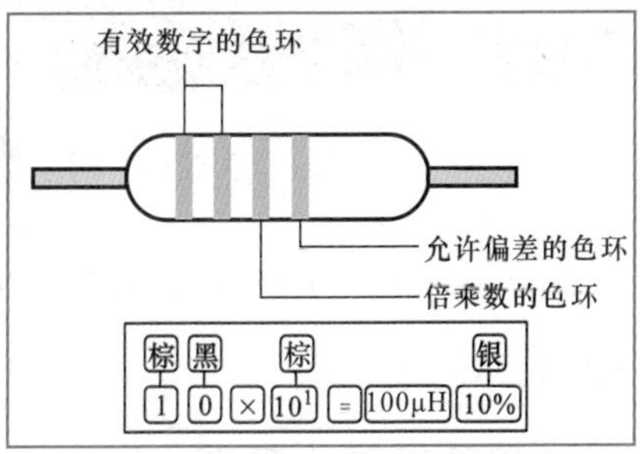

图 6-18 待测固定电感器的实物外形

如图 6-19 所示，根据待测电感器的电感量标称值，将万用表功能旋钮调至“2mH”挡，然后将附加测试器插座插入万用表的表笔插孔中。

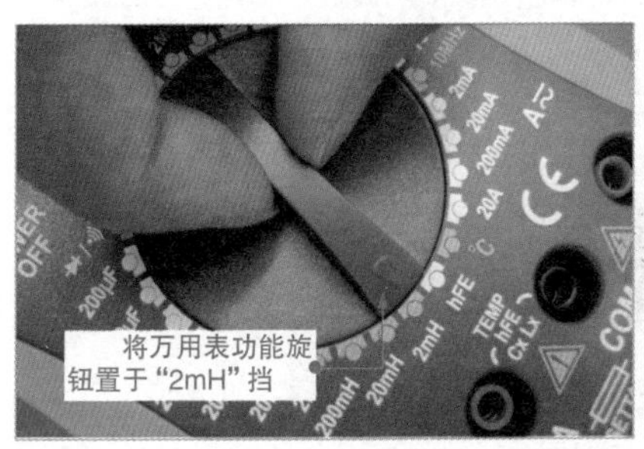

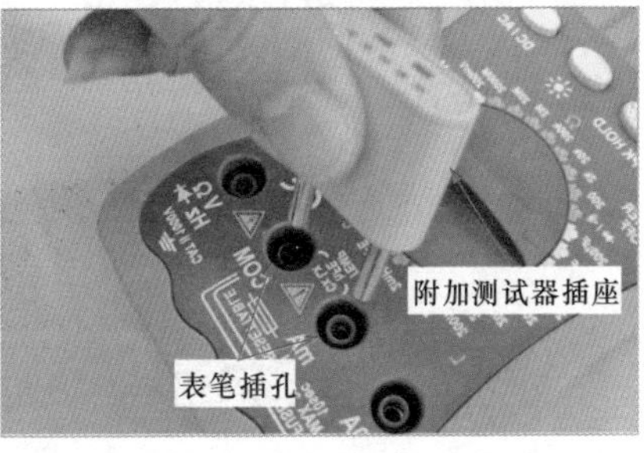

图 6-19 调整万用表量程，并将附加测试器插座插入万用表的表笔插孔中

将待测色环电感器插入附加测试器插座“Lx”电感量输入插孔中，对其进行检测。观测万用表显示的电容读数，测得其电感量为 0.114mH，如图 6-20 所示。

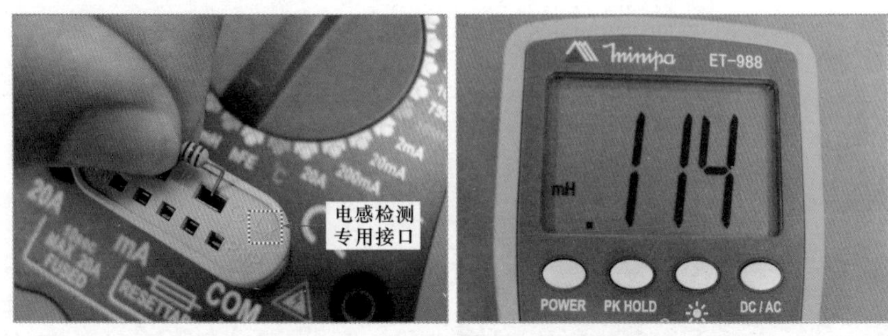

图 6-20　对固定电感器进行检测

由于 $1mH=1\times10^3\mu H$，计算可得 $0.114mH\times10^3=114\mu H$，与该电容器的标称值基本相符。

2　检测微调电感器

微调电感器又叫半可调电感器，这种电感器同固定电感器一样，电阻值比较小，因此可以选用数字万用表进行检测。图 6-21 所示为待测的微调电感器的实物外形。

图 6-21　待测的微调电感器的实物外形

使用万用表对其进行检测，首先将万用表的电源开关打开。将万用表调至欧姆挡，由于其阻值较小，故应当为将万用表的量程调至 200Ω 挡位，如图 6-22 所示。

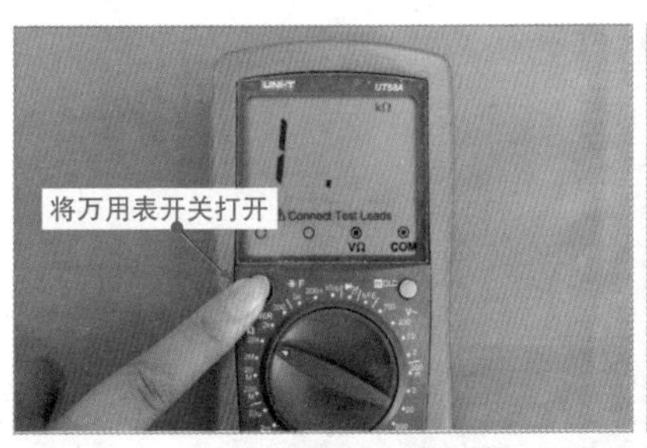

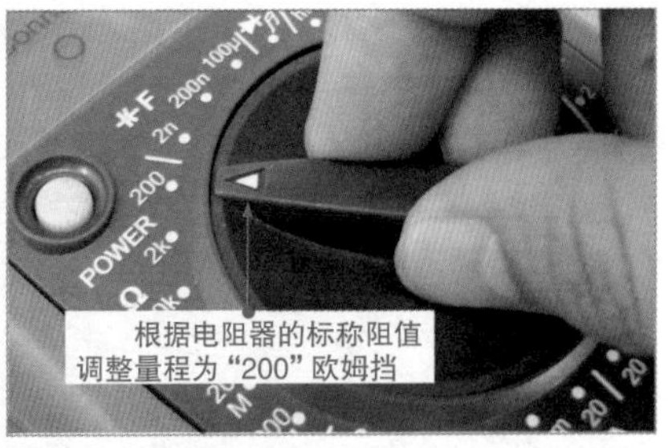

图 6-22　打开万用表开关并调整量程

将万用表的红黑表笔分别搭在内接电感线圈及中心触头的引脚上，观察万用表的读数为 0.5Ω，如图 6-23 所示。

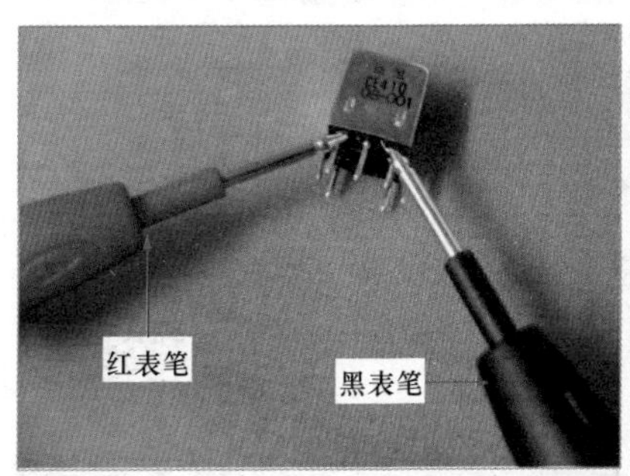

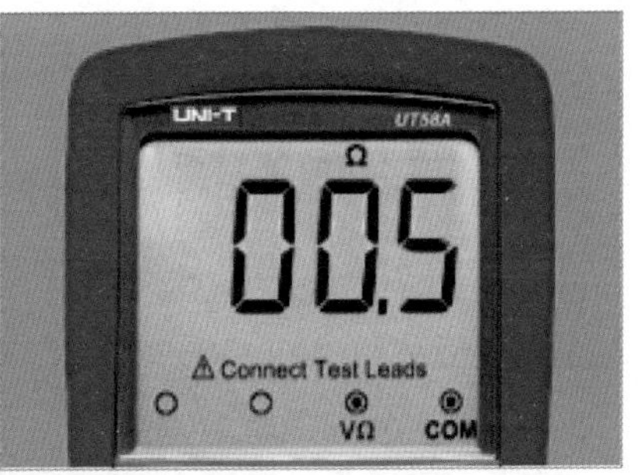

图 6-23　对微调电感器进行检测

若它们之间均有固定阻值，说明该电感器正常，可以使用；若测得微调电感器的阻值趋于无穷大，则表明电感器已损坏。

6.2　万用表检测常用半导体器件的训练

6.2.1　万用表检测二极管的训练

1　检测普通二极管

对于普通二极管的检测可利用二极管的单向导电性，分别检测正反向阻值。

如图 6-24 所示，首先根据二极管标识区分待测二极管引脚的正负极。之后，将指针万用表量程调整至“R×1k”欧姆挡，并进行零欧姆校正。

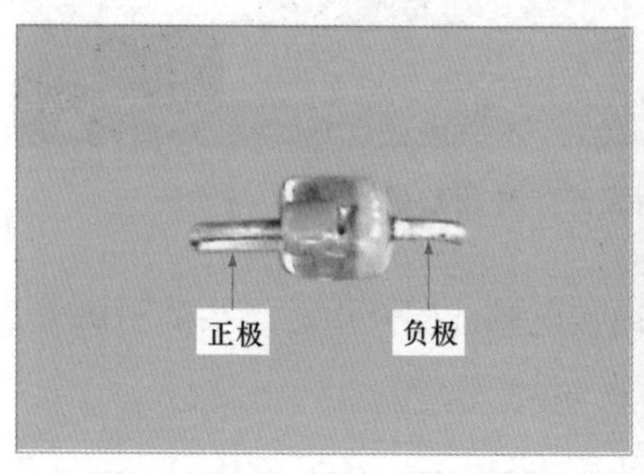

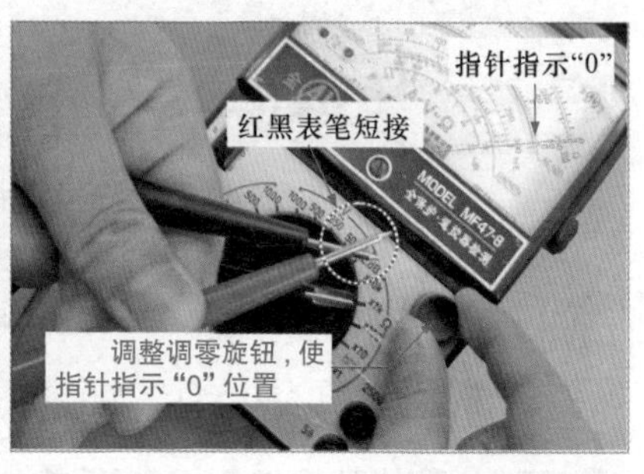

图 6-24　区分待测二极管引脚的正负极，并对万用表进行零欧姆校正

将万用表的红表笔搭在二极管负极引脚上，黑表笔搭在二极管正极引脚上，测得二极管的正向阻值并记为 R_1，其电阻值约为 5kΩ，如图 6-25 所示。

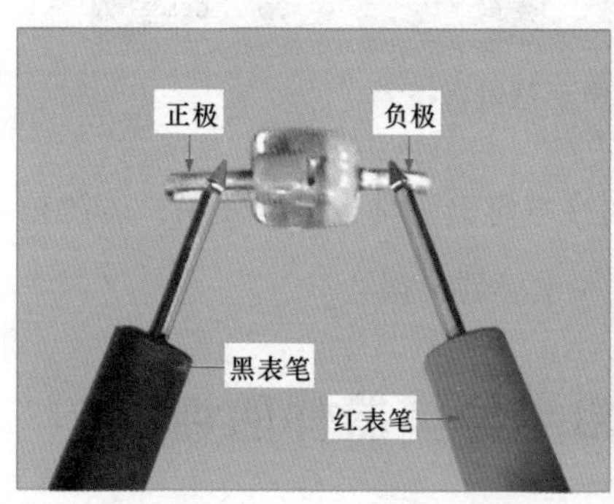

图 6-25　检测二极管的正向阻值

调换表笔，将黑表笔搭在二极管负极引脚上，红表笔搭在二极管正极引脚上，此时测得二极管的反向阻值并记为 R_2，其电阻值约为无穷大，如图 6-26 所示。

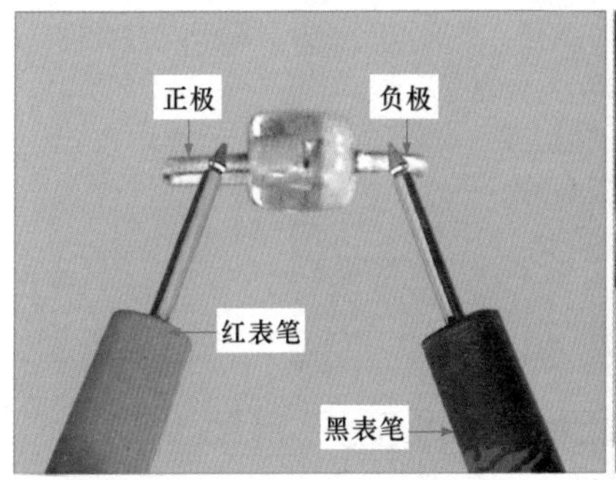

图 6-26　检测二极管的反向阻值

提示

在对二极管进行检测时，可通过其正向导通反向截止的特性进行判断：

1）若正向阻值 R_1 有一固定电阻值，而反向阻值 R_2 趋于无穷大，即可判定二极管良好；

2）若正向阻值 R_1 和反向阻值 R_2 均趋于无穷大，则二极管存在断路故障；

3）若正向阻值 R_1 和反向阻值 R_2 电阻值均很小，则二极管已被击穿短路；

4）若正向阻值 R_1 和反向阻值 R_2 电阻值相近，则说明二极管失去单向导电性或单向导电性不良。

2　检测发光二极管

图 6-27 所示为待测发光二极管的实物外形。在对发光二极管进行检测时，通常需要先辨认发光二极管的正极性和负极性，引脚长的为正极，引脚短的为负极。

如图 6-28 所示，检测时首先将万用表功能旋钮旋至欧姆挡，量程调整为“R × 1k”欧姆挡；之后再将万用表两表笔短接，调整调零旋钮使指针指示为 0。

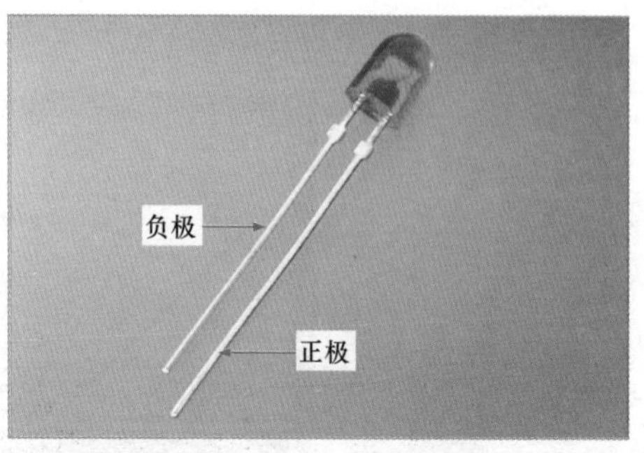

图 6-27　待测发光二极管的实物外形

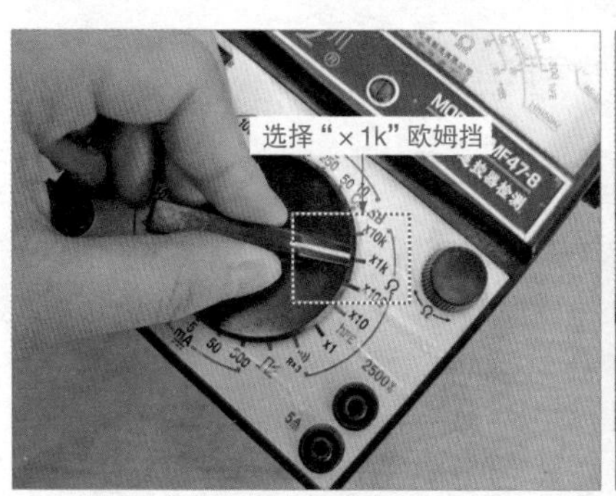

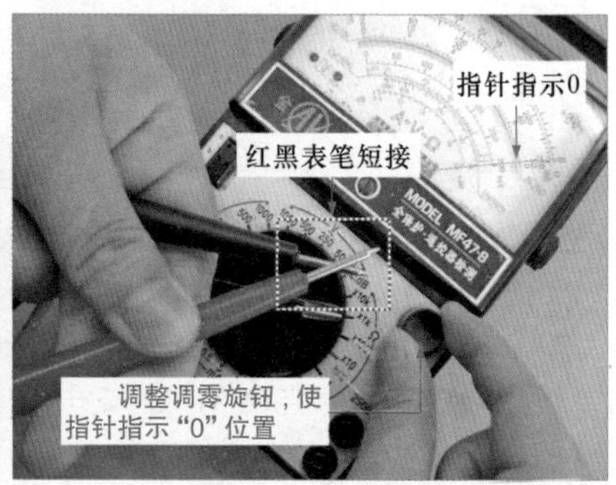

图 6-28　将万用表进行欧姆调零

将万用表黑表笔搭在发光二极管正极引脚上，红表笔搭在发光二极管负极引脚上，检测时二极管会发光。观测万用表显示读数，将所测得的正向阻值记为 R_1，其电阻值通常为 20kΩ，如图 6-29 所示。

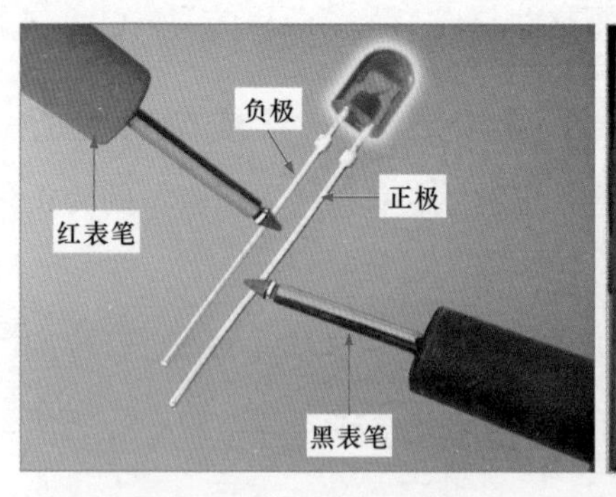

图 6-29　检测发光二极管的正向阻值

调换表笔，将黑表笔搭在发光二极管负极引脚上，红表笔搭在发光二极管正极引脚上。观测万用表显示读数，将所测得的反向阻值记为 R_2，通常为无穷大，如图 6-30 所示。

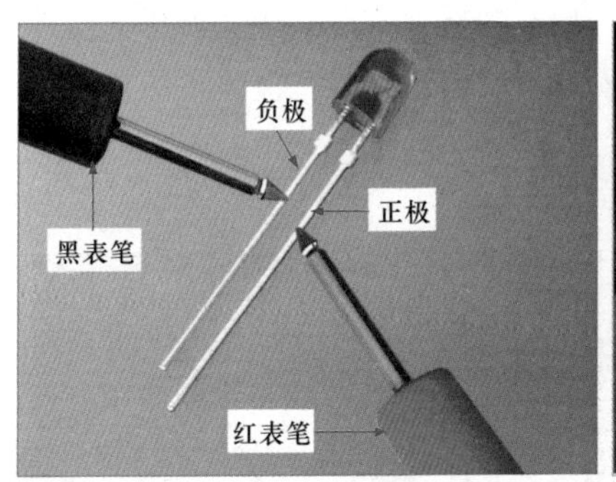

图 6-30　检测发光二极管的反向阻值

提示

1）若正向阻值 R_1 有一固定电阻值（20kΩ），而反向阻值 R_2 趋于无穷大，即可判定发光二极管良好；

2）若正向阻值 R_1 和反向阻值 R_2 都趋于无穷大，则发光二极管存在断路故障；

3）若 R_1 和 R_2 数值都很小或趋于 0，可以断定该发光二极管已被击穿。

6.2.2　万用表检测晶体三极管的训练

1　阻值测量法

以 NPN 型晶体三极管为例，使用万用表阻值检测功能检测 NPN 型晶体三极管。当万用表黑表笔接 NPN 型晶体三极管的基极时，检测的为晶体三极管基极与集电极、基极与发射极之间的正向阻值。通常只有这两组值有固定数值，其他两两引脚间电阻值均为无穷大。

首先将万用表旋至电阻挡，量程调整为“R×10k”欧姆挡。测量电阻值须先进行欧姆调零，将万用表两表笔短接，调整调零旋钮使指针指示为0。

将万用表的黑表笔搭在晶体三极管的基极引脚上，红表笔搭在晶体三极管的集电极引脚上。观测万用表显示读数，测得基极与集电极之间的正向阻值记为R_1，其阻值为4.5kΩ，如图6-31所示。

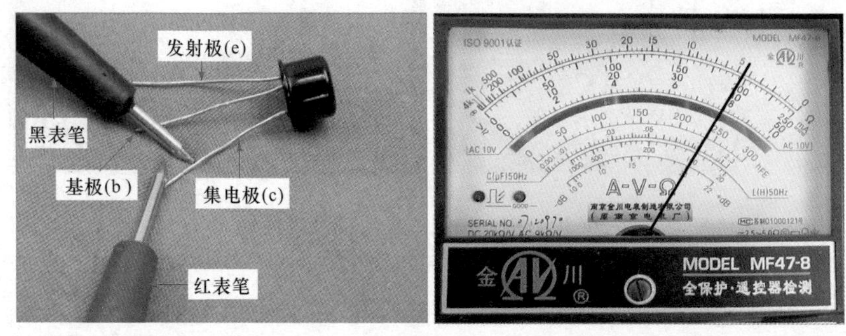

图6-31　检查晶体三极管基极与集电极之间的正向阻值

调换表笔，将万用表的红表笔搭在晶体三极管的基极引脚上，黑表笔搭在集电极引脚上。观测万用表显示读数，测得基极与集电极之间的反向阻值记为R_2，其电阻值趋于无穷大，如图6-32所示。

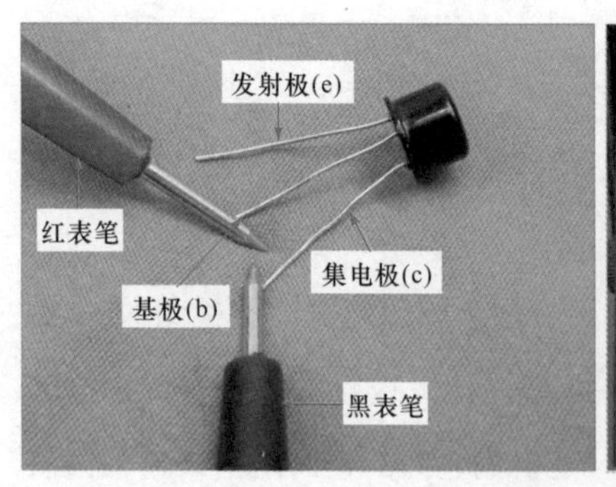

图6-32　检查晶体三极管基极与集电极之间的反向阻值

将万用表的黑表笔搭在晶体三极管的基极引脚上，红表笔搭在晶体三极管的发射极引脚上。观测万用表显示读数，测得基极与发射极之间的正向阻值记为 R_3，其电阻值约为 8kΩ，如图 6-33 所示。

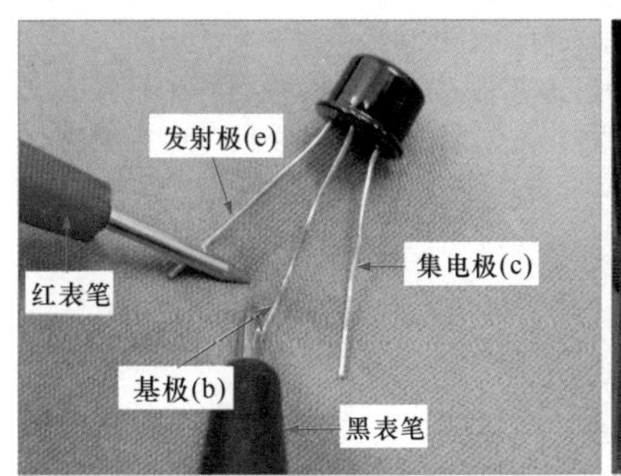

图 6-33　检查晶体三极管基极与发射极之间的正向阻值

调换表笔，即万用表的红表笔搭在晶体三极管的基极引脚上，黑表笔搭在晶体三极管的发射极引脚上。观测万用表显示读数，测得基极与发射极之间的反向阻值记为 R_4，其电阻值趋于无穷大，如图 6-34 所示。

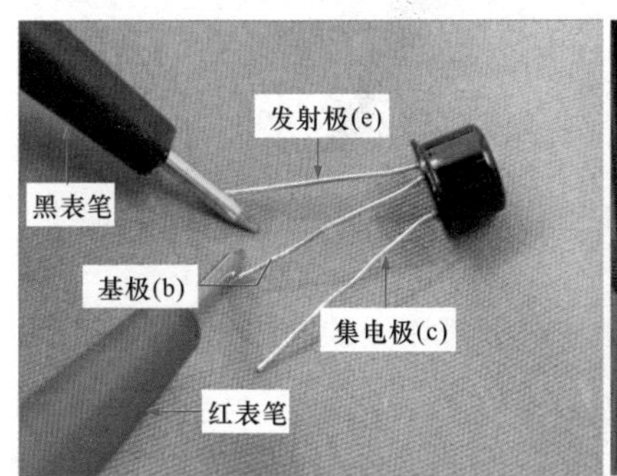

图 6-34　检查晶体三极管基极与发射极之间的反向阻值

若 R_2 远大于 R_1、R_4 远大于 R_3、R_1 约等于 R_3，可以断定该 NPN 型晶体三极管正常；若以上条件有任何一个不符合，则可以断定该 NPN

型晶体三极管不正常。

提示

PNP 型晶体三极管的阻值检测方法同 NPN 型晶体三极管基本相同，只是测量 PNP 型晶体三极管时，需使用红表笔接基极，此时检测的为晶体三极管基极与集电极、基极与发射极之间的正向阻值，且一般只有这两个值有一固定数值，其他两两引脚间电阻值均为无穷大。

2 放大倍数测量法

晶体三极管的主要功能就是对电流进行放大，其放大倍数一般可通过万用表的晶体三极管放大倍数检测插孔进行检测。图 6-35 所示分别为指针万用表和数字万用表晶体三极管放大倍数检测插孔的外形。

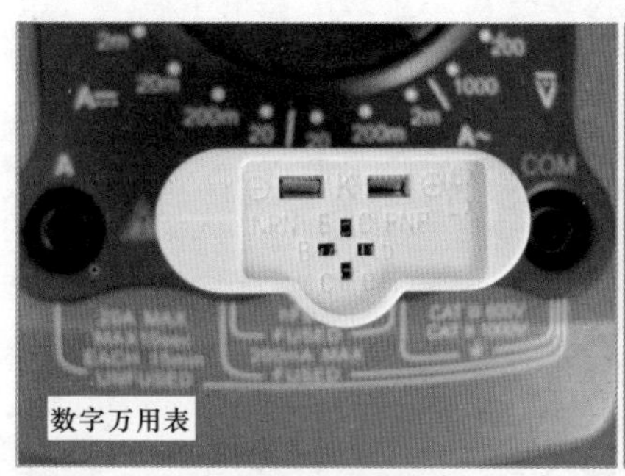

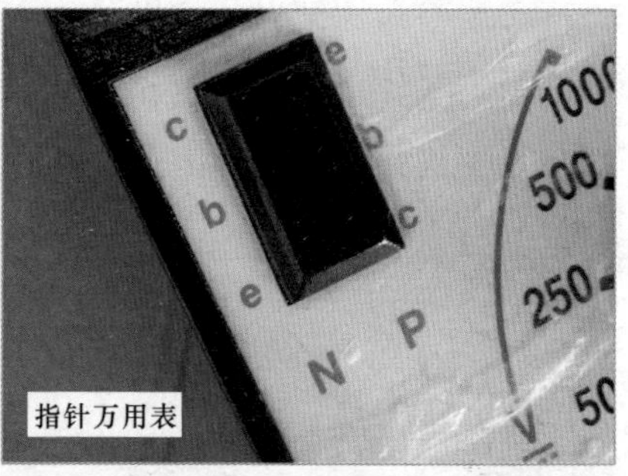

图 6-35 指针万用表和数字万用表晶体三极管放大倍数检测插孔的外形

使用数字万用表进行测量时，首先打开万用表的电源开关。将万用表的功能旋钮调整至专用于检测晶体三极管放大倍数的“hFE”挡，将万用表的附加测试器插座插入表笔的插孔中，如图 6-36 所示。

将待测的 NPN 型晶体三极管插入“NPN”输入插孔，插入时应注意引脚的插入方向。观察数字万用表显示的放大倍数，得到晶体三极管的放大倍数为 354，如图 6-37 所示。

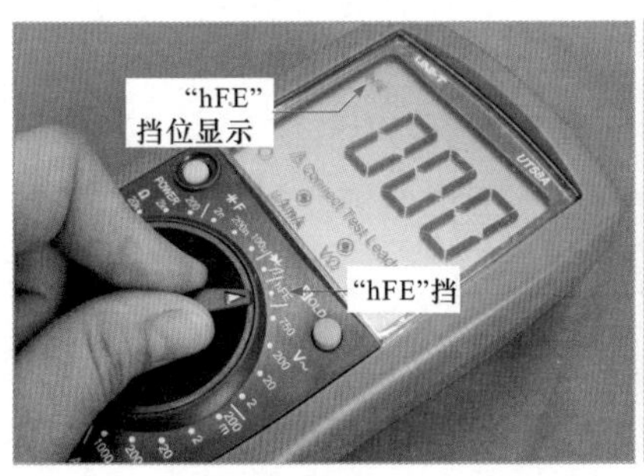

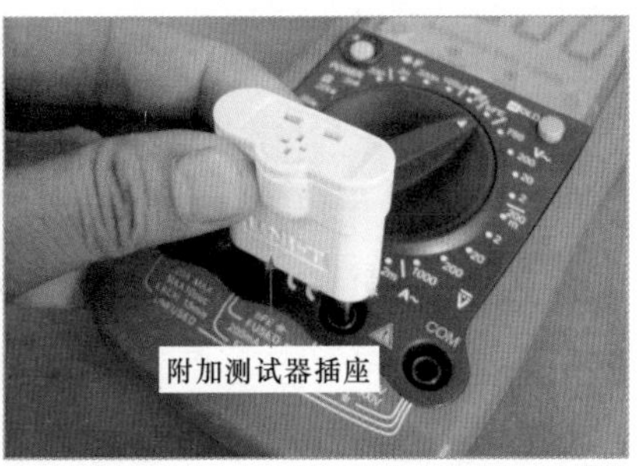

图 6-36　调整数字万用表量程，并将附加测试器插座插入表笔的插孔中

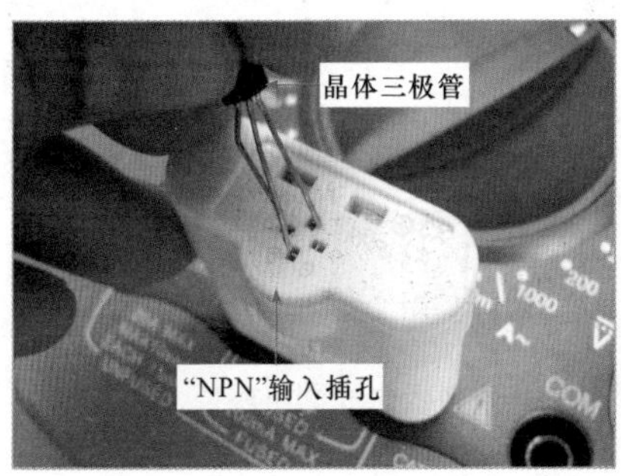

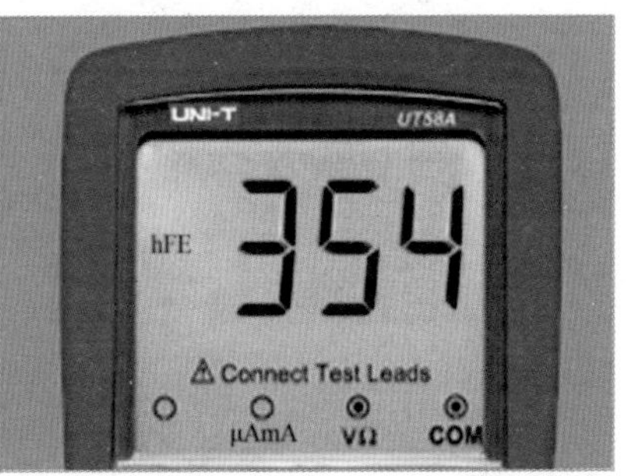

图 6-37　检测晶体三极管的放大倍数

6.2.3　万用表检测场效应晶体管的训练

图 6-38 所示为待测场效应晶体管的实物外形。

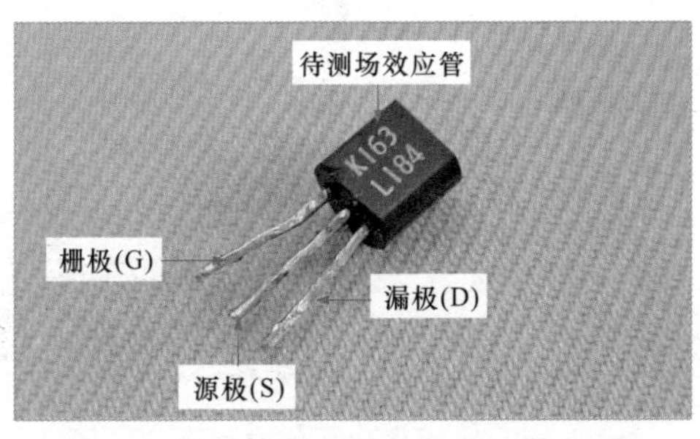

图 6-38　待测场效应晶体管的实物外形

首先将万用表功能旋钮旋至电阻挡，量程调整为“R×10”欧姆挡，将万用表两表笔短接，调整调零旋钮使指针指示为 0。

然后按图 6-39 所示，将万用表的黑表笔搭在场效应晶体管的栅极引脚上，红表笔搭在场效应晶体管的源极引脚上。观测万用表显示的读数，将测得电阻值记为 R_1，其电阻值为 170Ω。

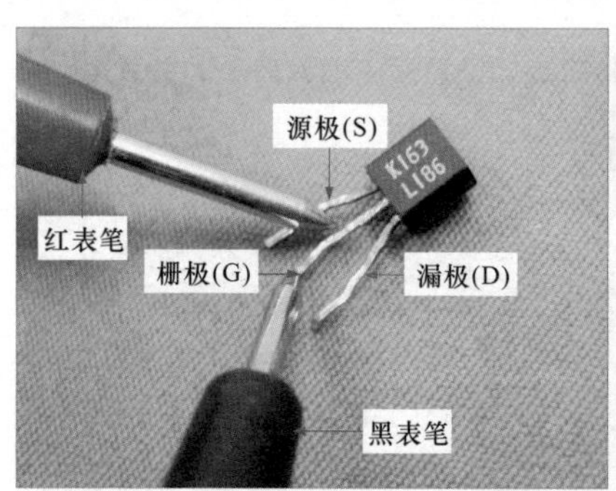

图 6-39　检测场效应晶体管的源极与栅极之间的电阻值

将万用表的黑表笔搭在场效应晶体管的栅极引脚上，红表笔搭在场效应晶体管的漏极引脚上。观测万用表显示读数，将测得电阻值记为 R_2，其电阻值为 170Ω，如图 6-40 所示。

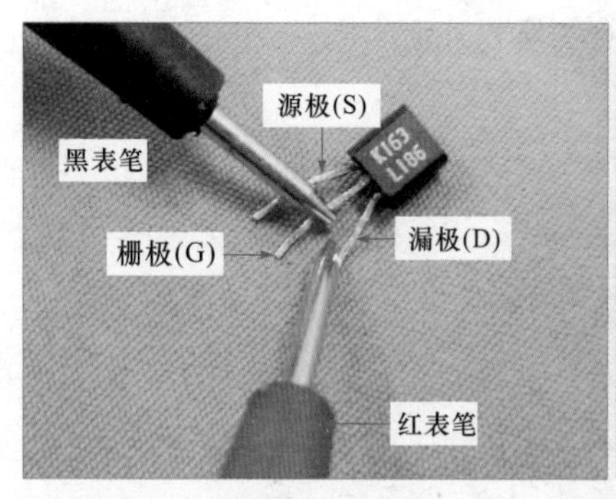

图 6-40　检测场效应晶体管的漏极与栅极之间的电阻值

先将万用表功能旋钮旋至电阻挡，量程调整为“R × 1k”挡，再进行欧姆调零，然后将万用表的黑表笔搭在场效应晶体管的漏极引脚上，红表笔搭在场效应晶体管的源极引脚上。将测得电阻值记为 R_3，其电阻值为 5kΩ，如图 6-41 所示。

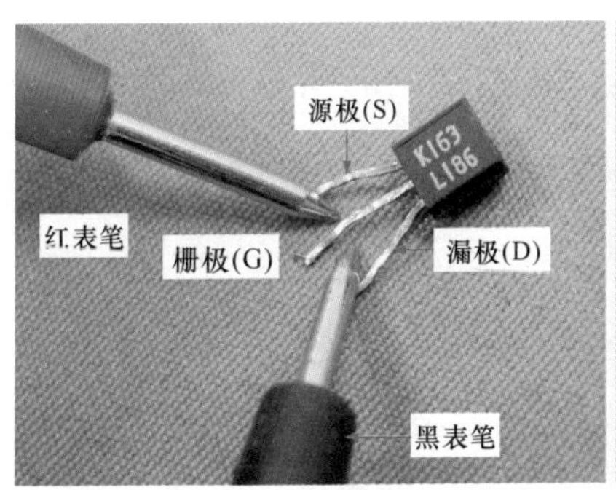

图 6-41　检测场效应晶体管的漏极与源极之间的电阻值

保持表笔不动，使用一只螺丝刀或手指接触场效应晶体管的栅极引脚。在接触的瞬间可以看到，万用表的指针会产生一个较大的变化（向左或向右均可），如图 6-42 所示。

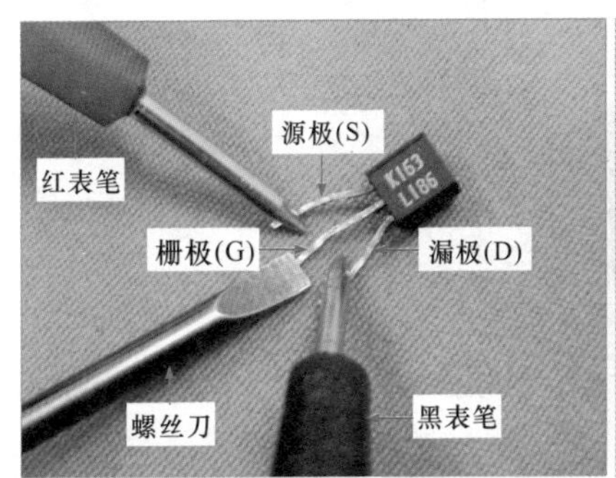

图 6-42　用一只螺丝刀接触场效应晶体管的栅极引脚

1）若测得 R_1 和 R_2 均有一个固定值，反向阻值均为无穷大，则说明该场效应晶体管良好。

2）若测得 R_1 和 R_2 为零或无穷大，则说明该场效应晶体管已损坏。

3）若测得的漏极（D）与源极（S）之间的正反向阻值均有一个固定值，则说明该场效应晶体管良好。

4）若测得的漏极（D）与源极（S）之间的正反向阻值为零或无穷大，则说明该场效应晶体管已损坏。

5）当红表笔搭在场效应晶体管的漏极上，黑表笔搭在源极上，螺丝刀搭在栅极处时，万用表指针摆动幅度越大，说明场效应晶体管的放大能力越好，反之则表明场效应晶体管放大能力越差。若螺丝刀接触栅极时万用表指针无摆动，则表明场效应晶体管已失去放大能力。

6.2.4 万用笔检测晶闸管的训练

1 检测单向晶闸管

单向晶闸管（SCR）是由 P-N-P-N 共 4 层 3 个 PN 结组成的。在检测单向晶闸管时，通常需要先辨认晶闸管各引脚的极性。图 6-43 所示为待测单向晶闸管的实物外形。

图 6-43 待测单向晶闸管的实物外形

将万用表功能旋钮旋至电阻挡，量程调整为“R×1k”欧姆挡并进行欧姆调零。

1）将万用表的黑表笔搭在控制极（G）引脚上，红表笔搭在晶闸管的阴极（K）引脚上，检测晶闸管控制极与阴极之间的正向阻值。观测万用表显示读数，将所测得电阻值记为 R_1，其电阻值为 8kΩ，如图 6-44 所示。

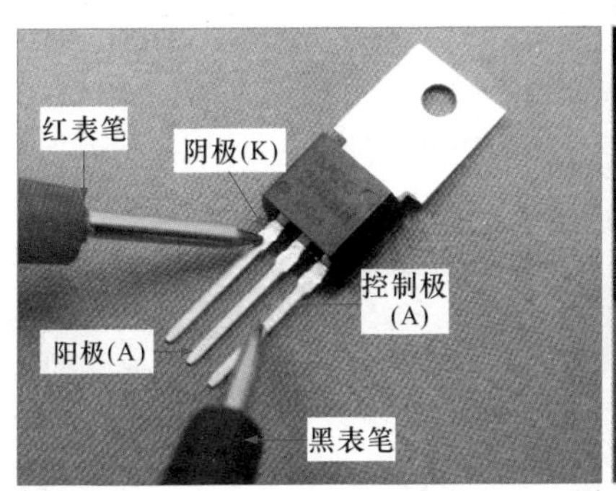

图 6-44　检测晶闸管控制极与阴极之间的正向阻值

调换表笔，将万用表的红表笔搭在晶闸管的控制极（G）引脚上，黑表笔搭在阴极（K）引脚上，检测晶闸管控制极与阴极之间的反向阻值，测得电阻值记为 R_2，其电阻值趋于无穷大。

2）将万用表的黑表笔搭在晶闸管的控制极（G）引脚上，红表笔搭在阳极（A）引脚上，检测晶闸管控制极与阳极之间的正向阻值。观测万用表显示的读数，将所测得电阻值记为 R_3，其电阻值趋于无穷大，如图 6-45 所示。

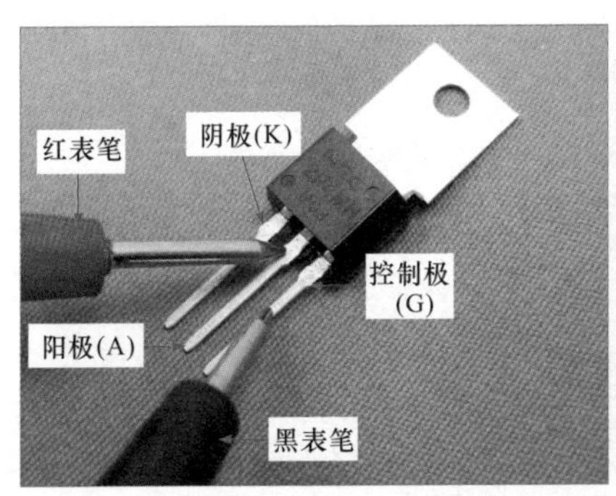

图 6-45　检测晶闸管控制极与阳极之间的正向阻值

调换表笔，检测晶闸管控制极与阳极之间的反向阻值，测得电阻值记为 R_4，其电阻值趋于无穷大。

3）将万用表的黑表笔搭在晶闸管的阳极引脚上，红表笔搭在阴极引脚上，检测晶闸管阳极与阴极之间的正向阻值。将所测得的电阻值记为 R_5，其电阻值趋于无穷大，如图 6-46 所示。

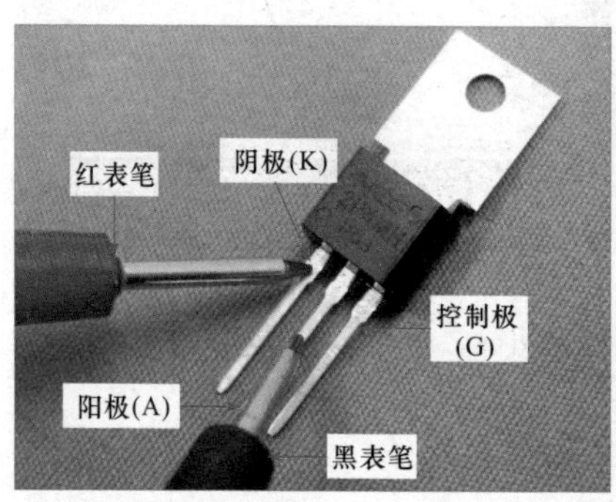

图 6-46　检测晶闸管阳极与阴极之间的正向阻值

调换表笔，检测晶闸管阳极与阴极之间的反向阻值，测得电阻值记为 R_6，其电阻值趋于无穷大。

提示

可按如下方法判断单向晶闸管的好坏：

正常情况下，单向晶闸管的控制极（G）与阴极（K）之间的正向阻值有一定的值（几千欧姆），反向阻值为无穷大，其余引脚间的正反向阻值均趋于无穷大。

1）若 R_1、R_2 均趋于无穷大，则说明单向晶闸管的控制极（G）与阴极（K）之间存在开路现象；

2）若 R_1、R_2 均趋于 0，则说明单向晶闸管的控制极（G）与阴极（K）之间存在短路现象；

3）若 R_1、R_2 值相等或接近，则说明单向晶闸管的控制极（G）与阴极（K）之间的 PN 结已失去控制功能；

4）若 R_3、R_4 的电阻值较小，则说明单向晶闸管的控制极（G）与阳极（A）之间的 PN 结中有变质的情况，不能使用。

5）若 R_5、R_6 值不为无穷大，则说明单向晶闸管有故障存在。

2 检测双向晶闸管

双向晶闸管又称双向可控硅，属于 N-P-N-P-N 共 5 层半导体器件，有第一电极（T1）、第二电极（T2）、控制极（G）3 个电极，在结构上相当于两个单向晶闸管反极性并联。

在检测待测的双向晶闸管时，应对其各引脚进行区分。图 6-47 所示为待测双向晶闸管的实物外形，在 3 个引脚中最左侧的是第一电极（T1），中间的是控制极（G），右侧的是第二电极（T2）。

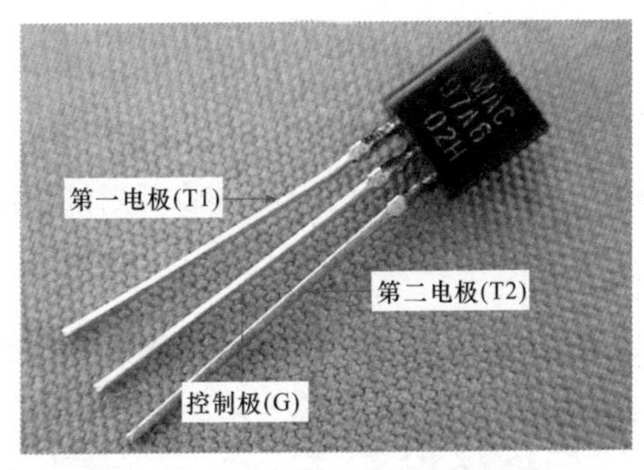

图 6-47 待测双向晶闸管的实物外形

将万用表功能旋钮旋至电阻挡，量程调整为“R × 1k”欧姆挡，并进行欧姆调零。

1）如图 6-48 所示，将万用表的红表笔搭在双向晶闸管的第一电极（T1）引脚上，黑表笔搭在控制极（G）引脚上，检测双向晶闸管控制极与第一电极之间的正向阻值。观测万用表显示读数，将所测得电阻值记为 R_1，其电阻值为 1kΩ。

调换表笔，将万用表的红表笔搭在双向晶闸管的控制极（G）引脚上，黑表笔搭在第一电极（T1）引脚上，检测双向晶闸管控制极与第一电极之间的反向阻值。测得电阻值记为 R_2，其电阻值也为 1kΩ。

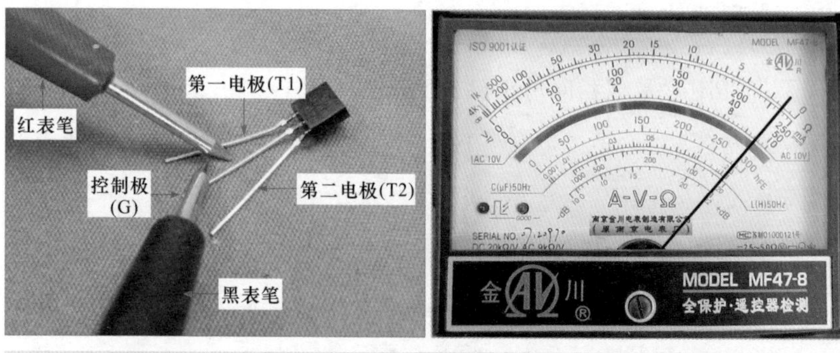

图 6-48　检测双向晶闸管控制极与第一电极之间的正向阻值

2）将万用表的红表笔搭在双向晶闸管的第一电极（T1）引脚上，黑表笔搭在第二电极（T2）引脚上，检测双向晶闸管第一电极与第二电极之间的正向阻值。观测万用表显示读数，将所测得电阻值记为 R_3，其电阻值趋于无穷大，如图 6-49 所示。

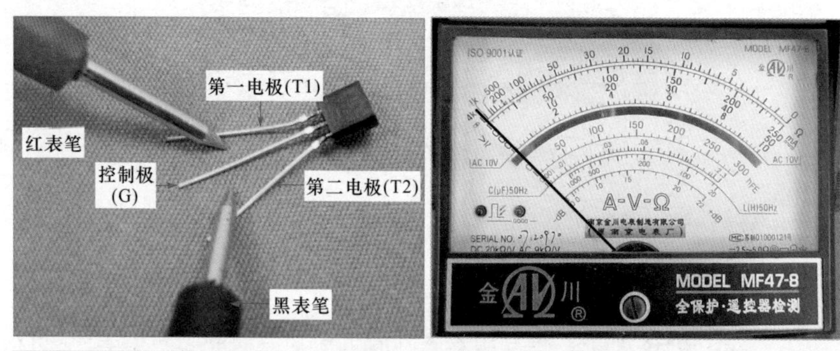

图 6-49　检测双向晶闸管第一电极与第二电极之间的正向阻值

调换表笔，检测双向晶闸管第一电极与第二电极之间的反向阻值，测得电阻值记为 R_4，其电阻值趋于无穷大。

3）如图 6-50 所示，将万用表的红表笔搭在双向晶闸管的第二电极（T2）引脚上，黑表笔搭在控制极（G）引脚上，检测双向晶闸管控制极与第二电极之间的正向阻值。观测万用表显示读数，将所测得电阻值记为 R_5，其电阻值趋于无穷大。

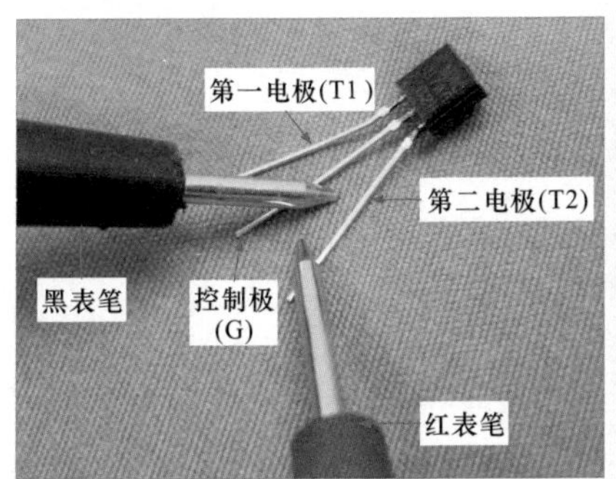

图 6-50 检测双向晶闸管控制极与第二电极之间的正向阻值

调换表笔，检测双向晶闸管控制极与第二电极之间的反向阻值，测得电阻值记为 R_6，其电阻值趋于无穷大。

提示

可按如下方法判断双向双向晶闸管的好坏，若 R_1、R_2 均有一固定值存在并且电阻值接近，R_3、R_4 均趋于无穷大，若 R_5、R_6 均趋于无穷大，则说明该双向晶闸管正常；若检测得值偏高，上述值过大，则说明该双向晶闸管性能不良。

第 7 章

万用表检测电气零部件的训练

7.1 万用表检测变压器

7.1.1 了解变压器的功能特点

变压器是利用电磁感应原理传递电能或传输交流信号的器件，在各种电子产品中的应用比较广泛。

变压器在电路中主要可实现电压变换、阻抗变换、相位变换、电气隔离、信号传输等功能。图 7-1 所示为变压器的功能结构。

① 当交流 220V 流过一次绕组时，在一次绕组上就形成了感应电动势。

② 绕制的线圈产生出交变的磁场，使铁心磁化。

③ 二次绕组也产生与一次绕组变化相同的交变磁场，再根据电磁感应原理，二次绕组便会产生出交流电压。

1 变压器的阻抗变换功能

图 7-2 所示为变压器的阻抗变换功能。变压器通过一次绕组、二次绕组还可实现阻抗的变换，即一次与二次绕组的匝数比不同，输入与输出的阻抗也不同。

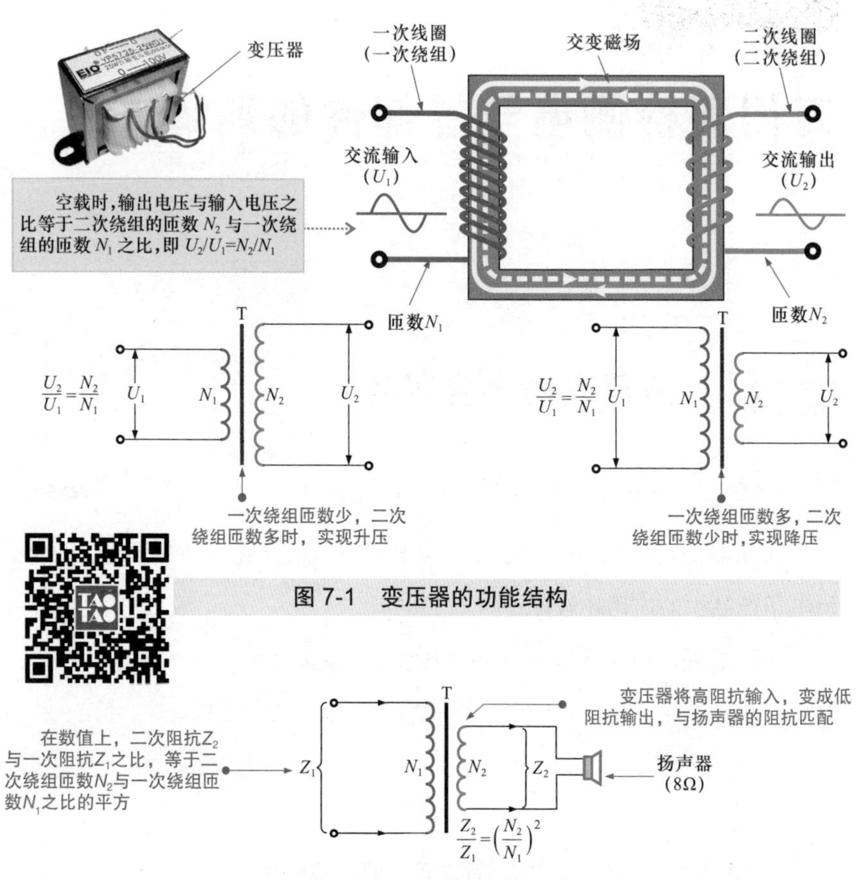

图 7-1　变压器的功能结构

图 7-2　变压器的阻抗变换功能

2　变压器的相位变换功能

图 7-3 所示为变压器的相位变换功能。通过改变变压器一次和二次绕组的绕线方向和连接，可以很方便地将输入信号的相位倒相。

3　隔离变压器的功能原理

图 7-4 所示为隔离变压器的功能原理。

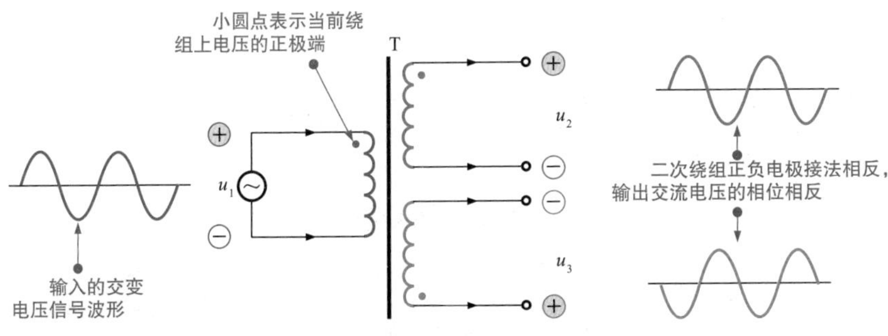

图 7-3 变压器的相位变换功能

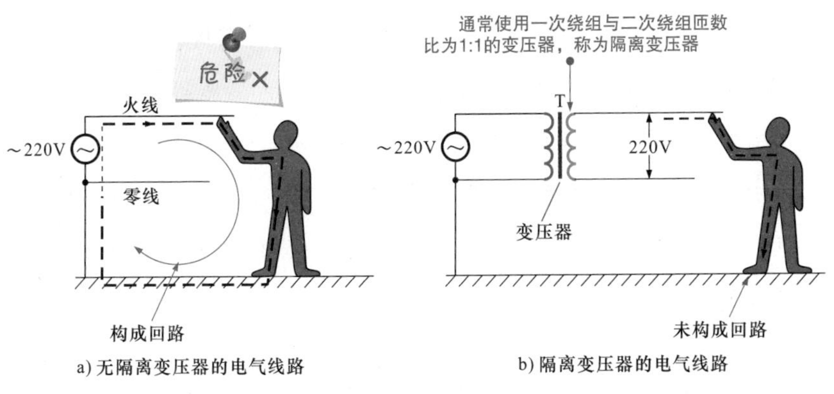

图 7-4 隔离变压器的功能原理

在无隔离变压器的电气线路中，人体直接与市电 220V 接触，人体会通过大地与交流电源形成回路而发生触电事故。

在接入隔离变压器的电气线路中，接入隔离变压器后，由于变压器线圈分离不接触，可起到隔离作用。人体接触到电压，不会与交流 220V 市电构成回路，保证了人身安全。

4 自耦变压器的功能原理

图 7-5 所示为自耦变压器的功能原理。

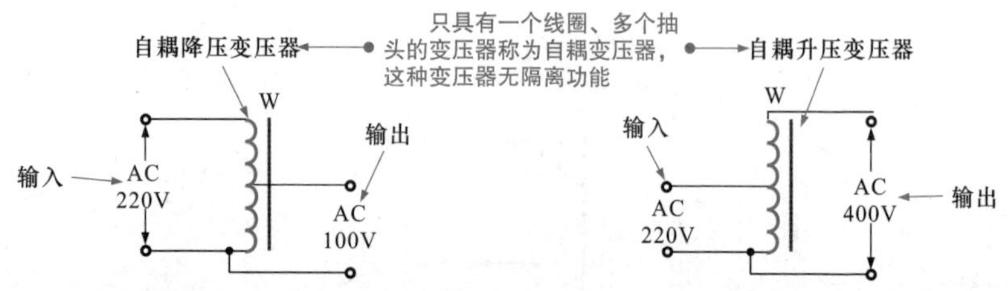

图 7-5　自耦变压器的功能原理

7.1.2　万用表检测变压器的训练

1　绕组阻值检测法

变压器是一种以一次与二次绕组为核心部件的器件，使用万用表检测变压器时，可通过检测变压器的绕组阻值来判断变压器是否损坏。

检测变压器绕组阻值主要包括检测变压器一次与二次绕组本身的阻值、绕组与绕组之间的绝缘电阻、绕组与铁心（或外壳）之间的绝缘电阻三个方面。检测之前，应首先区分待测变压器的绕组引脚，为变压器的检测提供参照标准，如图 7-6 所示。

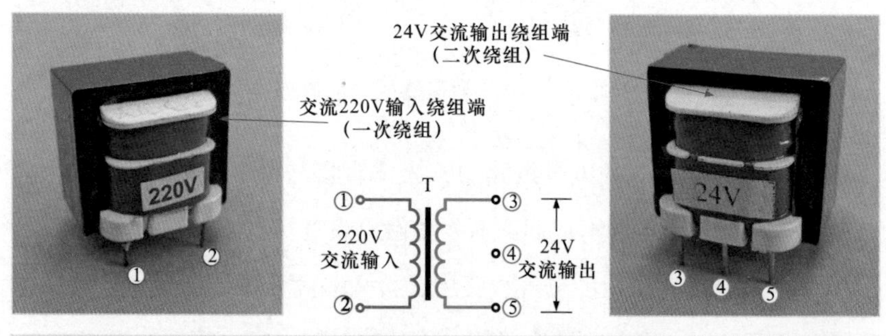

图 7-6　区分待测变压器的绕组引脚

图 7-7 所示为检测变压器绕组与绕组之间的阻值。

图 7-8 所示为检测变压器绕组本身阻值的操作。

图 7-9 所示为检测变压器绕组与铁心之间阻值的操作。

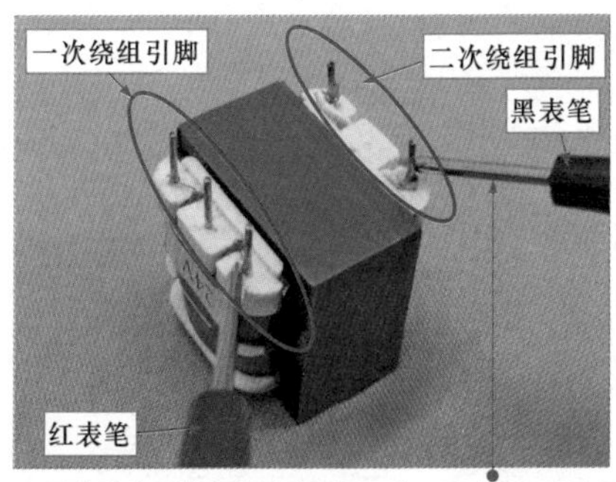

红黑表笔分别搭在待测变压器一次、二次绕组任意两引脚上。若变压器有多个二次绕组，应依次检测各二次与一次绕组之间的阻值、二次绕组与二次绕组之间的阻值

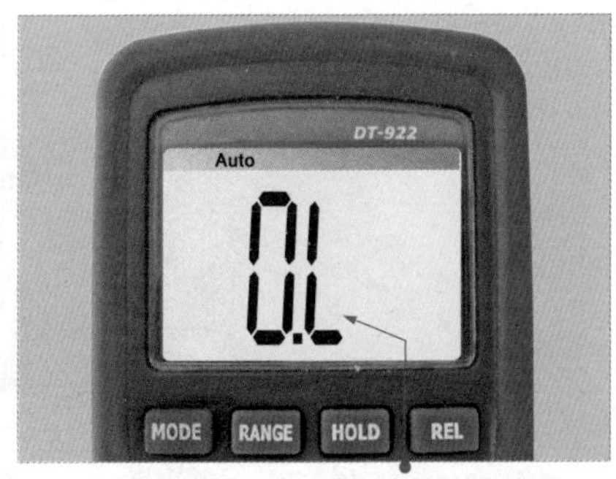

在正常情况下,检测的阻值应均为无穷大。若绕组间有一定的阻值或阻值很小，则说明所测变压器绕组间存在短路现象

图 7-7　检测变压器绕组与绕组之间的阻值

将万用表的红黑表笔分别搭在待测变压器的一次绕组两引脚上

从万用表的显示屏上读取出实测一次绕组的阻值为2.2kΩ，正常

检测电阻值时，不区分正负极，红黑表笔直接搭在测试点上即可

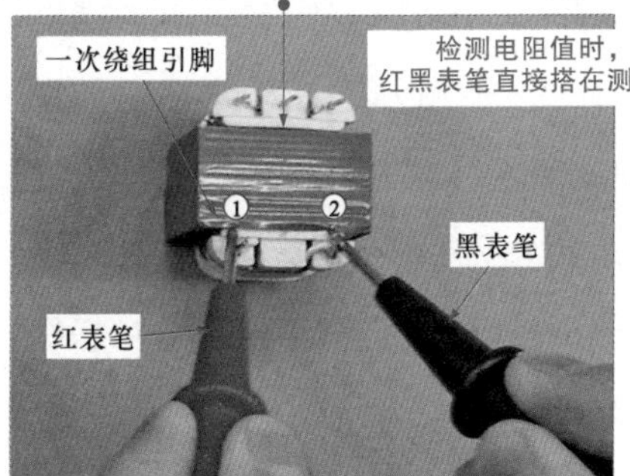

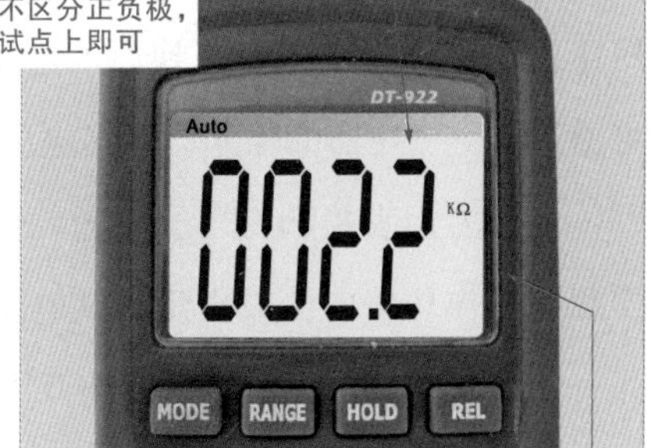

万用表红黑表笔分别搭在待测变压器二次绕组两引脚上

从万用表的显示屏上读取出实测二次绕组的阻值为30Ω，正常

若实测阻值为无穷大，则说明所测绕组中存在断路现象

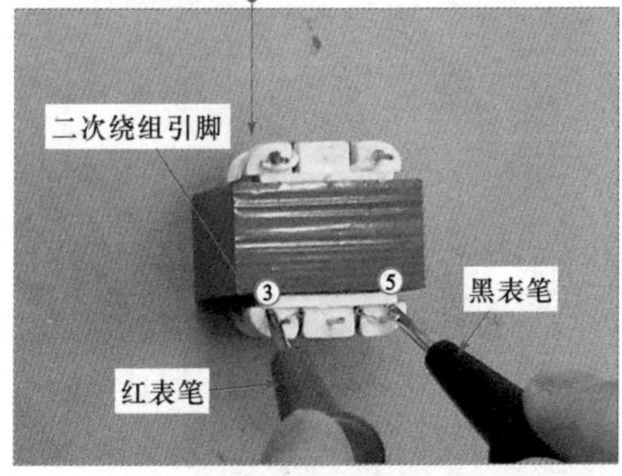

图 7-8　检测变压器绕组本身阻值的操作

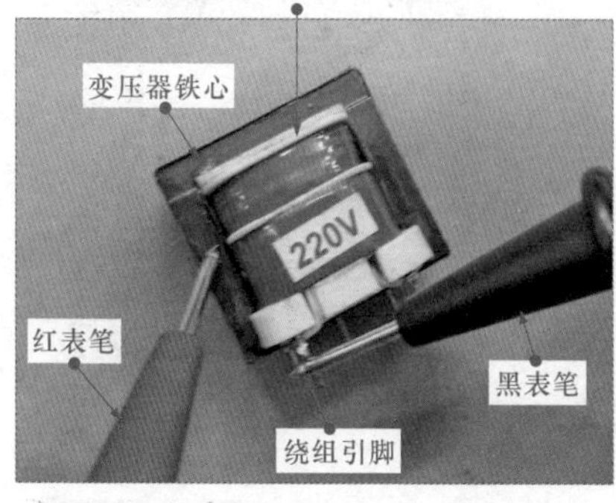

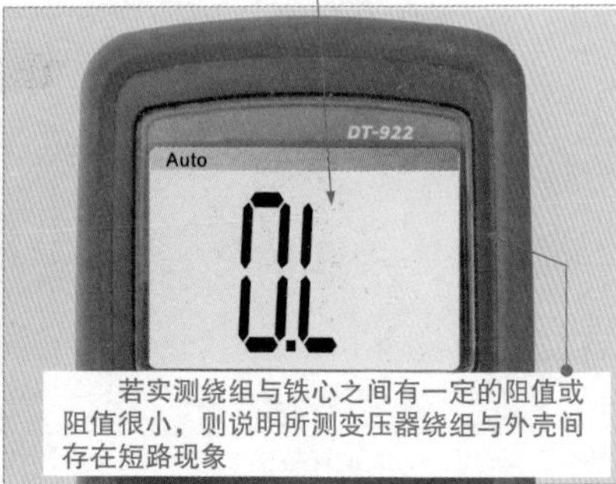

图 7-9 检测变压器绕组与铁心之间阻值的操作

2 输入输出电压检测法

变压器主要的功能就是进行电压变换。在正常情况下，若输入端电压正常，则输出端应有变换后的电压输出。使用万用表检测变压器时，可通过检测变压器的输入、输出电压来判断变压器是否损坏。

使用万用表检测变压器输入、输出端的电压时，需要将变压器置于实际的工作环境中，或搭建测试电路模拟实际工作条件，并向变压器输入一定值的交流电压，然后借助万用表检测。

图 7-10 所示为用万用表检测变压器输入端的电压值。

图 7-10 用万用表检测变压器输入端的电压值

图 7-11 所示为用万用表检测变压器输出端的电压值。

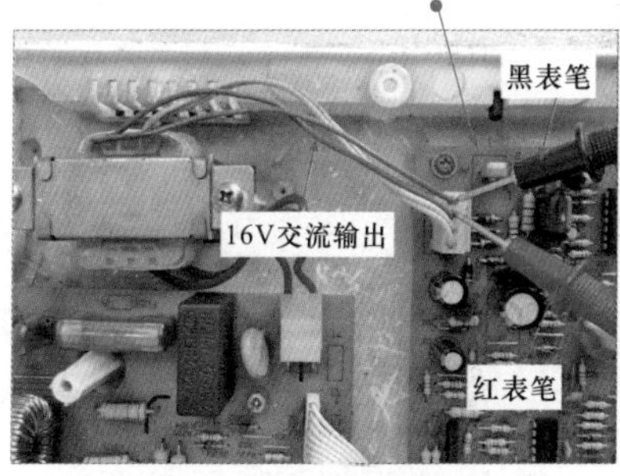

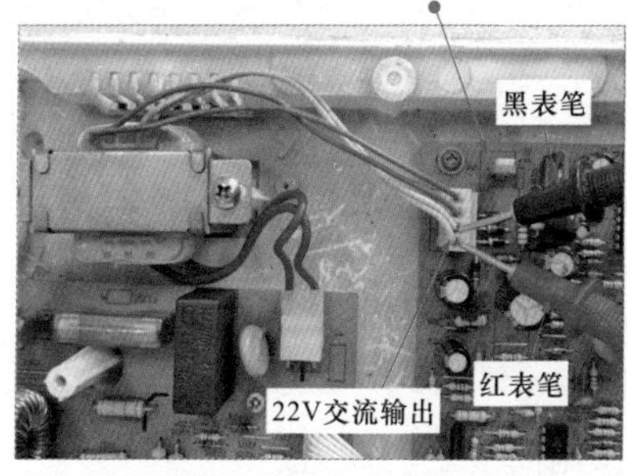

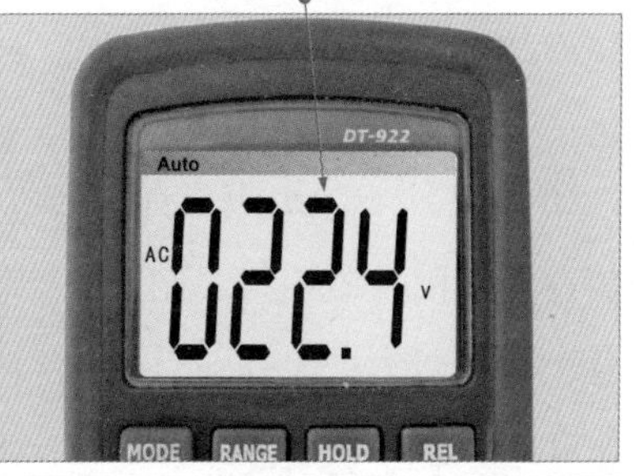

图 7-11　用万用表检测变压器输出端的电压值

7.2 万用表检测电动机

7.2.1 了解电动机的功能特点

电动机是一种利用电磁感应原理将电能转换为机械能的动力部件。在实际应用中，不同应用场合下，电动机的种类多种多样，其分类方式也各式各样。

1 永磁式直流电动机

如图 7-12 所示，永磁式直流电动机主要由定子、转子和电刷、换向器构成。其中，定子磁体与圆柱形外壳制成一体，转子绕组绕制在铁心上与转轴制成一体，绕组的引线焊接在换向器上，通过电刷供电，电刷安装在定子机座上与外部电源相连。

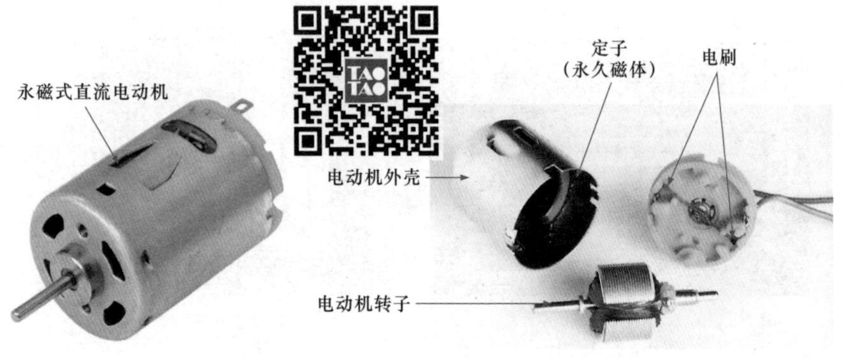

图 7-12　永磁式直流电动机的结构

图 7-13 所示为永磁式直流电动机定子的结构。由于两个永磁体全部安装在一个由铁磁性材料制成的圆筒内，所以圆筒外壳就成为中性磁极部分，内部两个磁体分别为 N 极和 S 极，这就构成了产生定子磁场的磁极，转子安装于其中就会受到磁场的作用而产生转动力矩。

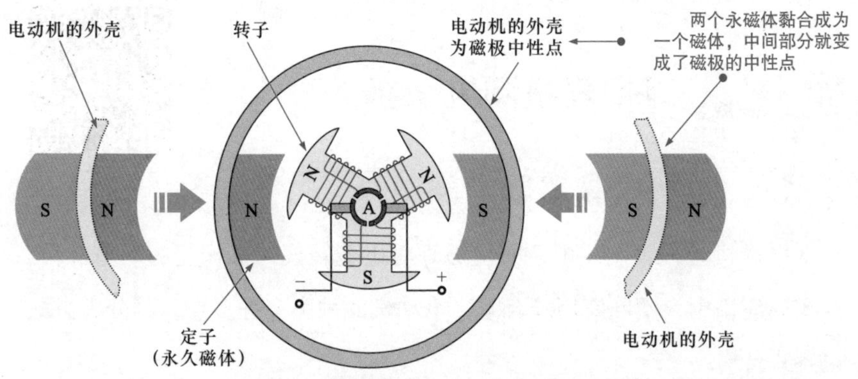

图 7-13　永磁式直流电动机定子的结构

永磁式直流电动机的转子是由绝缘轴套、换向器、转子铁心、绕组及转轴（电动机轴）等部分构成的，如图 7-14 所示。

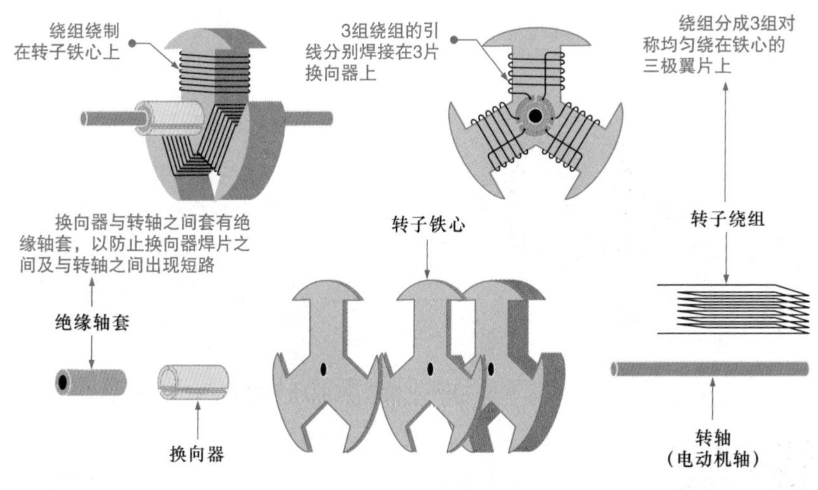

图 7-14　永磁式直流电动机转子的结构

图 7-15 所示为永磁式直流电动机换向器和电刷的结构。换向器是将 3 个（或多个）环形金属片（铜或银材料）嵌在绝缘轴套上制成的，是转子绕组的供电端。电刷是由铜石墨或银石墨组成的导电块，通过压力弹簧的压力接触到换向器上。也就是说，电刷和换向器是靠弹性压力互相接触向转子绕组传送电流的。

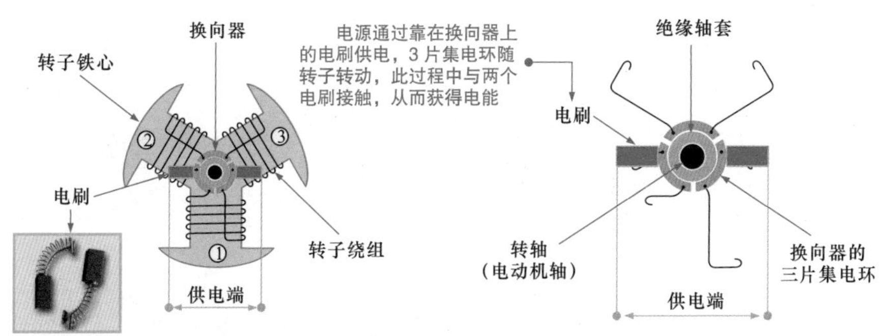

图 7-15　永磁式直流电动机换向器和电刷的结构

根据电磁感应原理（左手定则），当导体在磁场中有电流流过时就会受到磁场的作用而产生转矩，这就是永磁式直流电动机的旋转机理。

图 7-16 所示为永磁式直流电动机中各主要部件的控制关系示意图。

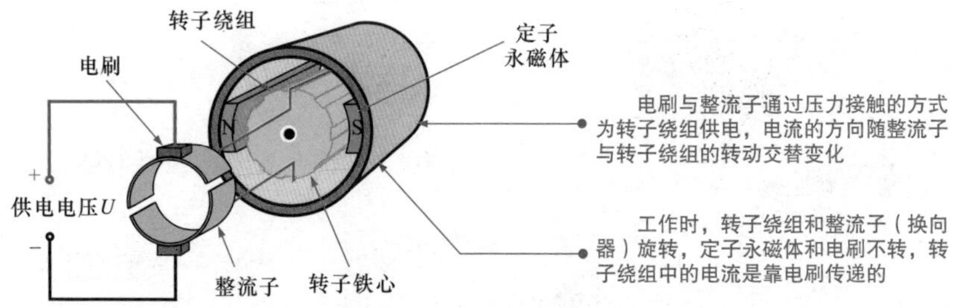

图 7-16　永磁式直流电动机中各主要部件的控制关系示意图

提示

永磁式直流电动机根据内部转子构造的不同，可以细分为两极转子永磁式直流电动机和三极转子永磁式直流电动机，如图 7-17 所示。

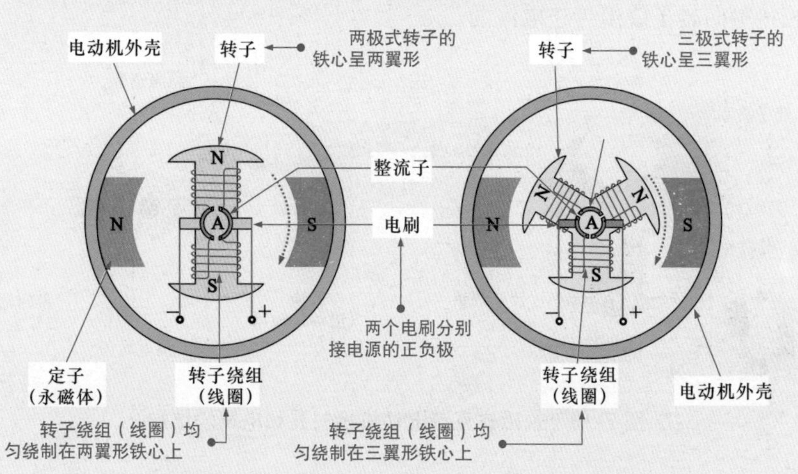

图 7-17　两极转子永磁式直流电动机和三极转子永磁式直流电动机

图 7-18 所示为永磁式直流电动机（两极转子）的转动过程。

转子0°开始

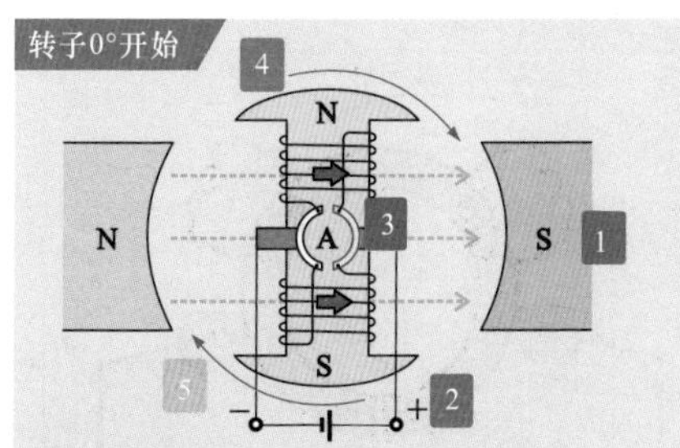

1 假设转子磁极的方向与定子垂直

2 直流电源正极经电刷为绕组供电

3 电流经整流子后同时为两个转子绕组供电，最后经整流子的另一侧回到电源负极

4 根据左手定则，转子铁心会受到磁场的作用产生转矩

5 转子磁极S会受定子磁极N的吸引，转子磁极N会受定子磁极S的吸引，开始顺时针转动

转子转过60°

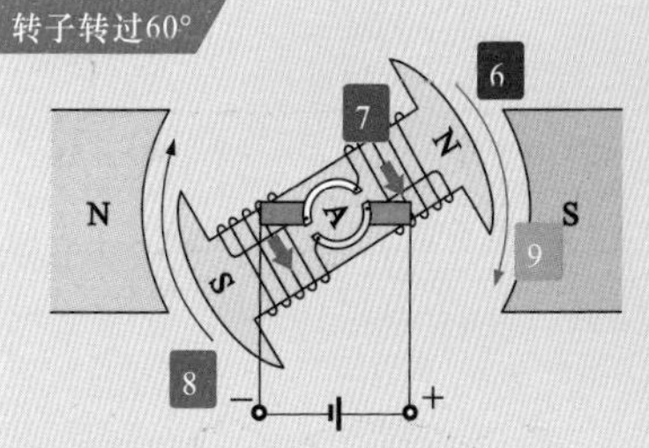

6 转子在定子磁场的作用下顺时针转过60°

7 转子绕组的电流方向不变

8 转子磁极的N和S分别靠近定子磁极的S和N，受到的引力增强

9 吸引力增强，转矩也增加，转子会迅速向90°方向转动

转子转过90°

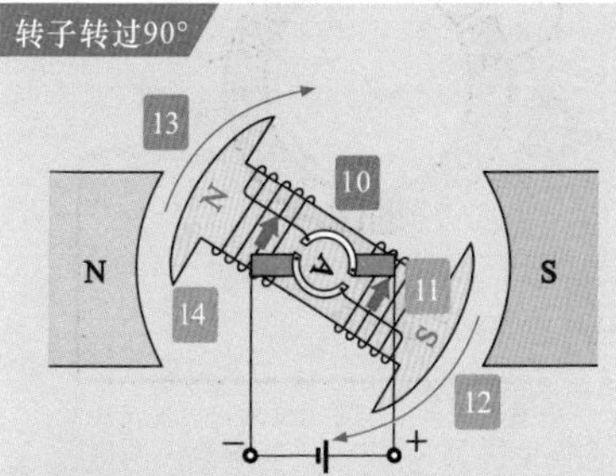

10 当转子转动超过90°时，电刷便与另一侧的整流子接触

11 转子绕组中的电流方向反转

12 原来转子磁极的极性也发生变化，靠近定子S极的转子磁极由N变成S，受到定子S的排斥

13 靠近下子N极的转子磁极由S变成N，受到定子N的排斥

14 同性磁极相斥，转子继续按顺时针方向转动

转子转过180°

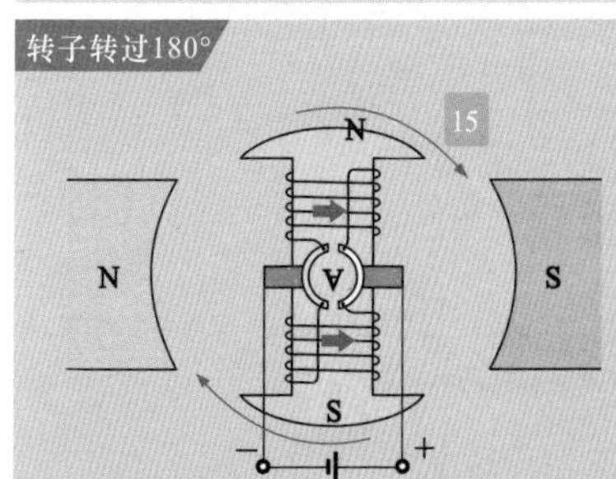

15 当转子转动的角度超过180°时，磁极状态与0°时原理相同，转子继续顺时针旋转

转子转到 90°时，电刷位于整流子的空当，转子绕组中的电流瞬间消失，转子磁场也消失，但转子由于惯性会继续顺时针转动

图 7-18　永磁式直流电动机（两极转子）的转动过程

图 7-19 所示为永磁式直流电动机（三极转子）的转动过程。

转子0°开始

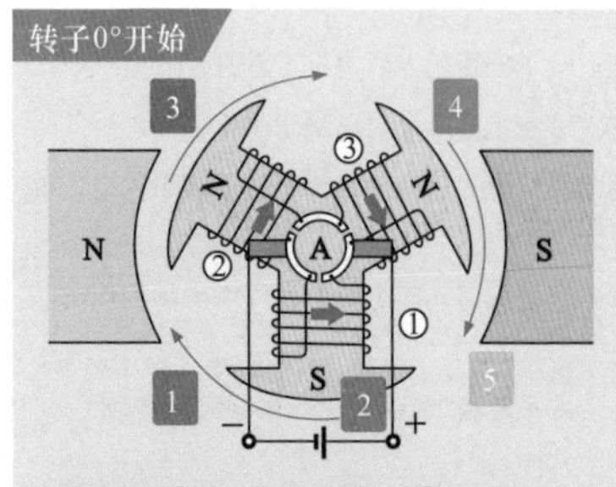

1 转子磁极为①S、②N、③N

2 S极处于中心，不受力

3 左侧的N与定子N靠近，两者相斥

4 右侧转子的N与定子S靠近，受到吸引

5 转子会受到顺时针的转矩而旋转

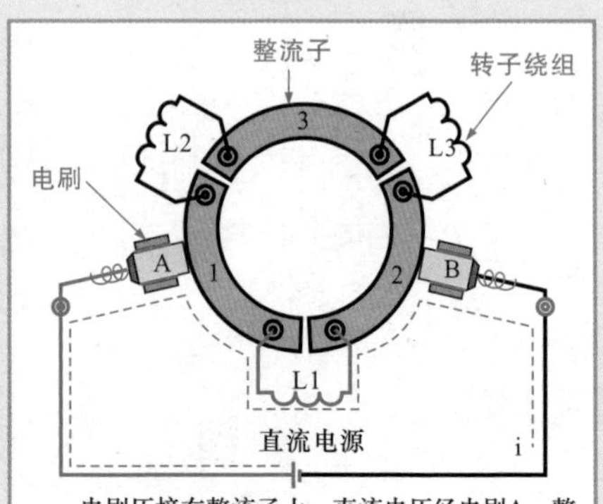

电刷压接在整流子上，直流电压经电刷A、整流子1、转子绕组L1、整流子2、电刷B形成回路，实现为转子绕组L1供电

转子转过60°

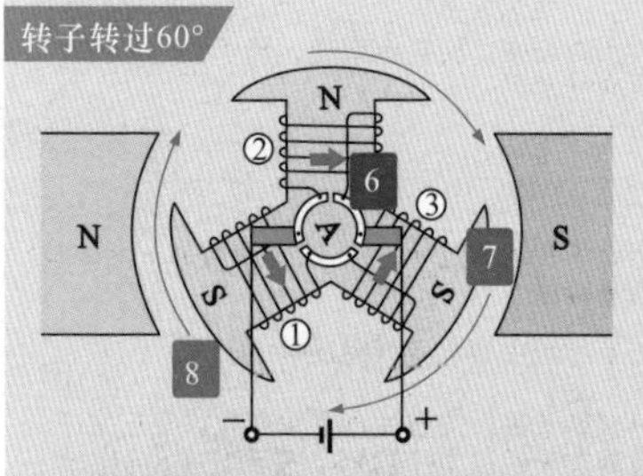

6 转子转过60°时，电刷与整流子相互位置发生变化

7 转子磁极③的极性由N变成了S，受到定子磁极S的排斥而继续顺时针旋转

8 转子①仍为S极，受到定子N极顺时针方向的吸引

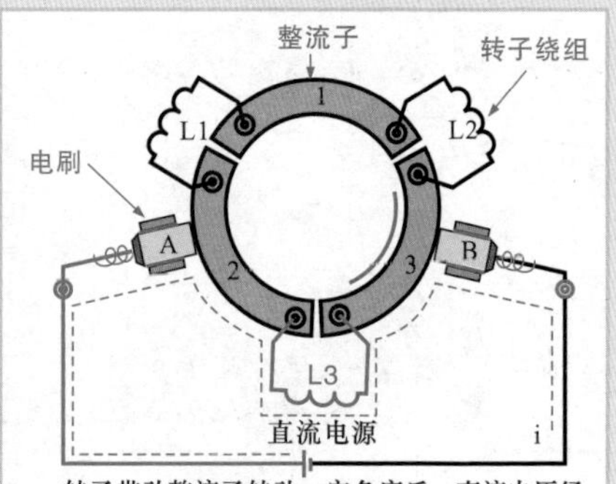

转子带动整流子转动一定角度后，直流电压经电刷A、整流子2、转子绕组L3、整流子3、电刷B形成回路，实现为转子绕组L3供电

转子转过120°

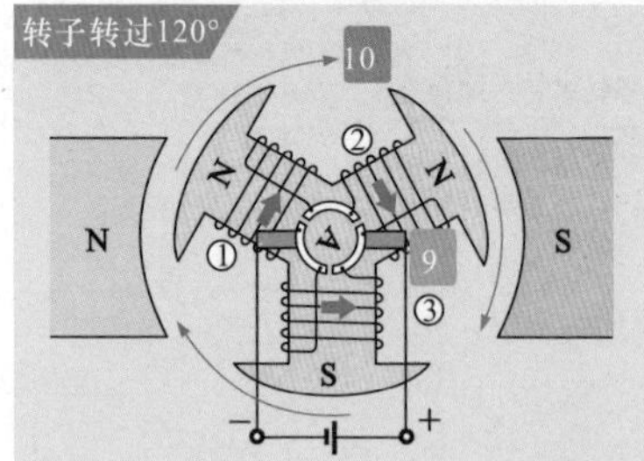

9 转子转过120°时，电刷与整流子的位置又发生变化

10 磁极由S变成N，与初始位置状态相同，转子继续顺时针转动

整流子的三片滑环会在与转子一同转动的过程中与两个电刷的刷片接触，从而获得电能

图 7-19　永磁式直流电动机（三极转子）的转动过程

2 电磁式直流电动机

电磁式直流电动机将用于产生定子磁场的永磁体用电磁铁取代，定子铁心上绕有绕组（线圈），转子部分是由转子铁心、绕组（线圈）、整流子及转轴组成的。

图 7-20 所示为典型电磁式直流电动机的结构。

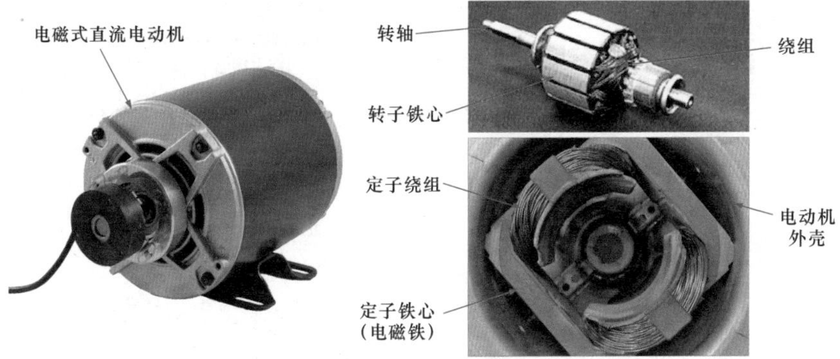

图 7-20 典型电磁式直流电动机的结构

如图 7-21 所示，电磁式直流电动机的外壳内设有两组铁心，铁心上绕有绕组（定子绕组），绕组由直流电压供电，当有电流流过时，定子铁心便会产生磁场。

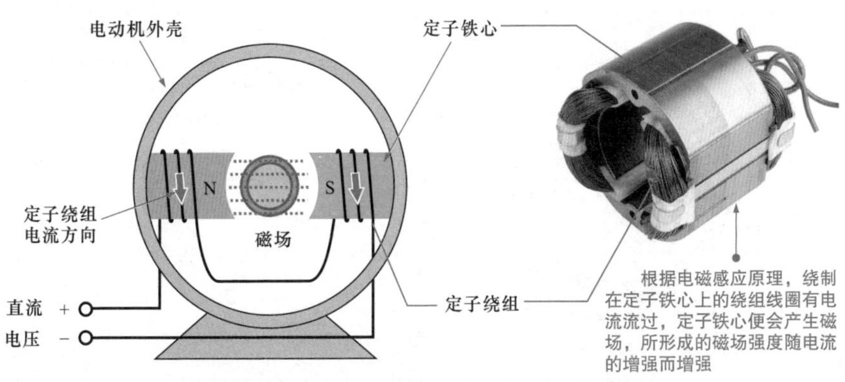

图 7-21 典型电磁式直流电动机的定子结构

电磁式直流电动机根据内部结构和供电方式的不同，可以细分为他励式直流电动机、并励式直流电动机、串励式直流电动机及复励式直流电动机。

（1）他励式直流电动机原理　他励式直流电动机的转子绕组和定子绕组分别接到各自的电源上，这种电动机需要两套直流电源供电。图 7-22 所示为他励式直流电动机的工作原理。

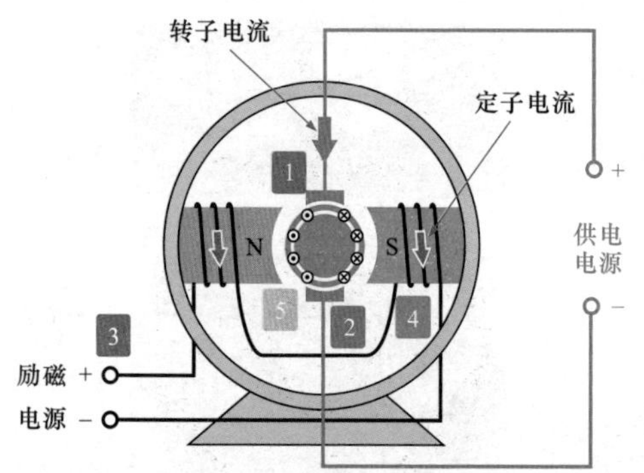

1 供电电源的正极经电刷、整流子为转子供电

2 直流电源经转子后，由另一侧的电刷、整流子回到电源负极

3 励磁电源为定子绕组供电

4 定子绕组中有电流流过产生磁场

5 转子磁极受到定子磁场的作用产生转矩并旋转

图 7-22　他励式直流电动机的工作原理

（2）并励式直流电动机原理　并励式直流电动机的转子绕组和定子绕组并联，由一组直流电源供电，电动机的总电流等于转子电流与定子电流之和。图 7-23 所示为并励式直流电动机的工作原理。

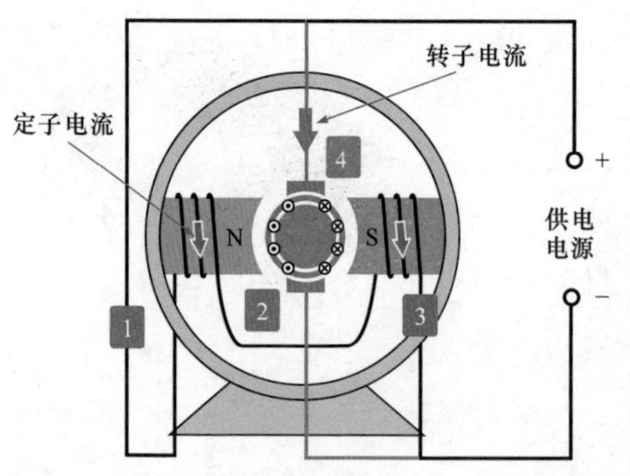

1 供电电源的一路直接为定子绕组供电

2 供电电源的另一路经电刷、整流子后为转子供电

3 定子绕组中有电流流过产生磁场

4 转子磁极受到定子磁场的作用产生转矩并旋转

一般并励式直流电动机定子绕组的匝数很多，导线很细，具有较大的阻值

图 7-23　并励式直流电动机的工作原理

（3）串励式直流电动机原理　串励式直流电动机的转子绕组和定子绕组串联，由一组直流电源供电，定子绕组中的电流就是转子绕组中的电流。图 7-24 所示为串励式直流电动机的工作原理。

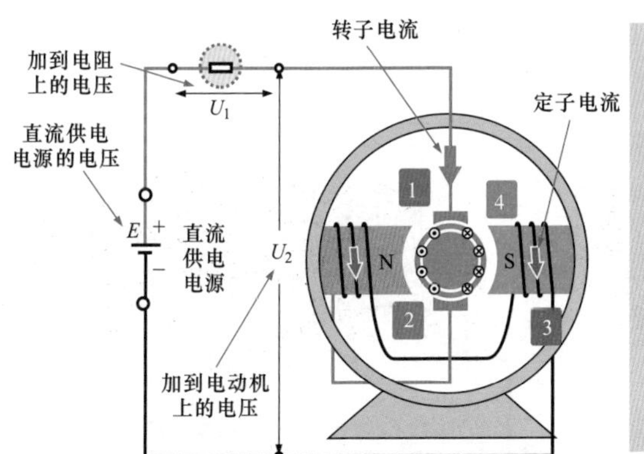

图 7-24　串励式直流电动机的工作原理

（4）复励式直流电动机原理　复励式直流电动机的定子绕组设有两组：一组与电动机的转子串联，另一组与转子绕组并联。复励式直流电动机根据连接方式可分为和动式复合绕组电动机和差动式复合绕组电动机。图 7-25 所示为复励式直流电动机的工作原理。

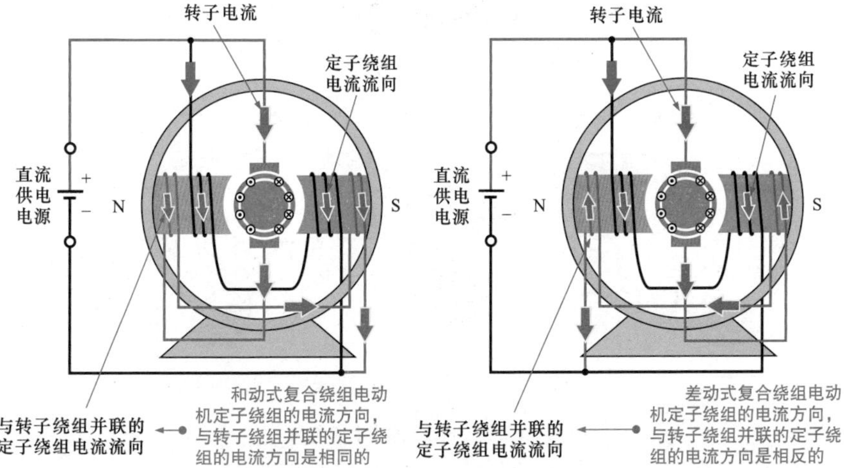

图 7-25　复励式直流电动机的工作原理

3　有刷直流电动机

如图 7-26 所示，有刷直流电动机的定子是由永磁体组成的，转子是由绕组和整流子（换向器）构成的，电刷安装在定子机座上，电源通过电刷及换向器实现电动机绕组（线圈）中电流方向的变化。

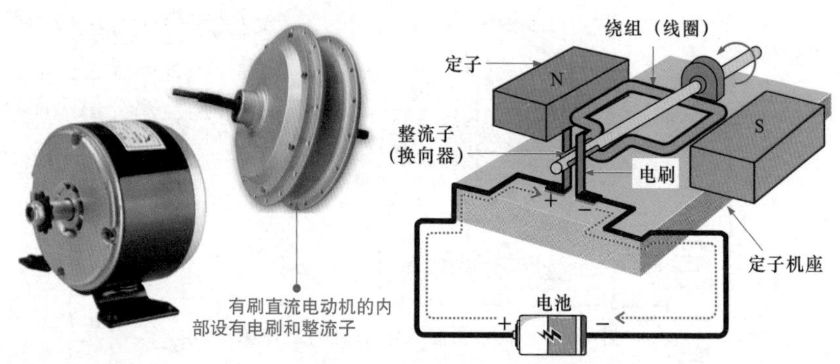

a) 有刷直流电动机的实物外形及功能示意图

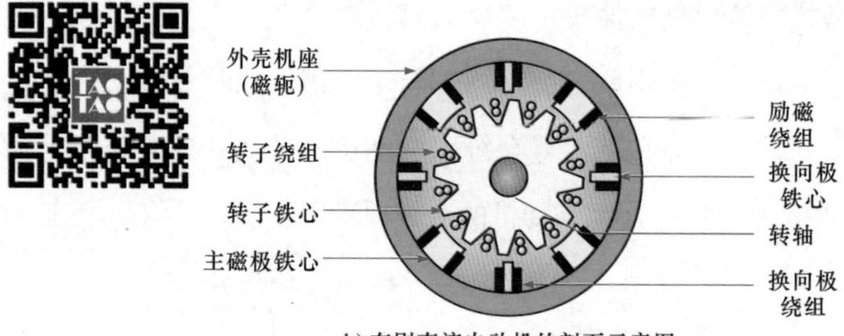

b) 有刷直流电动机的剖面示意图

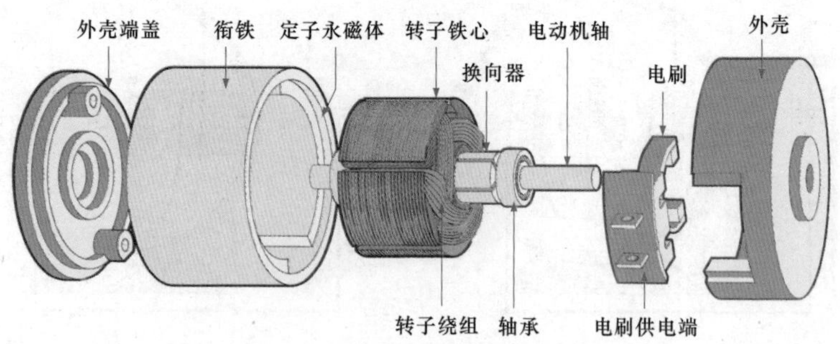

c) 有刷直流电动机的整机分解图

图 7-26　有刷直流电动机的结构

图 7-27 所示为有刷直流电动机的工作原理。有刷直流电动机工作时，绕组和换向器旋转，主磁极（定子）和电刷不旋转，直流电源经电刷加到转子绕组上，绕组电流方向的交替变化是随电动机转动的换向器及与其相关的电刷位置变化而变化的。

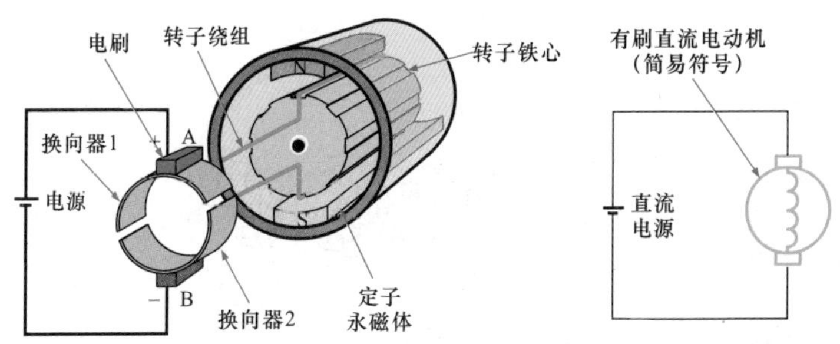

图 7-27 有刷直流电动机的工作原理

4 无刷直流电动机

无刷直流电动机去掉了电刷和整流子，转子是由永久磁钢制成的，绕组绕制在定子上。图 7-28 所示为典型无刷直流电动机的结构。定子上的霍尔元件用于检测转子磁极的位置，以便借助该位置信号控制定子绕组中的电流方向和相位，并驱动转子旋转。

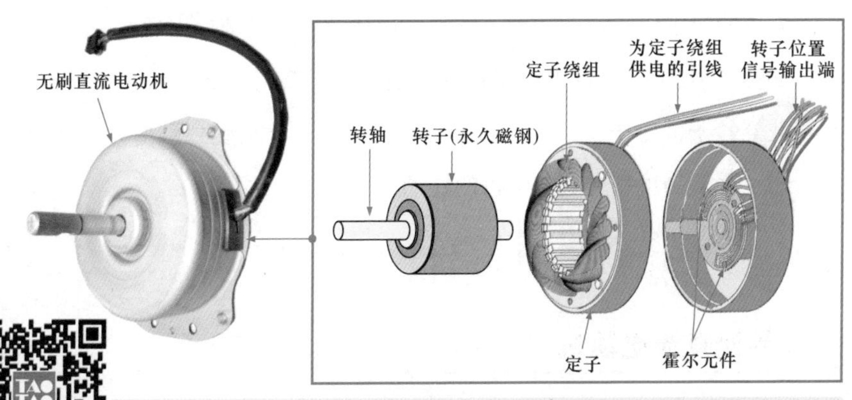

图 7-28 典型无刷直流电动机的结构

图 7-29 所示为无刷直流电动机的结构原理。无刷直流电动机的转子由永久磁钢构成，它的圆周上设有多对磁极（N、S）。绕组绕制在定子上，当接通直流电源时，电源为定子绕组供电，磁钢受到定子磁场的作用产生转矩并旋转。

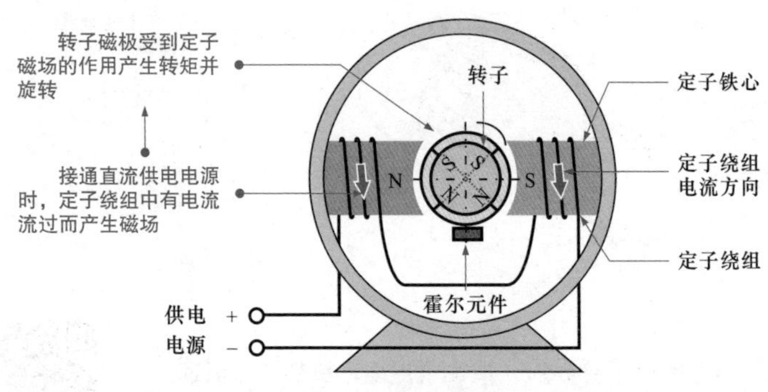

图 7-29　无刷直流电动机的结构原理

5　单相交流电动机

单相交流电动机利用单相交流电源的供电方式提供电能，多用于家用电子产品中。

如图 7-30 所示，单相交流电动机的结构与直流电动机基本相同，都是由静止的定子、旋转的转子、转轴、轴承、端盖等部分构成的。

如图 7-31 所示，将多个闭环的线圈（转子绕组）交错置于磁场中，并安装到转子铁心中。当定子磁场旋转时，转子绕组受到磁场力也会随之旋转，这就是单相交流电动机的转动原理。

7.2.2　万用表检测电动机的训练

1　检测直流电动机

普通直流电动机内部一般只有一相绕组，从电动机中引出两根引

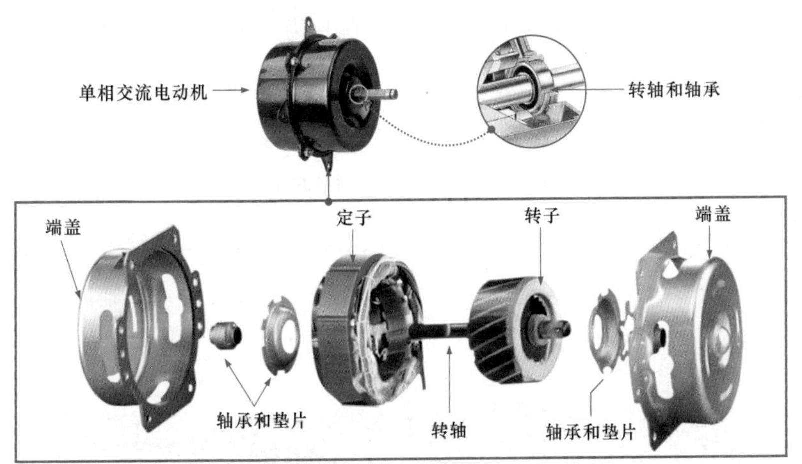

图 7-30　单相交流电动机的结构

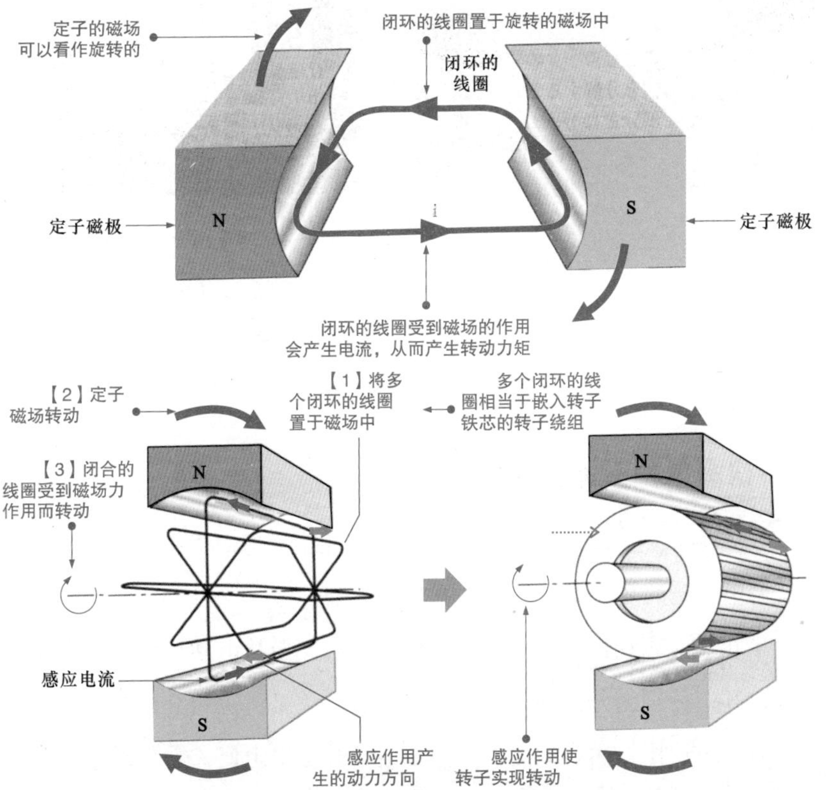

定子的磁场可以看作旋转的

闭环的线圈置于旋转的磁场中

闭环的线圈

定子磁极

N

i

S

定子磁极

闭环的线圈受到磁场的作用会产生电流，从而产生转动力矩

【2】定子磁场转动

【1】将多个闭环的线圈置于磁场中

多个闭环的线圈相当于嵌入转子铁芯的转子绕组

【3】闭合的线圈受到磁场力作用而转动

N

N

感应电流

S

S

感应作用产生的动力方向

感应作用使转子实现转动

图 7-31　单相交流电动机的转动原理

线。检测直流电动机是否正常时，可以使用万用表检测直流电动机的绕组阻值是否正常。

图 7-32 所示为直流电动机的检测方法。将万用表量程调至“200”欧姆挡，把万用表红黑表笔分别搭在小型直流电动机的两只绕组引脚端。正常情况下，普通直流电动机（两根绕组引线）的绕组阻值应为一个固定数值（实际检测阻值为 100.2Ω）；若实测为无穷大，则说明该电动机的绕组存在断路故障。

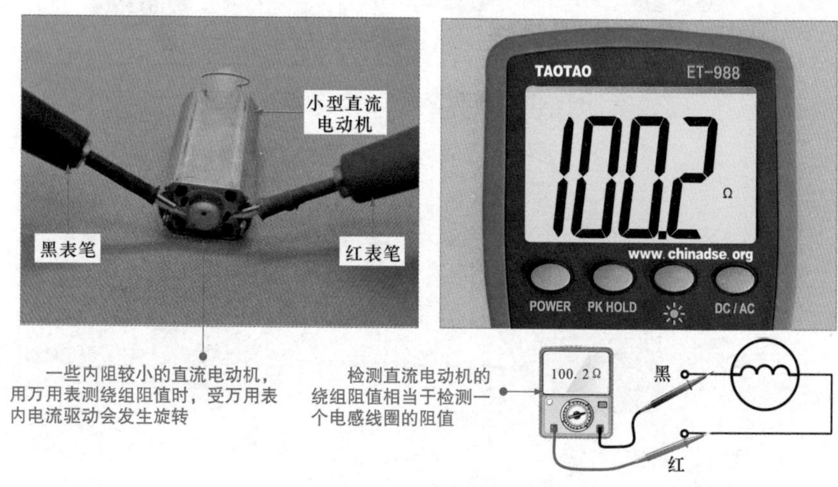

图 7-32　直流电动机的检测方法

2　检测单相交流电动机

如图 7-33 所示，单相交流电动机由单相交流电源提供电能。通常单相交流电动机的额定工作电压为单相交流 220V。

单相交流电动机内部多数包含两相绕组，但从电动机中引出有 3 根引线，其中分别为公共端、起动绕组、运行绕组。检测交流电动机是否正常时，可使用万用表检测单相交流电动机绕组阻值，需分别对两两引脚之间的 3 组阻值进行检测。

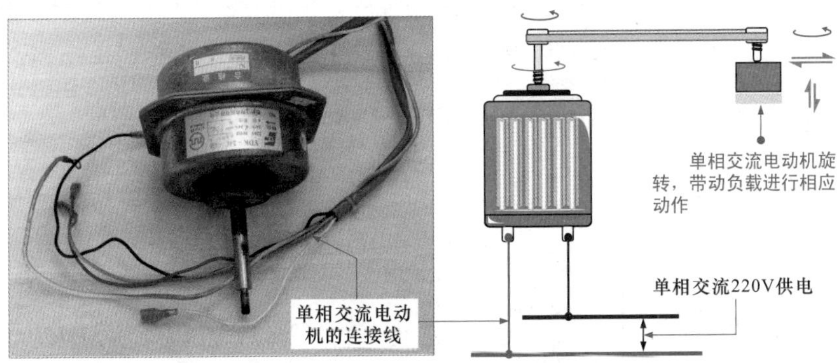

图 7-33　单相交流电动机的实物及应用

图 7-34 所示为单相交流电动机的检测方法。将万用表量程调至“2k”欧姆挡，把万用表红黑表笔分别搭在交流电动机的任意两只绕组引脚上即可。

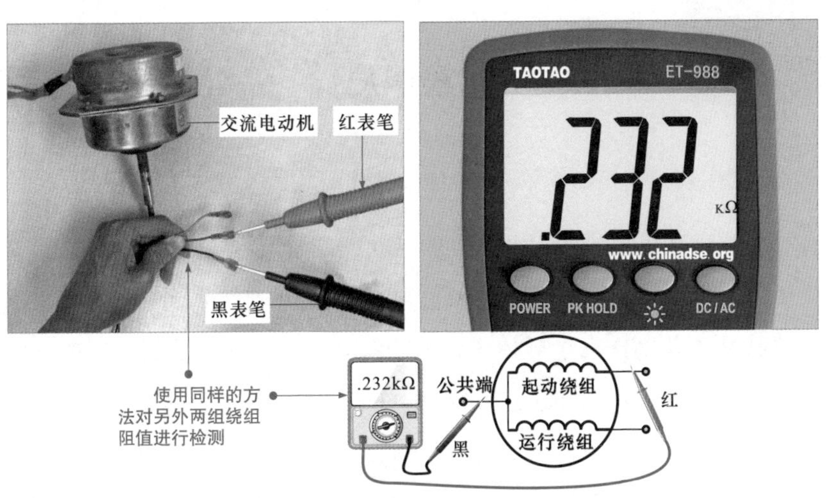

图 7-34　单相交流电动机的检测方法

提示

正常情况下，单相交流电动机（3 根绕组引线）两两引线之间的 3 组阻值，应满足其中两个数值之和等于第 3 个值，如图 7-35 所示。若 3 组阻值中任意一组阻值为无穷大，则说明绕组内部存在断路故障。

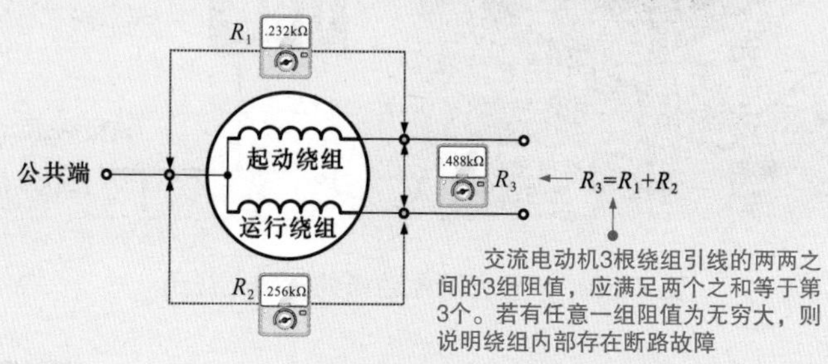

图 7-35　单相交流电动机检测示意图

7.3 万用表检测集成电路

7.3.1 了解集成电路的功能特点

集成电路英文名称为 Integrated Circuit，英文缩写为 IC。它利用半导体工艺将众多电子元器件或众多单元电路全部集成在一起，通过集成电路特殊工艺制作在半导体材料或绝缘基板上，并封装在特制的外壳中，成为具备一定功能的完整电路。图 7-36 所示为典型集成电路的实物外形。

集成电路具有体积小、重量轻、性能好、功耗小、电路性能稳定等特点。它的出现使整机电路简化，安装调整也比较简便，而且可靠性也大大提高，故而集成电路广泛地使用在各种电器产品中。

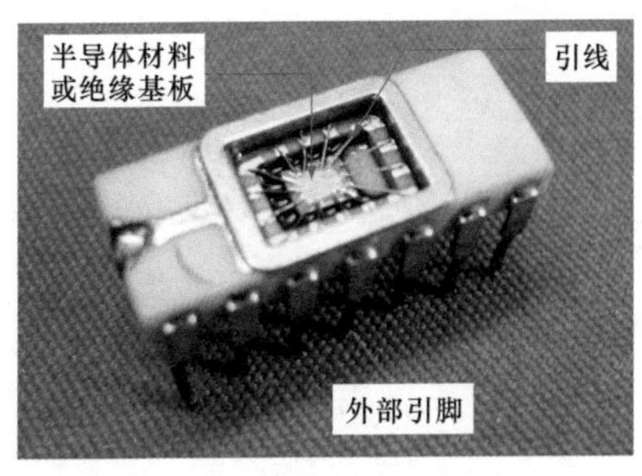

图 7-36 典型集成电路的实物外形

相关资料

集成电路的种类很多，且各自有不同的性能特点，不同的划分标准可以有多种具体的分类，具体分类见表 7-1。

表 7-1 集成电路具体分类

分类	名称	特 点
按功能分类	模拟集成电路	模拟集成电路用以产生、放大和处理各种模拟电信号。使用的信号频率范围从直流一直到最高的上限频率，电路内部使用大量不同种类的元器件，结构和制作工艺极其复杂。电路功能不同，其电路结构、工作原理也相对多变。目前，在家电维修中或一般性电子制作中，所遇到的主要是模拟信号，因此接触最多的也是模拟集成电路
	数字集成电路	数字集成电路用以产生、放大和处理各种数字电信号，内部电路结构简单，一般可由“与”“或”“非”逻辑门构成
按制作工艺分类	半导体集成电路	半导体集成电路采用半导体工艺技术，在硅基片上制作包括电阻、电容、晶体三极管、二极管等元器件构成具有某种电路功能的集成电路
	膜集成电路	膜集成电路是在玻璃或陶瓷片等绝缘物体上，以“膜”的形式制作电阻、电容等无源器件，有厚膜集成电路和薄膜集成电路之分
	混合集成电路	混合集成电路是在无源膜电路上外加半导体集成电路或分立器件的二极管、晶体三极管等有源器件构成的集成电路

（续表）

分类	名称	特点
按集成度分类	小规模集成电路	在每片上集成 1 ~ 10 个等效门或 10 ~ 10^2 个元器件的数字电路
	中规模集成电路	在每片上集成 10 ~ 10^2 个等效门或 10^2 ~ 10^3 个元器件的数字电路
	大规模集成电路	在每片上集成 10^2 ~ 10^4 个等效门或 10^3 ~ 10^5 个元器件的数字电路
	超大规模集成电路	在每片上集成 10^4 个以上等效门或 10^5 个以上元器件的数字电路
按导电类型分类	双极性集成电路	频率特性好，但功耗较大，而且制作工艺复杂
	单极性集成电路	工作速度慢，但输入阻抗高，功耗小，制作工艺简单，易于大规模集成

集成电路的种类繁多，功能多样，按照其外形和封装形式的不同，将其分为金属壳封装（CAN）集成电路、单列直插式封装（SIP）集成电路、双列直插式封装（DIP）集成电路、扁平封装（PFP、QPF）集成电路、插针网格阵列封装（PGA）集成电路、球栅阵列封装（BGA）集成电路、无引线塑料封装（PLCC）集成电路、超小型芯片级封装（CSP）集成电路、多芯片模块封装（MCM）集成电路等。

集成电路是采用特殊工艺将单元电路的电阻、电容、电感和半导体器件等集成到一个芯片上的电路。它可以将一个单元电路或由多个单元电路构成的组合电路集于一体。小规模集成电路可集成数十个至上百个元器件、中规模集成电路可集成数千个元器件、大规模集成电路可集成数万个元器件、超大规模集成电路可集成几千万个元器件。常见的集成电路有各种放大器、稳压器、信号处理电路、逻辑电路以及微处理器电路等。

1 集成运算放大器的应用

集成运算放大器是常用的电路之一，它可以组成直流 / 交流信号放大器，也可以组成电压比较器、转换器、限幅器等电路。图 7-37 所示为影碟机中将 SF4558 运算放大器作为音频功率放大器使用的实例。激光头读取光盘信号经放大、解调和解码处理后会恢复出数字音频信号，数字音频信号再经 D/A 变换器变成音频信号，音频信号最后经 SF4558 放大后输出。

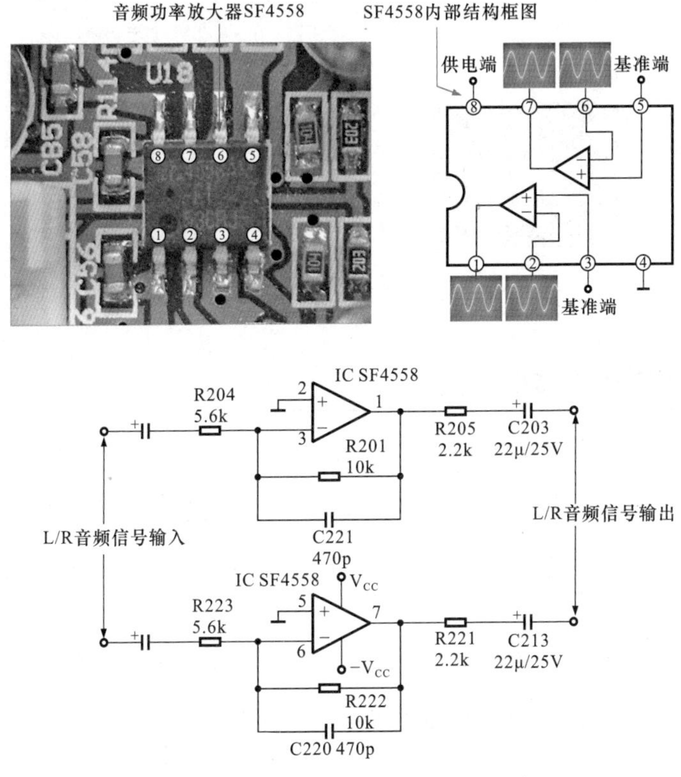

图 7-37　影碟机中将 SF4558 运算放大器作为音频功率放大器使用

图 7-38 所示为彩色电视机中应用的具有放大功能的集成电路作为音频功率放大器。模拟音频信号经音频功率放大器放大后，驱动两个扬声器发声。

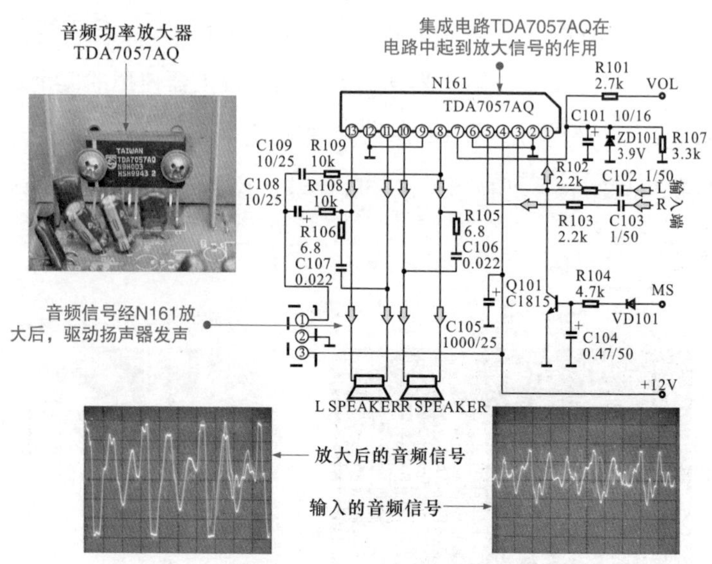

图 7-38　彩色电视机中应用的具有放大功能的集成电路作为音频功率放大器

2　集成转换器的应用

转换器用来将模拟和数字信号进行相互转换。通常将模拟信号转换为数字信号的集成电路称为 A/D 转换器，将数字信号转换为模拟信号的集成电路称为 D/A 转换器。这些电路根据应用环境也都制成了系列的集成电路。

图 7-39 所示为影碟机中的音频 D/A 转换器的应用，该 D/A 转换器可将输入的数字音频信号转换为模拟音频信号输出，再经音频功率放大器送往扬声器中发出声音。

相关资料

除了上述功能外，集成电路可作为控制器件（微处理器）应用于各种控制电路中，还可作为信号处理器应用于各种信号处理电路中，或作为开关振荡集成电路应用于开关电源电路中。

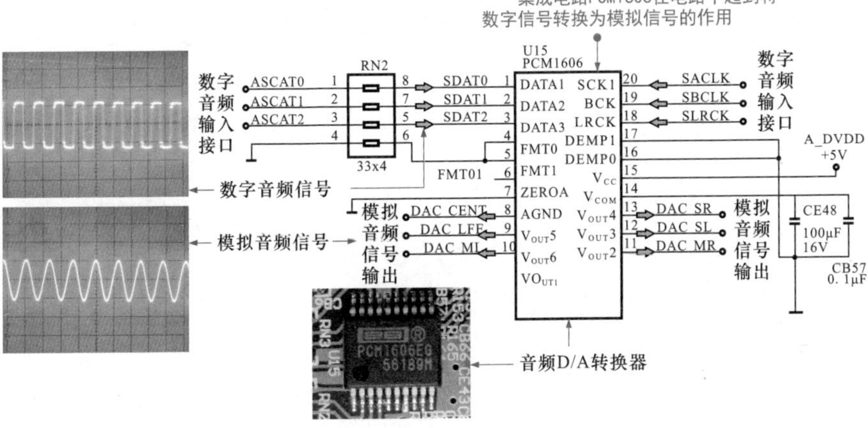

图 7-39　影碟机中音频 D/A 转换器的应用

7.3.2　万用表检测集成电路的训练

1　电阻测量法

如图 7-40 所示为待测开关振荡集成电路的实物外形，表 7-2 所示为该集成电路的引脚功能。

图 7-40　待测开关振荡集成电路的实物外形

1）检测时，选择反应灵敏的指针万用表，将万用表的量程调整至“×1k”挡，并进行零欧姆校正。

表 7-2　开关振荡集成电路 KA3842A 的引脚功能

引脚序号	英文缩写	集成电路引脚功能	电阻参数 /kΩ		直流电压参数 /V
			红表笔接地	黑表笔接地	
①	ERROR OUT	误差信号输出	15	8.9	2.1
②	IN−	反相信号输入	10.5	8.4	2.5
③	NF	反馈信号输入	1.9	1.9	0.1
④	OSC	振荡信号	11.9	8.9	2.4
⑤	GND	接地	0	0	0
⑥	DRIVER OUT	激励信号输出	14.4	8.4	0.7
⑦	VCC	电源 +14V	∞	5.4	14.5
⑧	VREF	基准电压	3.9	3.9	5

2）这里以②脚为例，将万用表的黑表笔搭在⑤脚，红表笔搭在②脚，观测万用表显示读数，如图 7-41 所示。

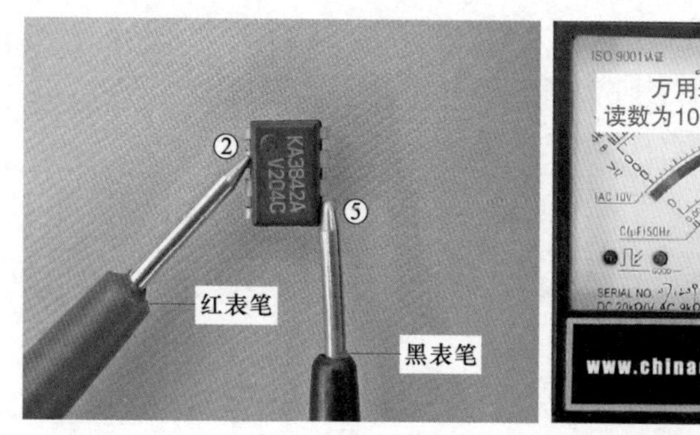

图 7-41　检测 KA3842A 的②脚正向阻值

3）经检测，该万用表显示的读数为 10.5kΩ，与标准值相同。用相同的方法对该集成电路的其他引脚进行检测。若发现某一引脚与标准值相差较大，说明该集成电路损坏；若都相同，说明该集成电路正常。

2　电压测量法

图 7-42 所示为待测运算放大器的实物外形，表 7-3 所示为该集成电路的引脚功能。测量电压应在正常工作状态下进行。

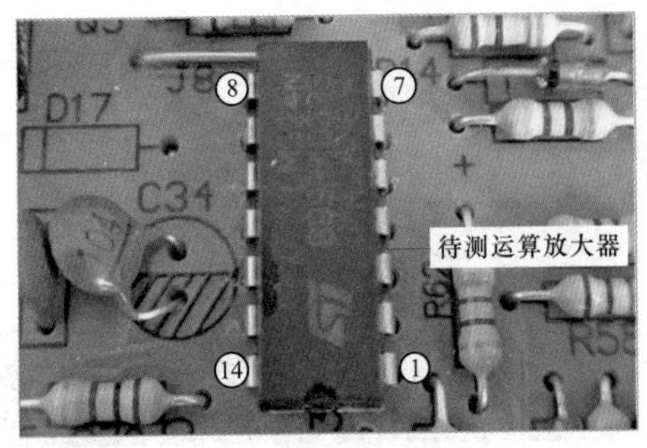

图 7-42 待测运算放大器的实物外形

根据表 7-3 可知该集成电路在工作时各个引脚的供电电压，这里以④脚为例检测其供电电压，如图 7-43 所示。

表 7-3 LM324N 型运算放大器的引脚功能

引脚序号	英文缩写	集成电路引脚功能	电阻参数 /kΩ		直流电压参数 /V
			正表笔接地	负表笔接地	
①	AMP OUT1	放大信号（1）输出	0.38	0.38	1.8
②	IN1−	反相信号（1）输入	6.3	7.6	2.2
③	IN1+	同相信号（1）输入	4.4	4.5	2.1
④	VCC	电源 +5V	0.31	0.22	5.0
⑤	IN2+	同相信号（2）输入	4.7	4.7	2.1
⑥	IN2−	同相信号（2）输入	6.3	7.6	2.1
⑦	AMPOUT2	放大信号（2）输出	0.38	0.38	1.8
⑧	AMP OUT3	放大信号（3）输出	6.7	23	0
⑨	IN3−	反相信号（3）输入	7.6	∞	0.5
⑩	IN3+	同相信号（3）输入	7.6	∞	0.5
⑪	GND	接地	0	0	0
⑫	IN4+	同相信号（4）输入	7.2	17.4	4.6
⑬	IN4−	反相信号（4）输入	4.4	4.6	2.1
⑭	AMP OUT4	放大信号（4）输出	6.3	6.8	4.2

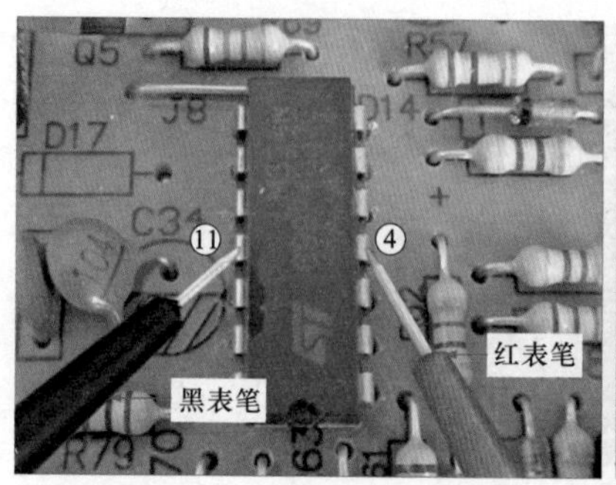

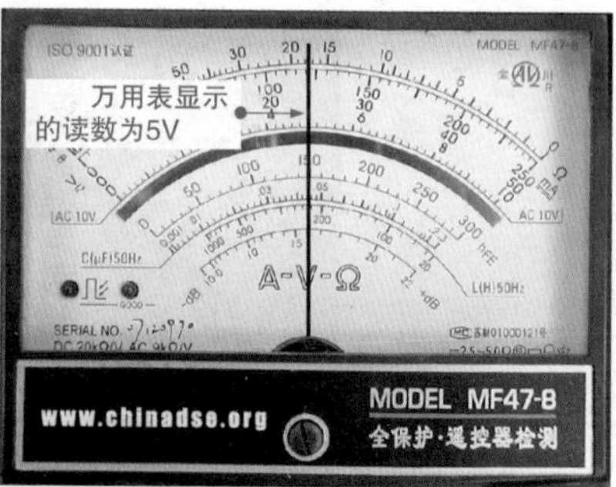

图 7-43　检测运算放大器的 +5V 供电电压

经检测，该集成电路的④脚供电电压为 +5V，与标准值相同，说明该集成电路的供电正常。若检测其他引脚的电压与标准值电压相差较大，则说明该集成电路已损坏。

第 8 章

万用表检修电风扇的训练

8.1 万用表在电风扇检修中的应用

8.1.1 电风扇的结构原理

1 电风扇的结构

电风扇是常见的家用电器，它通过风扇电动机带动风叶高速旋转，加速室内空气流通，使室内温度迅速降低。在家庭生活中，电风扇常用来在夏季降温。根据安放位置不同，电风扇一般可分为壁挂式电风扇、吊挂式电风扇、台式电风扇和落地式电风扇，如图 8-1 所示。

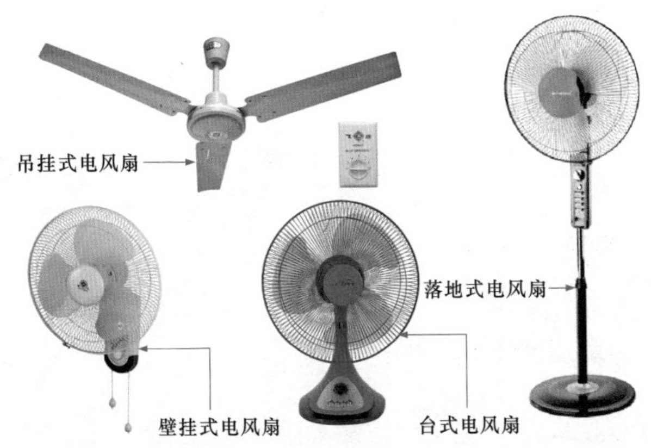

图 8-1　电风扇的实物外形

壁挂式电风扇、吊挂式电风扇、台式电风扇和落地式电风扇的结构基本相似，只是支撑机构略有不同。壁挂式和吊挂式电风扇使用固定螺栓等固定装置安装于墙壁或房顶上，不占用使用者空间；而台式电风扇和落地式电风扇的使用位置不固定，可随时改变，并且落地式电风扇的使用高度可进行调节。

图 8-2 所示为壁挂式电风扇的外部结构。该电风扇主要是由风叶机构、电动机及摆头机构、支撑机构和控制机构这四部分组成的。

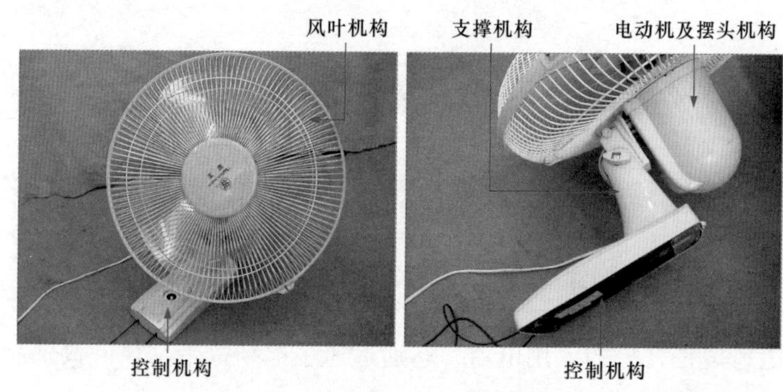

图 8-2　壁挂式电风扇的外部结构

（1）风叶机构　风叶机构的网罩由前后两个组成，并通过网罩箍进行固定。风叶安装在电动机上，在电风扇起动时由电动机带动高速旋转，通过切割空气促使空气加速流通。图 8-3 所示为风叶机构的结构。

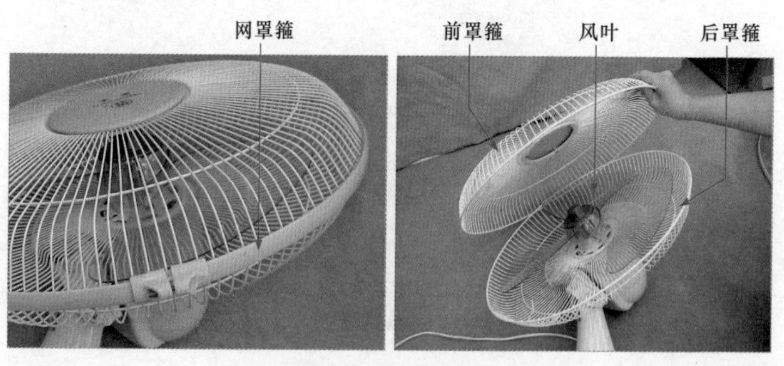

图 8-3　风叶机构的结构

（2）电动机及摆头机构　将电动机外侧的保护罩拆下后，可找到电风扇的电动机和摆头机构，如图 8-4 所示。电动机的连接线通过支撑机构与调速开关相连，其起动电容器安装在风扇电动机旁边。

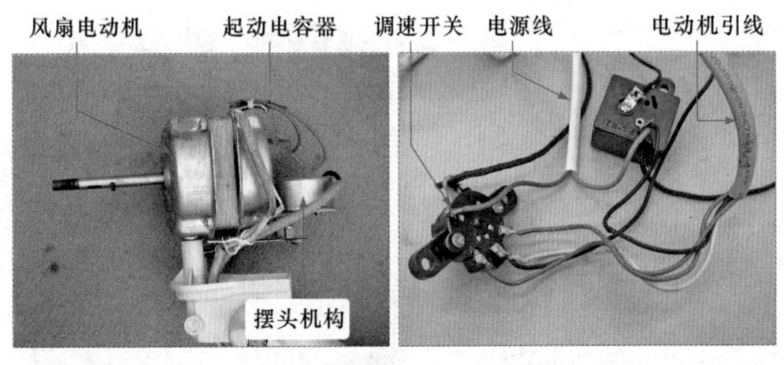

图 8-4　电动机的结构

许多电风扇除了具备调速功能外，还具有摆头的功能，电风扇的摆头功能主要是依靠摆头机构实现的。图 8-5 所示为摆头机构的结构。从图 8-5 中可以看出，摆头机构位于风扇电动机的后面，由摆头电动机、偏心轮和连杆组成。该机构用来控制电风扇的摆头，以实现电风扇向不同的方向送风的目的。

图 8-5　摆头机构的结构

（3）支撑机构和控制机构　支撑机构是电风扇的支架，可以使电风扇固定在墙壁上。支撑机构由连接头、夹紧螺钉和底座构成，如图 8-6

所示。底座内安装有控制机构，即调速开关和摆头开关，调速开关和摆头开关通过导线与电动机和摆头电动机相连。

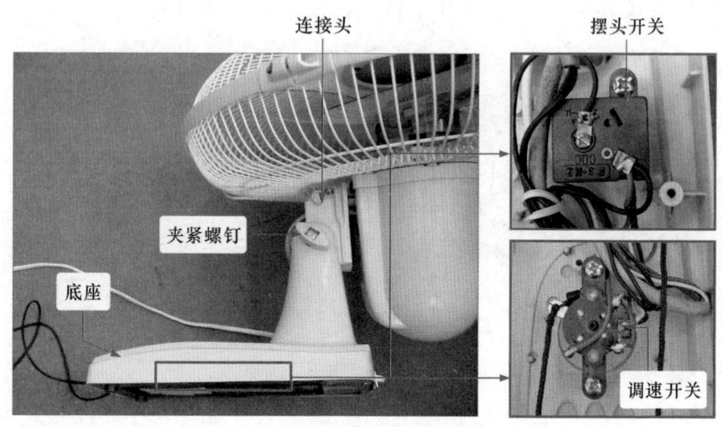

图 8-6 支撑机构和控制机构

图 8-7 所示为典型微电脑控制的电风扇电路结构框图。从图中可以看出，该电路主要是由电源供电电路、程序控制电路、指示灯及操作控制电路、起动电容、风扇电动机和摆头电动机等部分构成。交流 220V 电压送入电风扇后分成两路：一路送入电源供电电路经降压、整流、滤波后输出直流低压，为程序控制电路供电；另一路则为风扇电动机和摆头电动机供电。

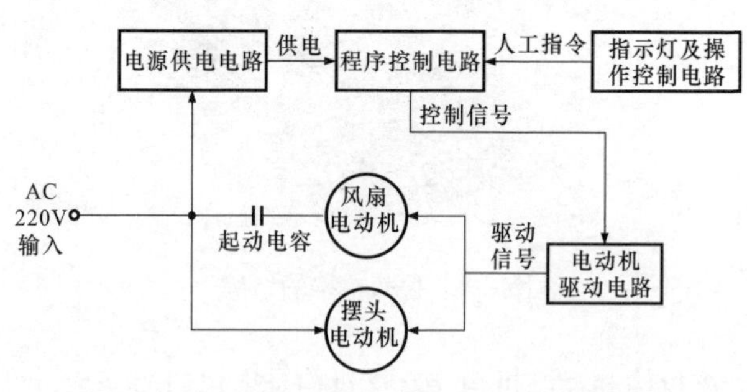

图 8-7 典型微电脑控制的电风扇电路结构框图

用户通过操作控制电路输入人工指令后，程序控制器对输入的指令进行识别、处理后，使相应的指示灯点亮，并输出控制信号控制电动机驱动电路工作，电动机驱动电路根据控制指令输出驱动信号，驱动风扇电动机和摆头电动机工作。

2 电风扇的工作原理

图 8-8 所示为典型电风扇的电路信号流程图。

交流 220V 电源输入后，火线端（L）经由电源开关 S1、熔断器和降压电路 R1、C1 后，由 VD1 进行整流，再由 C2 滤波、VD2 稳压、C3 滤波输出 +3V 电压，为程序控制芯片供电，交流输入零线（N）端接地。

IC BA3105 是程序控制芯片，⑦脚为电源供电端，④、⑤脚外接晶体形成 32.768 kHz 的晶振信号，作为芯片的时钟信号。

IC 芯片的⑧ ~ ⑭脚外接操作控制电路和发光二极管，S2~S6 为人工操作键，按某一键时，按键引脚经 10kΩ 电阻器接地。这些键分别表示相应的操作功能，当按动某一键时，芯片相应引脚变为低电平，在芯片内经引脚功能的识别后，会使相应的引脚输出控制信号。

例如，操作开机键选择风速挡按键后，IC1 的⑰、⑱、①引脚中会有一个引脚输出触发脉冲，使被控制的晶闸管导通，风扇电动机得电旋转。风扇电动机和转叶电动机都是由交流 220V 电源供电，交流电源的火线经过晶闸管 VS1~VS4 给风扇电动机和转叶电动机供电。交流输入零线端（N）经熔断器 FU2 加到运行绕组上，同时经起动电容器 C4 加到电动机的起动绕组上。VS1、VS2、VS3 这 3 个晶闸管相当于 3 个速度控制开关。VS1 导通时低速绕组供电，VS2 导通时中速绕组供电，VS3 导通时高速绕组供电，以此可以控制电动机转速。

VS4 接在转叶电动机的供电电路中，如果操作转叶摆头开关，则 IC 芯片②脚输出触发信号使 VS4 导通，则转叶电动机旋转。

发光二极管（LED）显示电路受控制芯片的控制，例如操作风速按键使风扇处于强风（高速）状态时，操作后 IC ⑪脚保持高电平，⑬脚为低电平，则强风指示灯点亮。

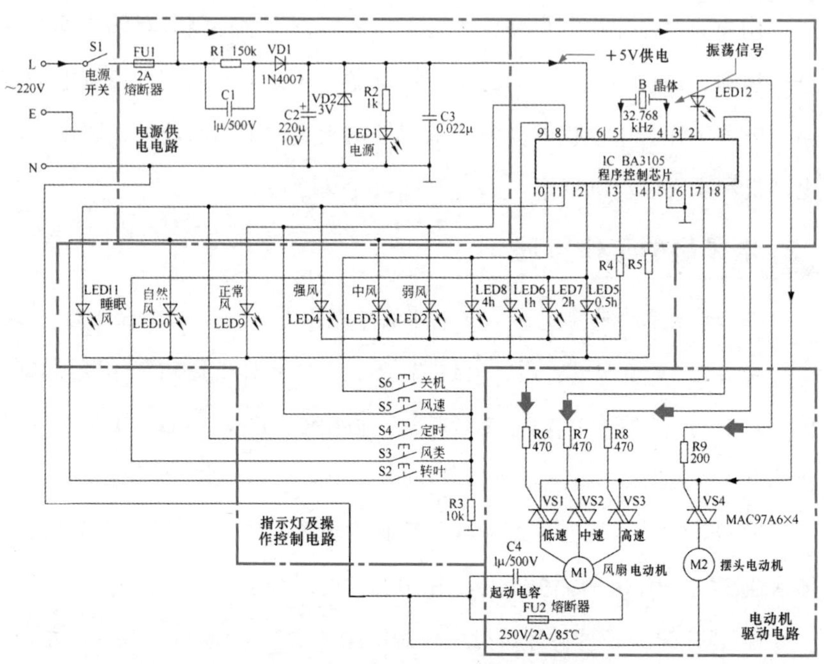

图 8-8　典型电风扇的电路信号流程图

图 8-9 所示为典型电风扇的整机控制过程。由图 8-9 可知，电风扇通电后，通过风速开关使风扇电动机旋转，同时风扇电动机带动扇叶一起旋转。由于扇叶带有一定的角度，扇叶旋转会切割空气，从而促使空气加速流通，完成送风操作。

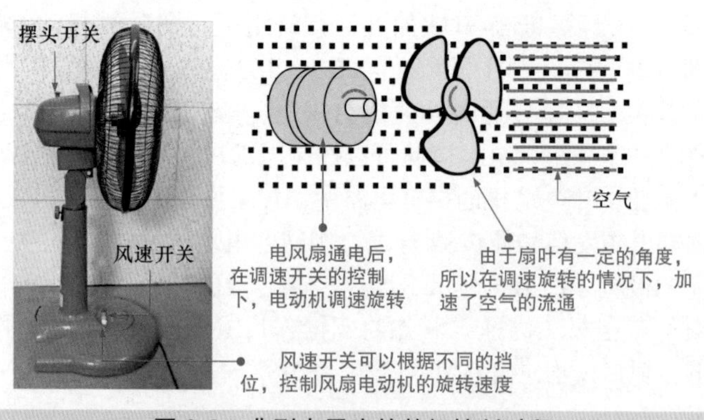

图 8-9　典型电风扇的整机控制过程

当需要电风扇摆头送风时，则可以通过控制摆头开关控制电风扇头部的摆动。

电风扇中各组件协同工作，并使扇叶旋转加速周围空气的流通，在整个控制过程中，各功能部件都有着非常重要的作用。

如图 8-10 所示，风速开关和摆头开关分别控制风扇电动机和摆头电动机的工作状态；风扇电动机旋转时带动扇叶旋转，从而加速空气的流通；摆头电动机在偏心轮、连杆的作用下使电风扇摆头。

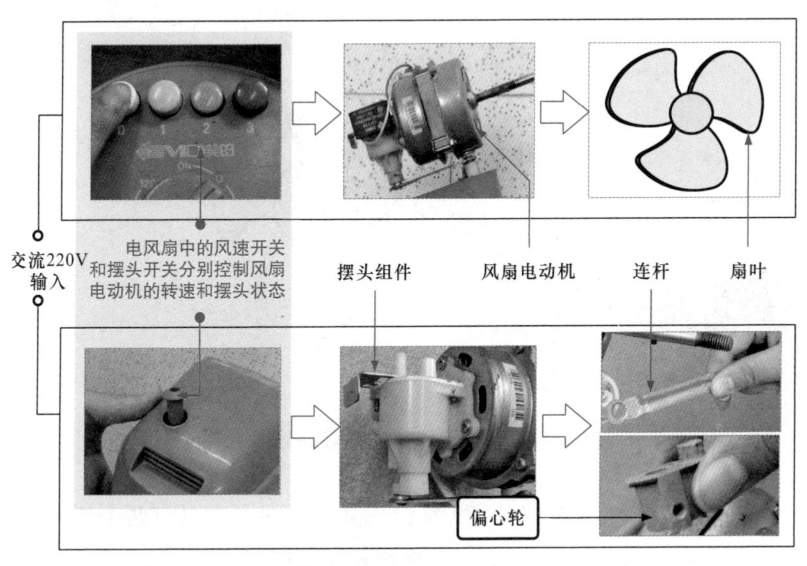

图 8-10　电风扇各组件间的关系

由图 8-10 可知，电风扇中各功能部件在控制关系中都有非常重要的作用，下面就分别对这些功能部件的工作原理进行学习。

（1）风扇电动机的工作原理　风扇电动机是电风扇的重要组成部分，在所有类型的电风扇中都可找到。风扇电动机通过电磁感应原理，带动扇叶旋转，加速空气流通。图 8-11 所示为风扇电动机的工作原理。

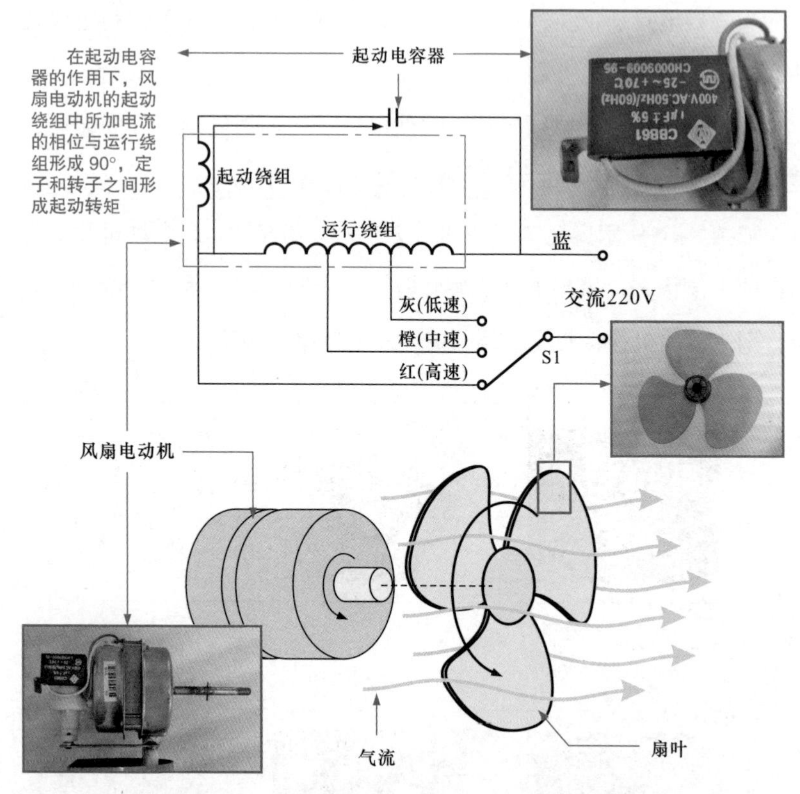

图 8-11　风扇电动机的工作原理示意图

电风扇中的风扇电动机多为交流感应电动机，它具有两个绕组（线圈），主绕组通常作为运行绕组，另一辅助绕组作为起动绕组。

电风扇通电起动后，交流供电经起动电容加到起动绕组上，在起动电容器的作用下，起动绕组中所加电流的相位与运行绕组形成 90°，定子和转子之间形成起动转矩，使转子旋转起来。风扇电动机开始高速旋转，并带动扇叶一起旋转，扇叶旋转时会对空气产生推力，从而加速空气流通。

（2）摆头机构的工作原理　摆头机构是电风扇的组成部分之一，在许多电风扇中都可以找到。带有摆头机构的电风扇可以自动进行摆头，使风扇扩大送风范围。

摆头机构通常固定在风扇电动机上，连杆的一端连接在支撑组件上。当摆头机构工作时，由偏心轴带动连杆运动，从而实现电风扇的往复摆头运行。图 8-12 所示为电风扇摆头机构工作原理，由图 8-12 可知，摆头机构在正常工作时，均是通过一些机械部件来完成的。

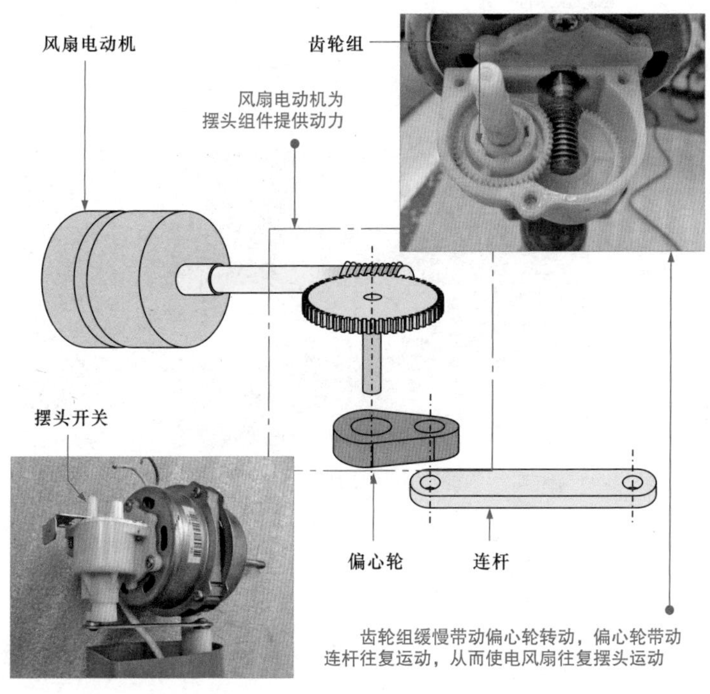

图 8-12　电风扇摆头机构工作原理

扩展

采用摆头电动机作为电风扇摆头的动力源时，具体的工作过程与摆头机构的工作原理相似，都是通过齿轮来进行控制的，如图 8-13 所示。摆头电动机中连杆的一端连接在支撑组件上，当摆头电动机旋转的时候，由偏心轮带动连杆运动，从而实现电风扇往复的水平摆头。

摆头电动机内部有一个带有减速齿轮组的设备，电动机轴上的齿轮与变速齿轮相互运动。由于电动机轴齿轮比变速齿轮小得多，因此电动机旋转多圈，变速齿轮才会旋转一圈，减缓了旋转速度。也就是说摆头电动机旋转，通过变速齿轮减速，从而实现了电风扇缓慢摆头。

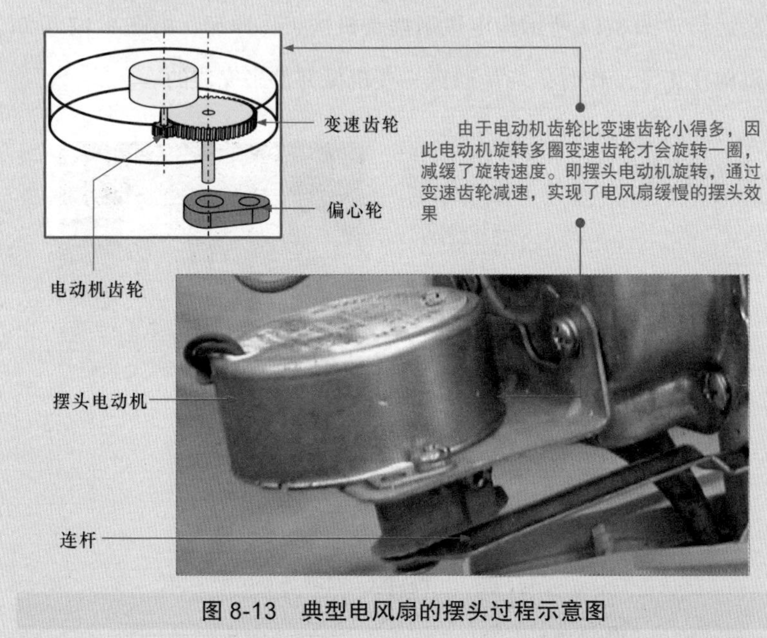

图 8-13　典型电风扇的摆头过程示意图

（3）风速开关的工作原理　风速开关是电风扇的控制部件，它可以控制风扇电动机内绕组的供电，使风扇电动机以不同的速度旋转。图 8-14 所示为风速开关的功能。可以看到，风速开关主要由挡位按钮、触点、接线端等构成。其中挡位按钮带有自锁功能，按下后会一直保持接通状态。不同挡位的接线端通过不同颜色的引线与风扇电动机内的绕组相连。

按下不同挡位的按钮，该按钮便会自锁，使内部触点一直保持闭合，供电电压便会通过触点、接线端、引线送入相应的绕组中。交流电压送入不同的绕组中，风扇电动机便会以不同的转速工作。

目前常见的风速开关主要有控制按钮和控制线两种，如图 8-15 所示。

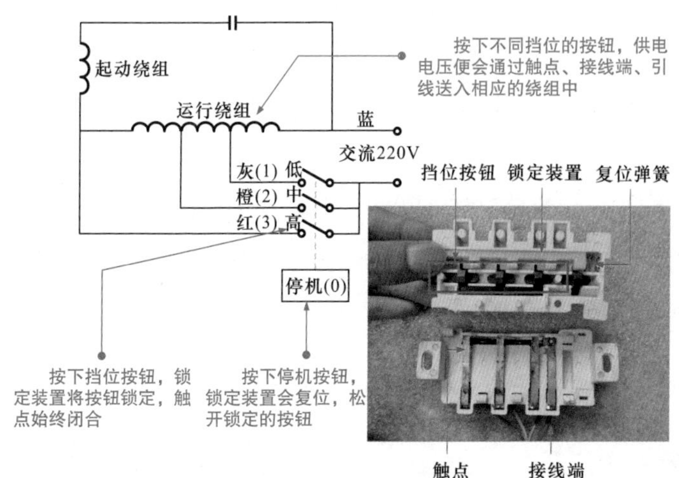

图 8-14　风速开关的功能示意图

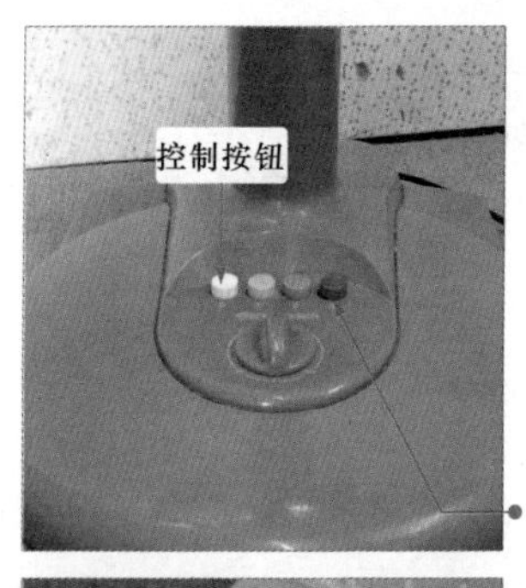

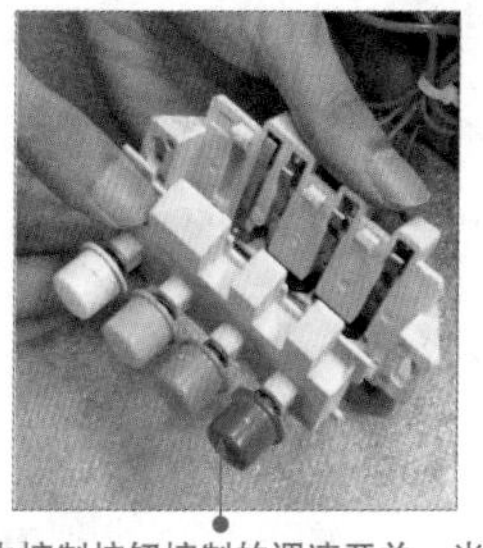

由控制按钮控制的调速开关，当按下不同的按钮时，调速开关置于不同的挡位，进而控制风扇电动机的转速

由控制线控制的调速开关，拉动控制线使调速开关置于不同的挡位，进而控制风扇电动机的转速

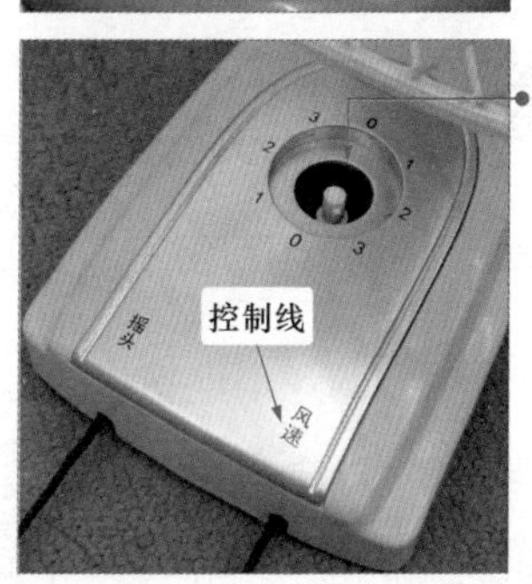

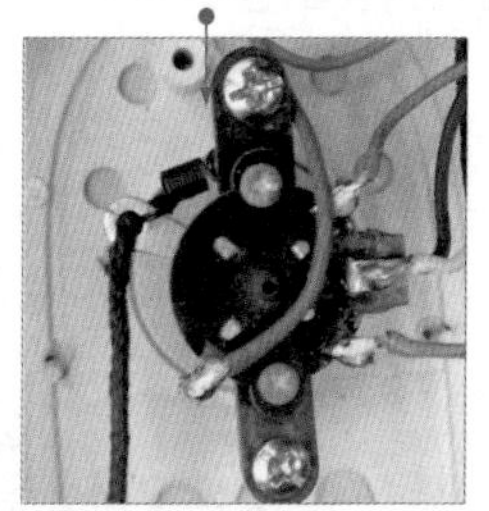

图 8-15　常见风速开关的外形特点

8.1.2 万用表对电风扇的检修应用

通常，一个电子产品的功能主要是通过其核心元器件共同作用来实现的，而想要通过万用表来判断该设备的故障部位，就需要对这些核心元器件进行检测。

图 8-16 所示为典型电风扇的测量部位。根据该图可知，检测电风扇的好坏，应重点对起动电容器、风扇电动机、摆头电动机、摆头开关、调速开关等关键部位进行检测。

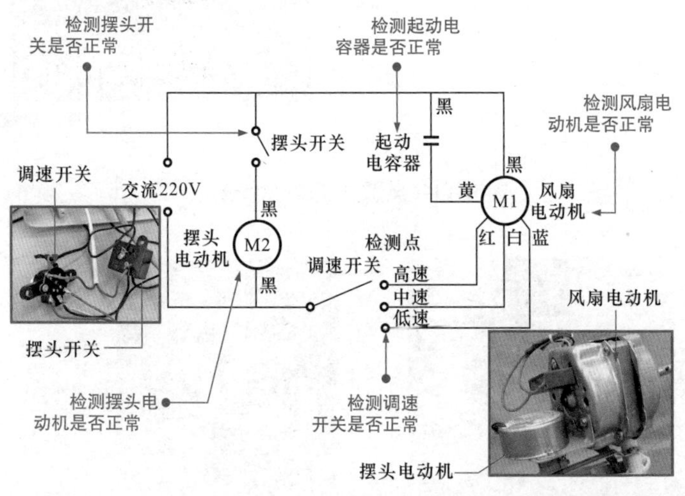

图 8-16 典型电风扇的测量部位

8.2 万用表检测电风扇的训练

8.2.1 万用表检测起动电容器

起动电容器主要功能是在风扇开机工作时，为风扇电动机的起动绕组提供起动电压，它通常位于风扇电动机附近。起动电容器的一端接交流 220V 电源，另一端与风扇电动机的起动绕组相连。检测起动电容器时，主要是检测起动电容器的充放电是否正常。

将万用表调至“×10k”欧姆挡，红黑表笔分别搭在起动电容器的两条导线端，然后再对调表笔进行检测，如图 8-17 所示。

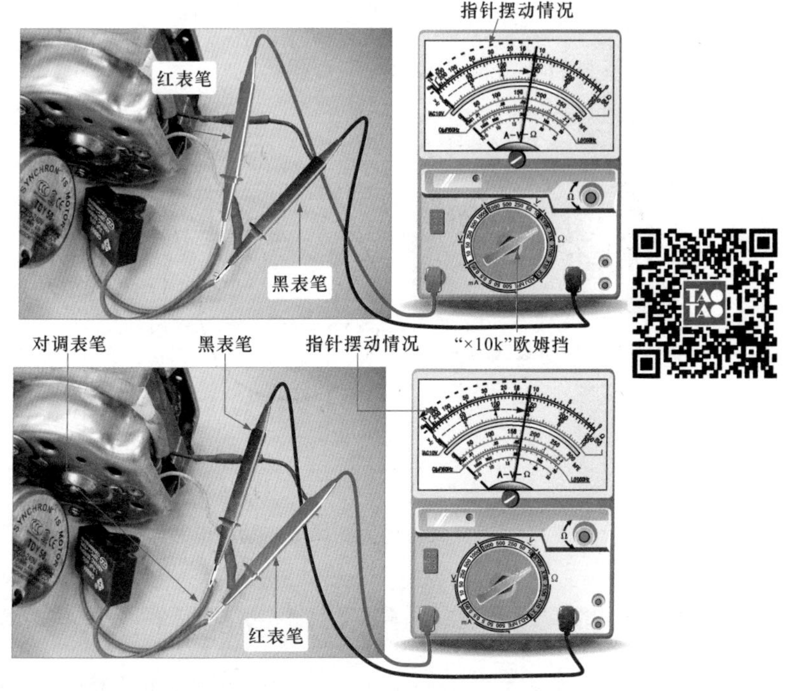

图 8-17　检测起动电容器充放电过程

使用万用表进行检测时，会出现充放电的过程，即指针从无穷大的位置向电阻小的方向摆动，然后再摆回到无穷大的位置，这说明起动电容器正常。若万用表指针不摆动或者摆动到电阻为零的位置后不返回，或者万用表摆动到一定的位置后不返回，均表示起动电容器出现故障，维修时应将其更换。

8.2.2　万用表检测风扇电动机

风扇电动机是电风扇的核心，它与扇叶相连，带动扇叶转动，使扇叶快速切割空气加速空气流通。使用万用表检测风扇电动机时，主要是通过检测风扇电动机各引线之间的阻值来判断风扇电动机是否正常。

1）图 8-18 所示为壁挂式电风扇的风扇电动机电路图。从图中可以看出该风扇电动机各绕组之间的电路关系，可通过检测黑色导线与其他导线之间的阻值来判断该风扇电动机是否损坏。

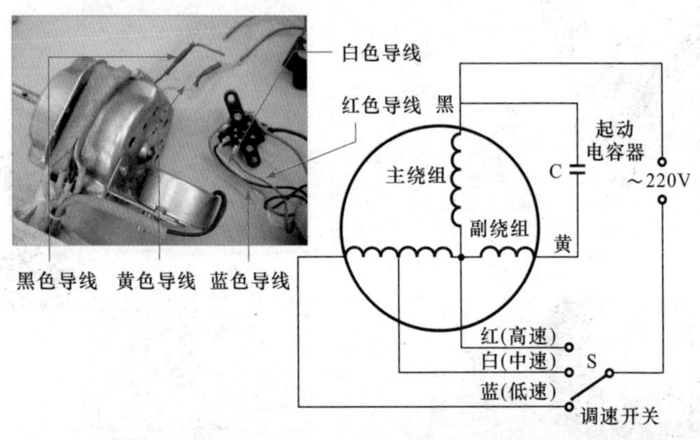

图 8-18　壁挂式电风扇的风扇电动机电路图

提示

风扇电动机大都采用交流感应电动机，它具有两个绕组（线圈），主绕组通常作为运行绕组，辅助绕组作为起动绕组，如图 8-19 所示。交流供电电压经起动电容器加到起动绕组上，由于电容器的作用，起动绕组中所加电流的相位超前于运行绕组 90°，在定子和转子之间就形成了一个起动转矩，使转子旋转起来。外加交流电压使定子线圈形成旋转磁场，维持转子连续旋转，即使起动绕组中电流减小，也不影响电动机旋转。实际上，在起动后，由于起动电容器的交流阻抗，起动绕组中的交流电流也减小了，主要靠运行绕组提供驱动磁场。

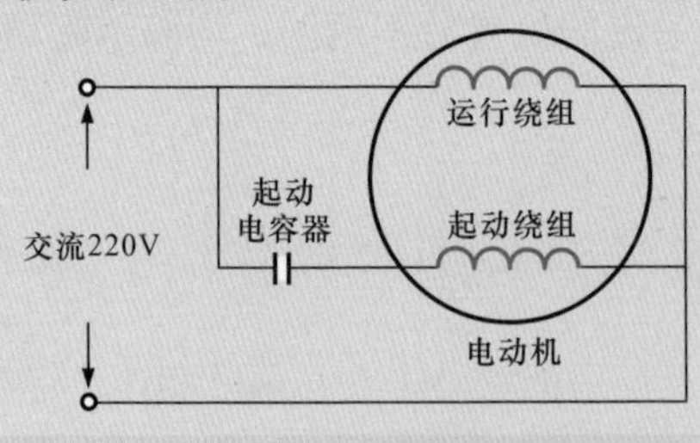

图 8-19　交流感应电动机的结构及原理

2）将万用表调至“×100”欧姆挡，进行调零校正后，将万用表的红黑表笔分别搭在风扇电动机黑色导线与其他导线上，检测黑色导线与其他导线之间的电阻值。如图 8-20 所示，使用万用表检测黑色导线与黄色导线之间的阻值，经检测该阻值为 1100Ω。

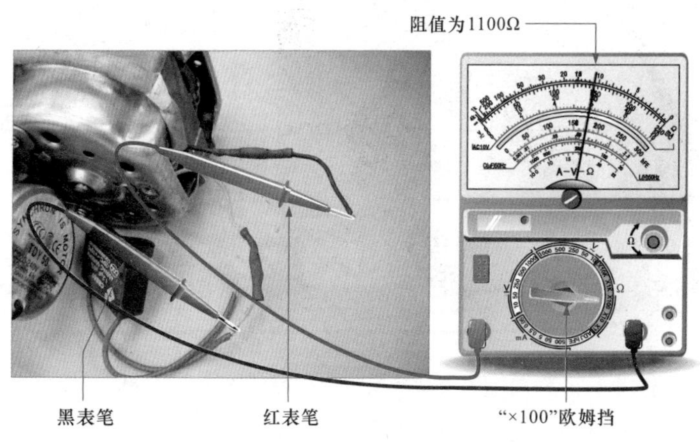

图 8-20 检测风扇电动机黑色导线与黄色导线之间的阻值

3）将万用表的红黑表笔分别搭在风扇电动机黑色导线与蓝色导线上，如图 8-21 所示，经检测阻值为 700Ω。

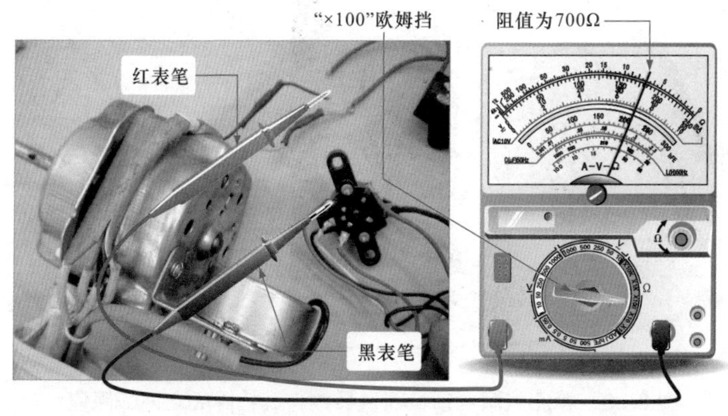

图 8-21 检测风扇电动机黑色导线与蓝色导线之间的阻值

4）将万用表的红黑表笔分别搭在风扇电动机黑色导线与白色导线上，如图 8-22 所示，经检测阻值为 500Ω。

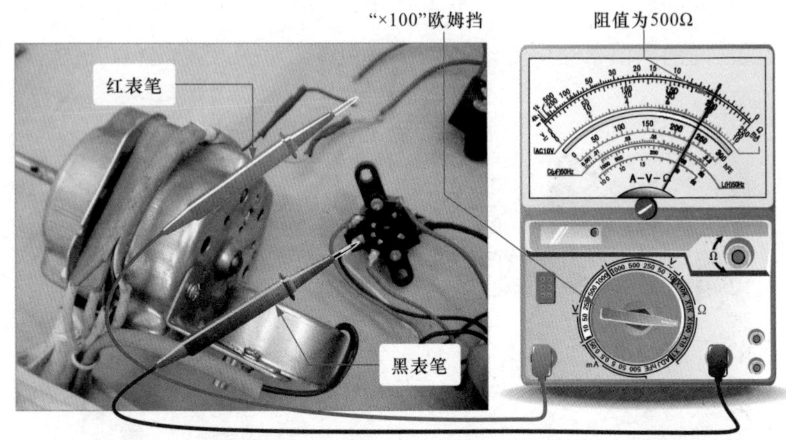

图 8-22 检测风扇电动机黑色导线与白色导线之间的阻值

5）将万用表的红黑表笔分别搭在风扇电动机黑色导线与红色导线上，如图 8-23 所示，经检测阻值为 400Ω。

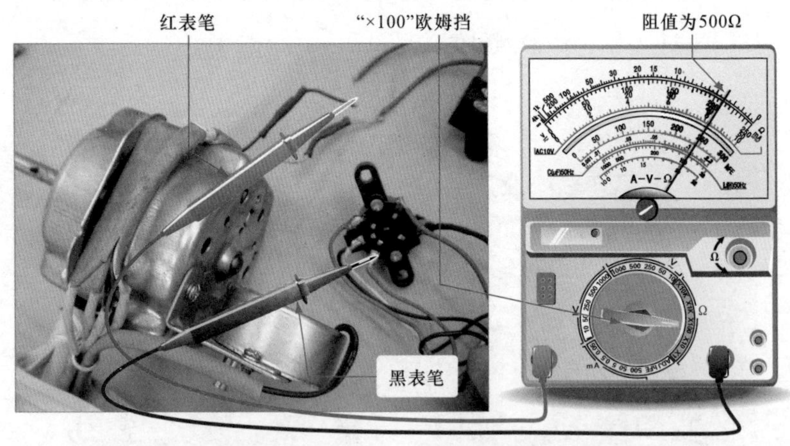

图 8-23 检测风扇电动机黑色导线与红色导线之间的阻值

若在检测过程中，万用表指针指向零或无穷大，或者检测时所测得的阻值与正常值偏差很大，均表明所检测的绕组有损坏，维修时需要将风扇电动机进行更换。若检测时黑色导线与其他各导线之间的阻值为几百至几千欧姆，并且黑色导线与黄色导线之间的阻值始终为最大阻值，则表明该风扇电动机正常。

8.2.3 万用表检测调速开关

若调速开关出现故障，将无法对电风扇的风速进行调节。图 8-24 所示为调速开关的外形及背部引脚焊点，在检测调速开关前，可先查看调速开关与各导线的连接是否良好，并检查调速开关的复位弹簧是否失效。

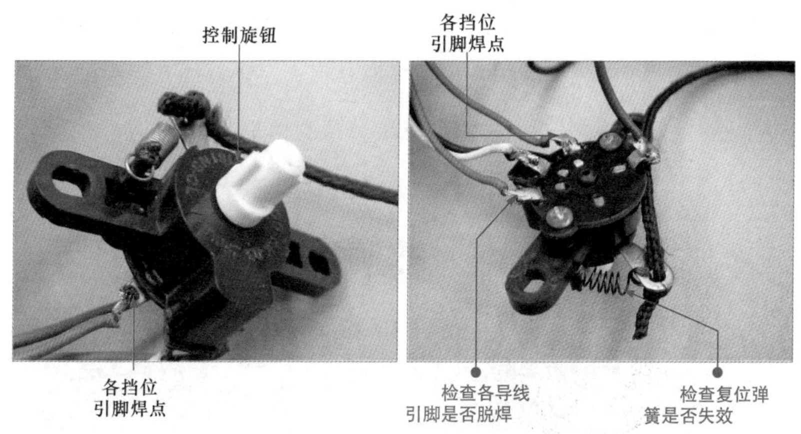

图 8-24 调速开关的外形及背部引脚焊点

1）根据调速开关工作原理，当开关搭在不同的挡位时，便会接通不同的线路。由此将万用表调至“×1”欧姆挡，检测相应接通挡位的阻值，如图 8-25 所示。将红黑表笔搭在供电端和一个挡位引脚上，将挡位拨到该引脚上，可测得阻值为 0Ω。

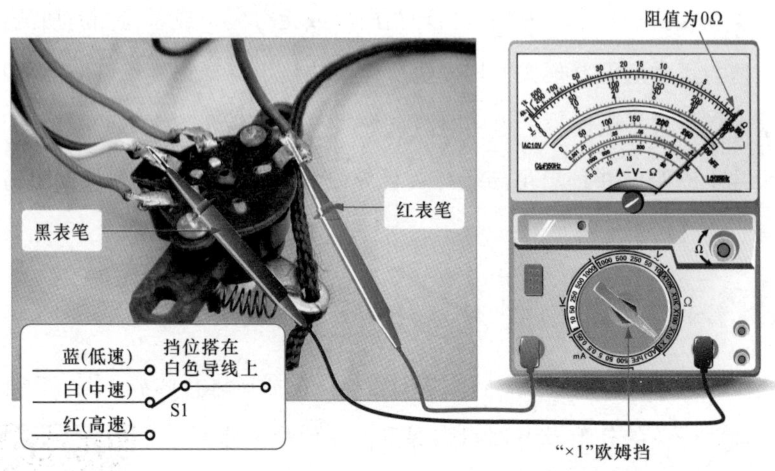

图 8-25　检测调速开关通路的阻值

2）将挡位拨到其他引脚上，这时万用表测得的阻值为无穷大，如图 8-26 所示。若实际检测与上述结果偏差很大，则可能开关内部存在故障，维修时可通过对其拆解检查机械部分或整体更换来排除故障。

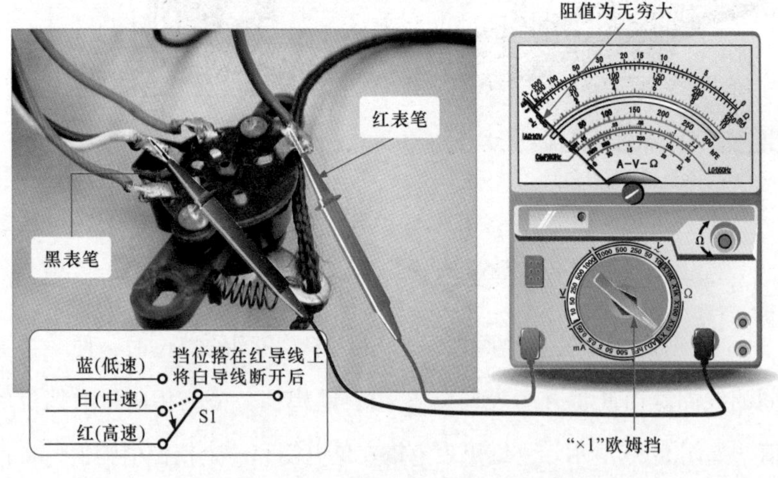

图 8-26　检测调速开关通路的阻值

扩展

调速开关主要用来改变风扇电动机的转速，交流风扇电动机的调速采用绕组线圈抽头的方法比较多，即绕组线圈抽头与调速开关的不同挡位相连，通过改变绕组线圈的数量，从而使定子线圈所产生磁场强度发生变化，进而实现速度调整。图 8-27 所示为一种壁挂式电风扇电动机绕组的结构，运行绕组中设有两个抽头，这样就可以实现三速可变的风扇电动机。由于两组线圈接成 L 字母形，也就被称为 L 形绕组结构。若两个绕组接成 T 字母形，便被称为 T 形绕组结构，其工作原理与 L 形抽头调速电动机相同。

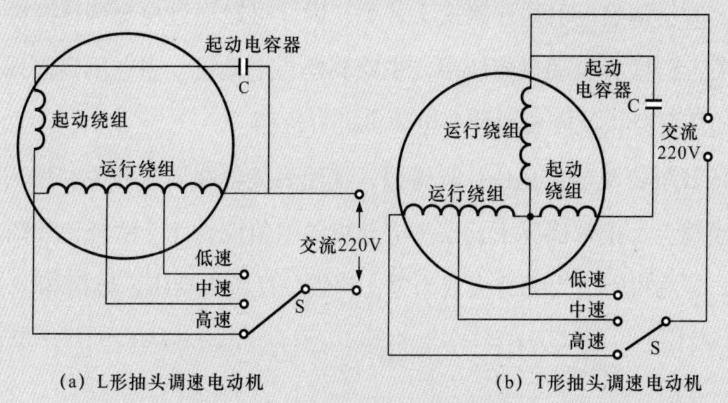

图 8-27　一种壁挂式电风扇电动机绕组的结构

图 8-28 所示为双抽头连接方式的电动机，即运行绕组和起动绕组都设有抽头，通过改变绕组所产生的磁场强弱进行调速。

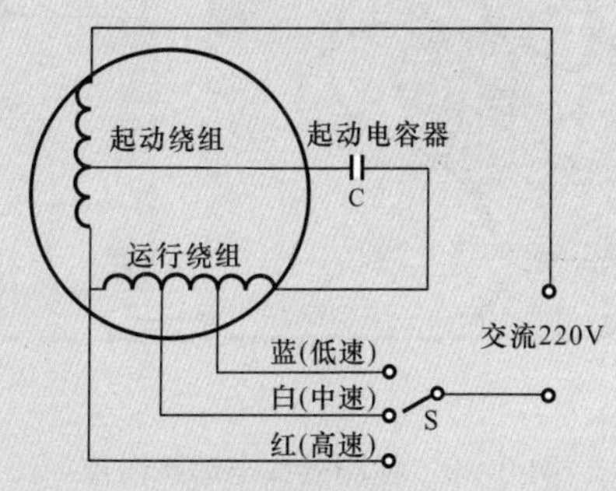

图 8-28　双抽头连接方式的调速电动机

8.2.4 万用表检测摆头电动机

摆头电动机用于控制扇叶机构摆动，使电风扇向不同方向送风。摆头电动机由摆头开关进行控制，当按下摆头开关时，摆头电动机便会带动扇叶机构来回摆动。使用万用表检测摆头电动机的阻值，可以判断其是否损坏。

摆头电动机通常由两条黑色引线连接，其中一根黑色引线连接调速开关，另一根黑色引线连接摆头开关，因此可以通过检测调速开关和摆头开关上的摆头电动机接线端，来检测摆头电动机。当电风扇出现不能摆头的情况时，就需要对摆头电动机进行检测。

将万用表调至“×1k”欧姆挡，红黑表笔搭在调速开关和摆头开关的接线端上。正常情况下，摆头电动机的阻值应为几千欧姆，如图 8-29 所示。若测得阻值为无穷大或为零，均表示摆头电动机已经损坏。

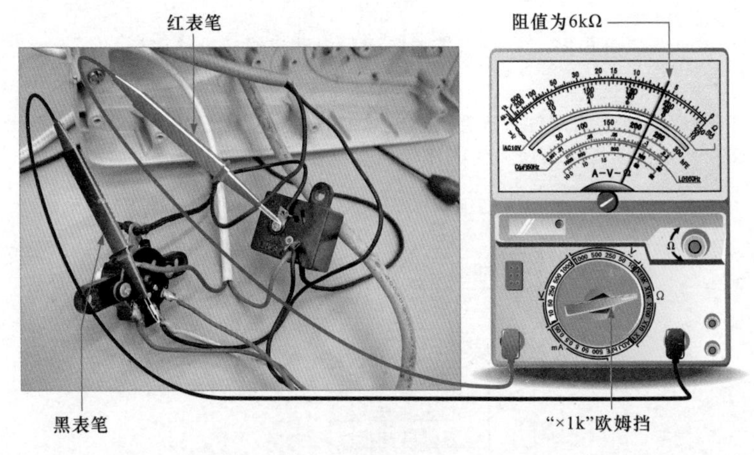

图 8-29 检测摆头电动机阻值

8.2.5 万用表检测摆头开关

若摆头开关损坏，会导致电风扇的摆头功能失效，使电风扇只能保持在一个方向送风。摆头开关比较简单，它相当于一个简单的按钮开关，拉动控制线可以实现开关的通断。使用万用表检测其通断状态下的阻值，即可判断其好坏。

1）将万用表调至“×1”欧姆挡，将红黑表笔搭在摆头开关的两个接线端。在闭合状态下，检测到的阻值为 0Ω，如图 8-30 所示。

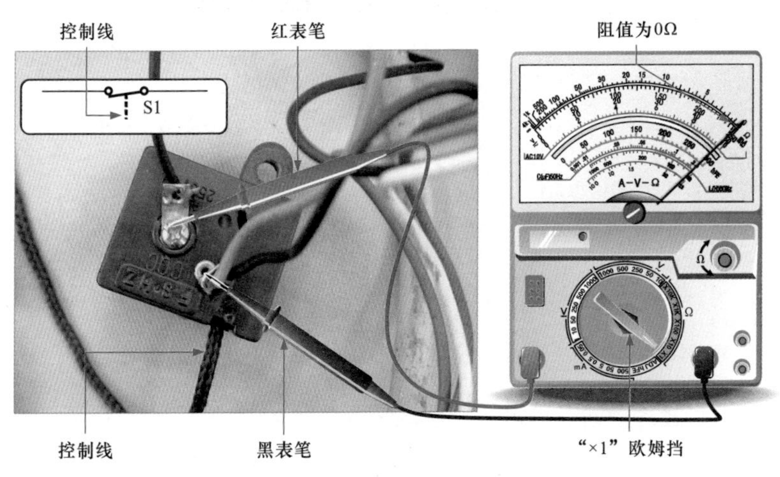

图 8-30 检测摆头开关闭合状态下的阻值

2）将红黑表笔依然搭在摆头开关的两个接线端，在断开状态下，检测到的阻值应为无穷大，如图 8-31 所示。

若实际检测结果与上述结果偏差很大，则摆头开关内部可能存在故障，维修时可通过对其拆解检查机械部分或整体更换来排除故障。

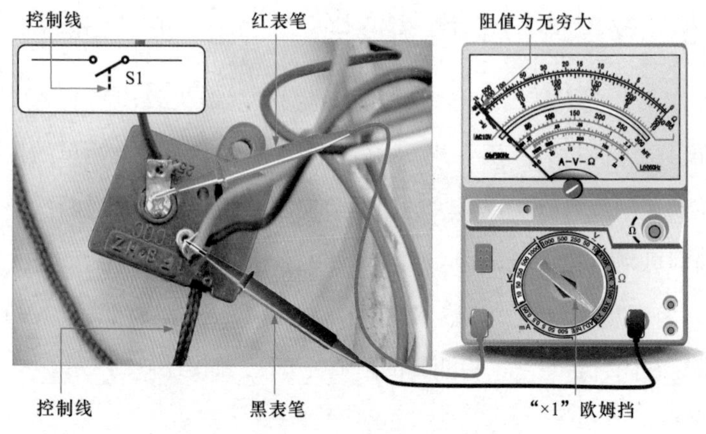

图 8-31　检测摆头开关断开状态下的阻值

第 9 章

万用表检修电饭煲的训练

9.1 万用表在电饭煲检修中的应用

9.1.1 电饭煲的结构原理

1 电饭煲的结构

电饭煲俗称电饭锅，是家庭中常用的电炊具之一，是根据人工操作控制完成烧饭、加热功能的家用电器产品。在使用万用表对其进行检测训练前，应首先了解它的结构。图 9-1 所示为典型微电脑式电饭煲的结构。

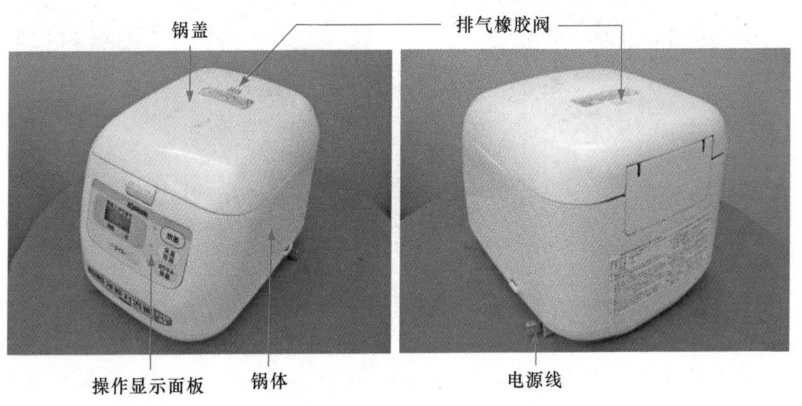

图 9-1 典型微电脑式电饭煲的结构

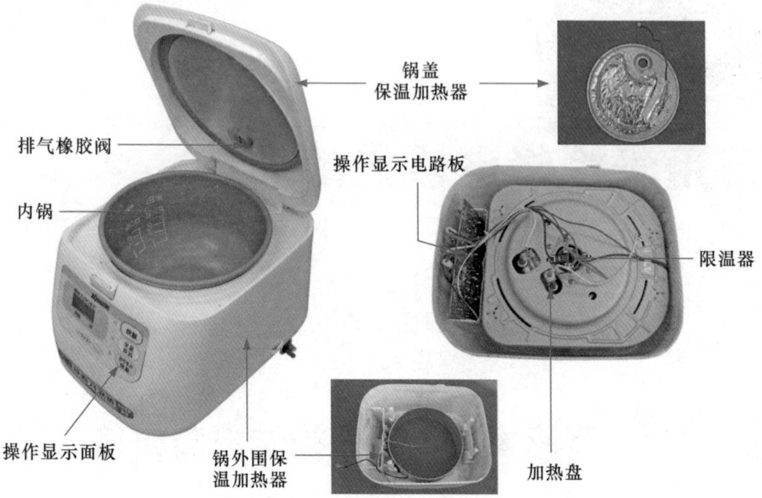

图 9-1　典型微电脑式电饭煲的结构（续）

（1）内锅　内锅（也称内胆）是电饭煲中用来煮饭的容器，在其内壁上标有刻度，用来指示放米量和放水量。图 9-2 所示为典型电饭煲的内锅。

图 9-2　典型电饭煲的内锅

（2）加热盘　加热盘是电饭煲的主要部件之一，是用来为电饭煲提供热源的部件。其供电端位于加热盘的底部，通过连接片与供电导线相连。图 9-3 所示为典型电饭煲的加热盘。

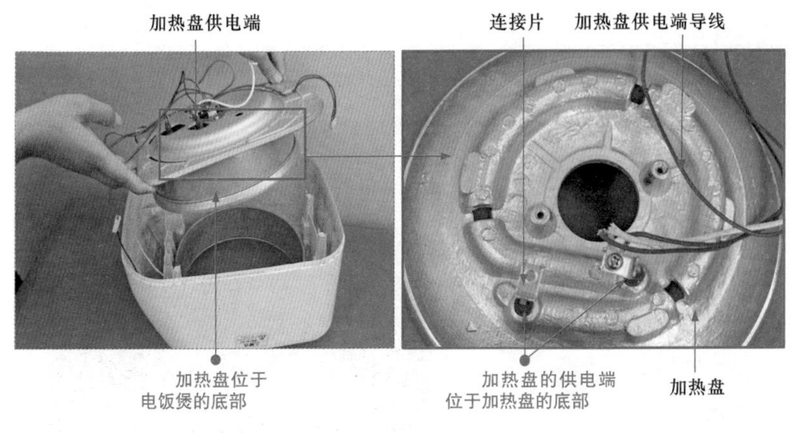

图 9-3　典型电饭煲的加热盘

（3）限温器　限温器是电饭煲煮饭自动断电装置，用来感应内锅的热量，从而判断锅内食物是否已加热成熟。限温器安装在电饭煲底部的加热盘中心位置，与内锅直接接触。图 9-4 所示为典型电饭煲的限温器。

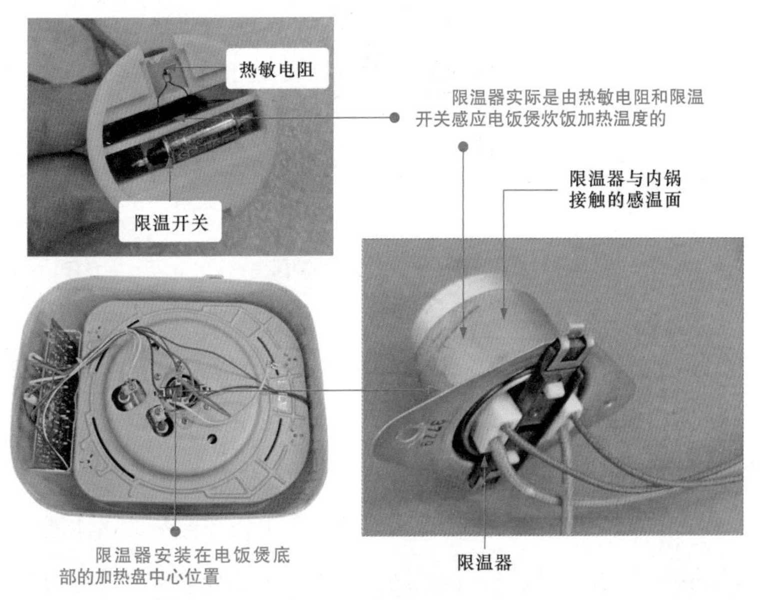

图 9-4　典型电饭煲的限温器

扩展

有些电饭煲中限温器是通过面板的杠杆开关进行控制的，该类限温器通常采用磁钢限温器，它通过炊饭开关的上下运动对其进行控制，如图 9-5 所示。机械式电饭煲与微电脑式电饭煲的主要区别就是控制方式的不同。

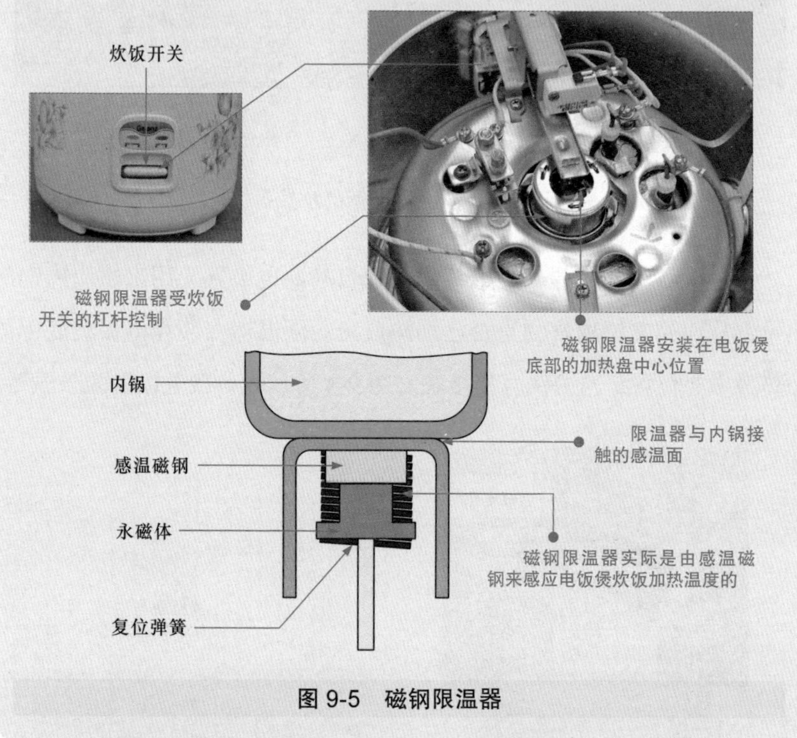

图 9-5　磁钢限温器

（4）保温加热器　保温加热器分别设置在内锅的周围和锅盖的内侧，对锅内的食物起到保温的作用。图 9-6 所示为典型电饭煲的保温加热器。

（5）操作显示电路　操作显示电路位于电饭煲前端的锅体壳内，用户可以根据需要对电饭煲进行控制，并由指示部分显示电饭煲的当前工作状态。图 9-7 所示为典型电饭煲的操作显示电路。

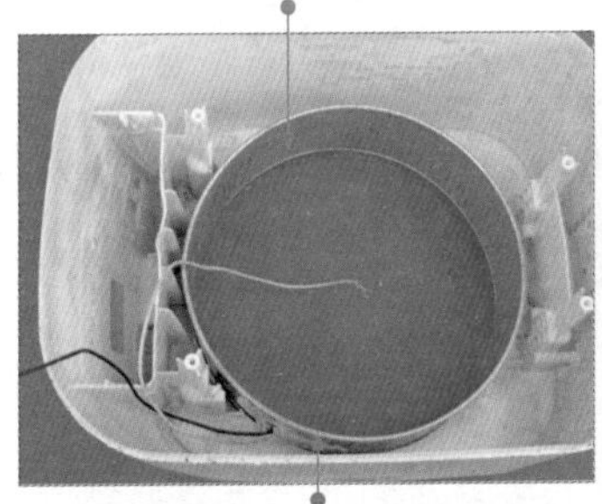

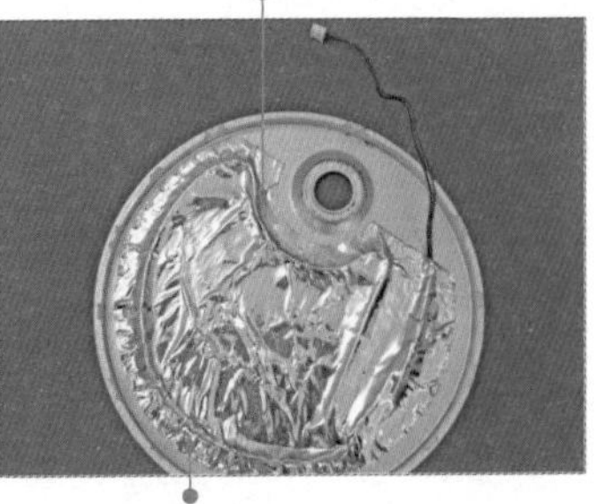

图 9-6　典型电饭煲的保温加热器

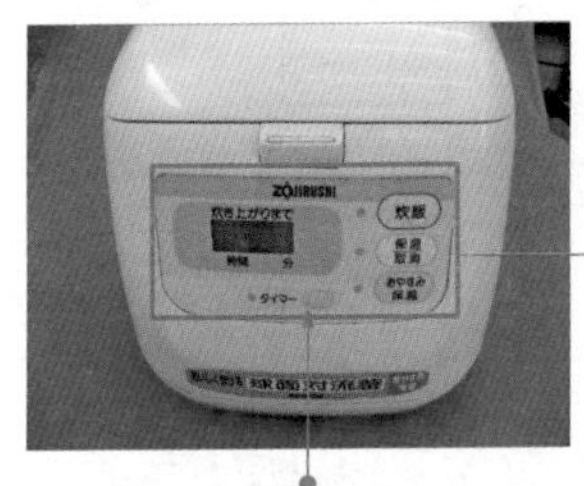

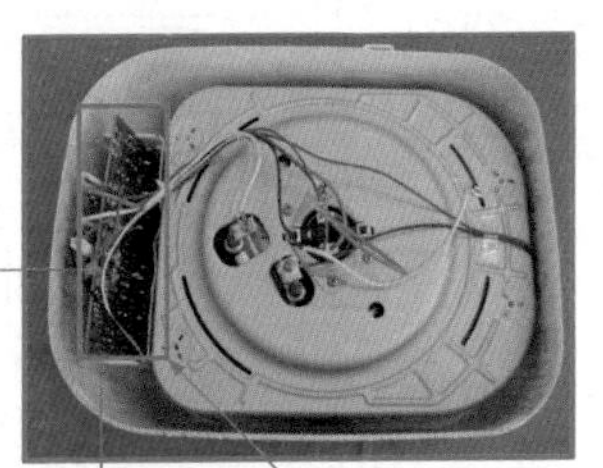

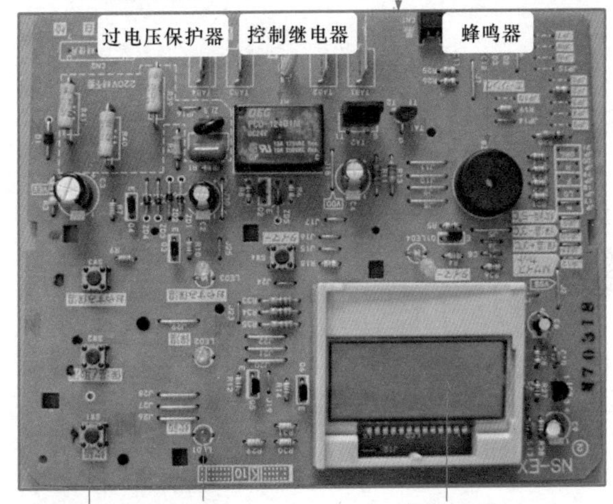

图 9-7　典型电饭煲的操作显示电路

2 电饭煲的工作过程

不同电饭煲的电路虽结构各异，但其基本工作过程大致相同。为了更加深入地了解电饭煲的工作过程，下面以两种不同控制方式的电饭煲为例对其工作过程进行介绍。图 9-8 所示为典型微电脑式电饭煲的工作过程。

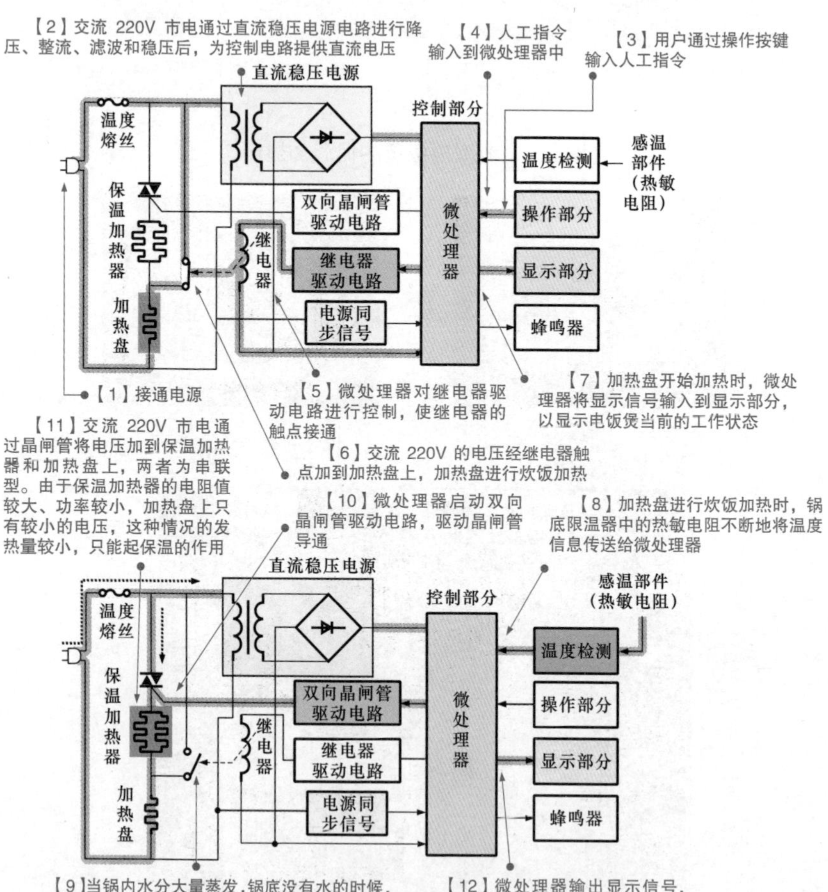

图 9-8 典型微电脑式电饭煲的工作过程

图 9-9 所示为典型机械式电饭煲的工作过程。

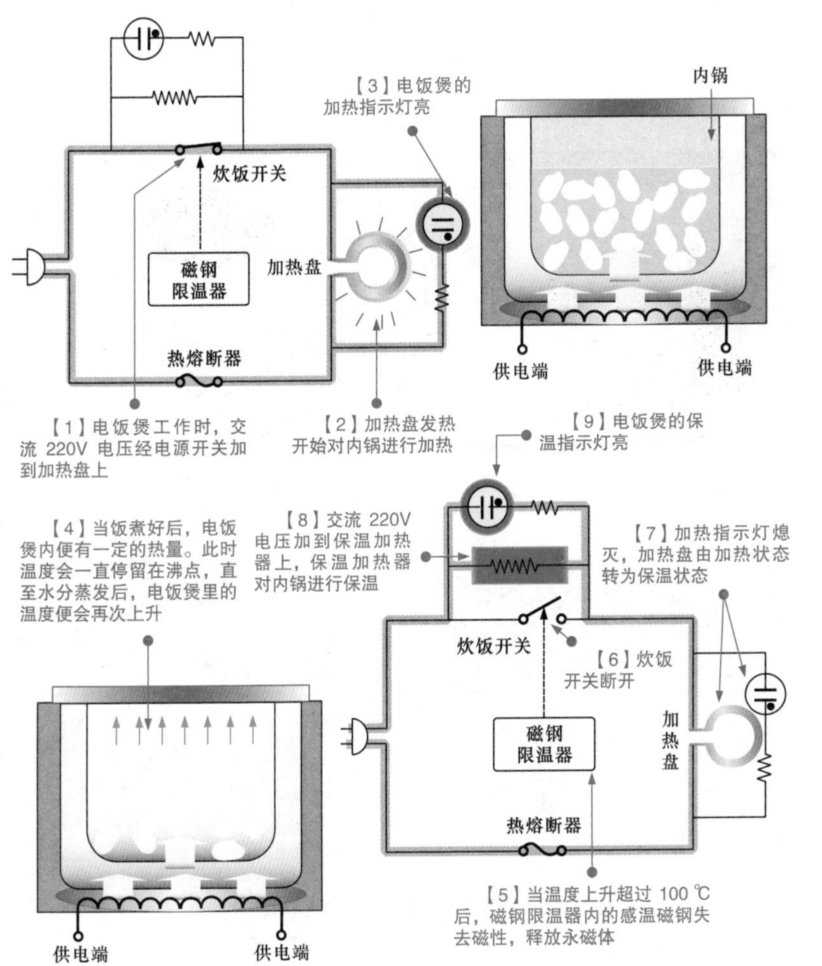

图 9-9　典型机械式电饭煲的工作过程

9.1.2　万用表对电饭煲的检修应用

使用万用表对电饭煲进行检测时，要根据电饭煲的整机结构和工作过程，确定主要检测部位。这些检测部位是电饭煲检测时的关键点，通过使用万用表对这些主要检测部位进行测量，即可查找到故障线索。

图 9-10 所示为电饭煲中可用万用表检测的部位。

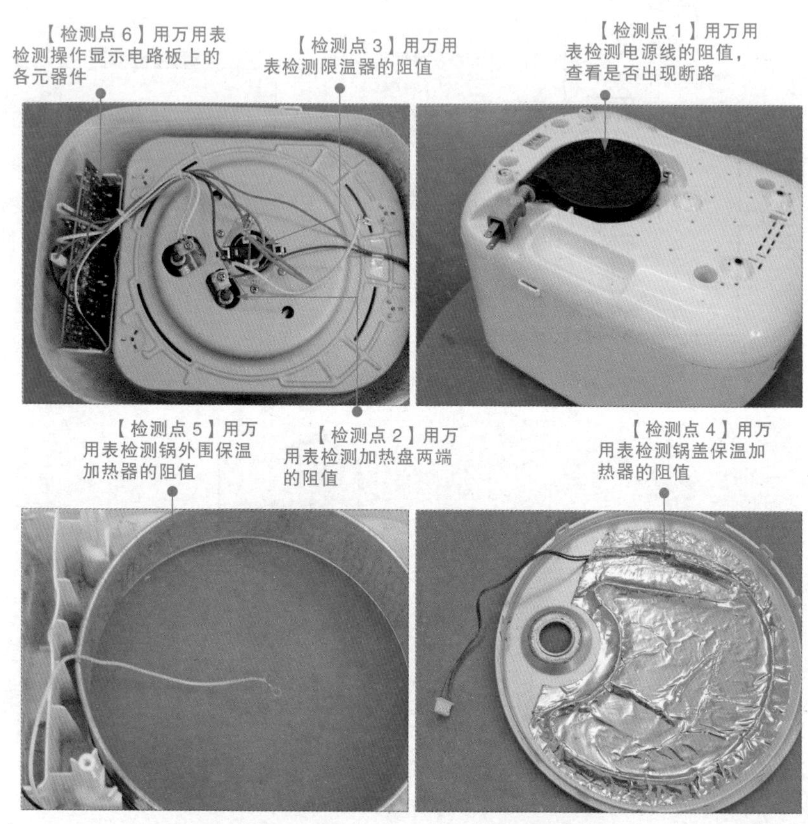

图 9-10　电饭煲中可用万用表检测的部位

9.2 万用表检测电饭煲的训练

9.2.1　万用表检测电源线

电源线用于为电饭煲工作提供供电电压，是电饭煲的重要部件。当电源线损坏时，会引起电饭煲不能通电工作的故障。

使用万用表检测时，可通过检测电源线两端的阻值来判断电源线是否损坏。万用表检测电源线的方法，如图 9-11 所示。

【1】卸下电源线的盘盖

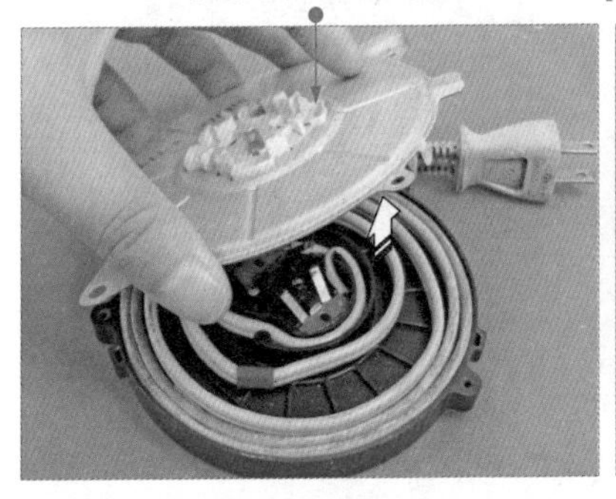

【2】将万用表的功能旋钮调整至电阻挡

【3】将万用表的两表笔分别搭在任一根电源线的两端

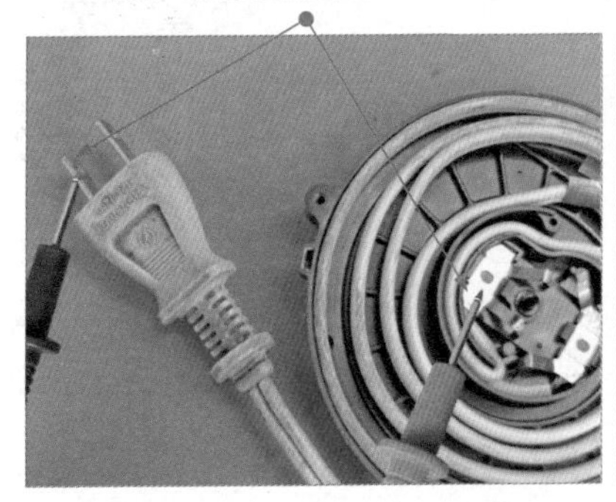

【4】观察万用表液晶显示屏，读出实测数值为零

若检测电源线两端阻值为无穷大，则说明电源线断路损坏

图 9-11　万用表检测电源线的方法

9.2.2　万用表检测加热盘

加热盘是用来为电饭煲提供热源的部件。当加热盘损坏时，多会引起电饭煲不炊饭、炊饭不良等故障。

使用万用表检测时，可通过检测加热盘两端的阻值，来判断加热盘是否已损坏。万用表检测加热盘的方法，如图 9-12 所示。

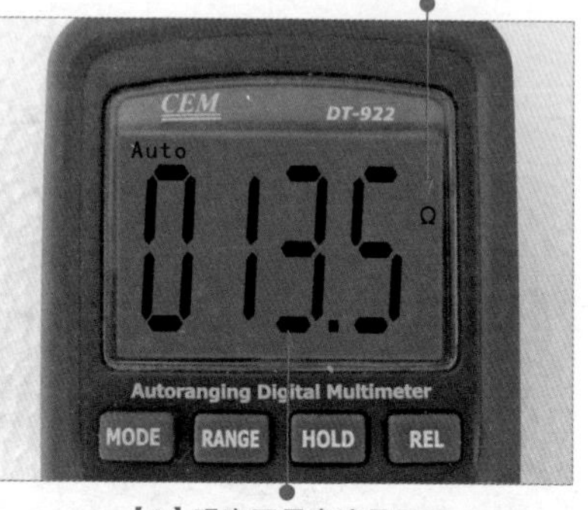

图 9-12　万用表检测加热盘的方法

9.2.3　万用表检测限温器

限温器用于检测电饭煲的锅底温度，并将温度信号送入微处理器中，由微处理器根据接收到的温度信号发出停止炊饭的指令，控制电饭煲的工作状态。若限温器损坏，多会引起电饭煲不炊饭、煮不熟饭、一直炊饭等故障。

使用万用表检测时，可通过检测限温器供电引线间和控制引线间的阻值，来判断限温器是否损坏。万用表检测限温器的方法，如图 9-13 所示。

9.2.4　万用表检测锅盖保温加热器

锅盖保温加热器是电饭煲饭熟后的自动保温装置。若锅盖保温加热器不正常，则电饭煲会出现保温效果差、不保温的故障。

使用万用表检测时，可通过检测锅盖保温加热器的阻值，来判断电饭煲的锅盖保温加热器是否损坏。万用表检测锅盖保温加热器的方法，如图 9-14 所示。

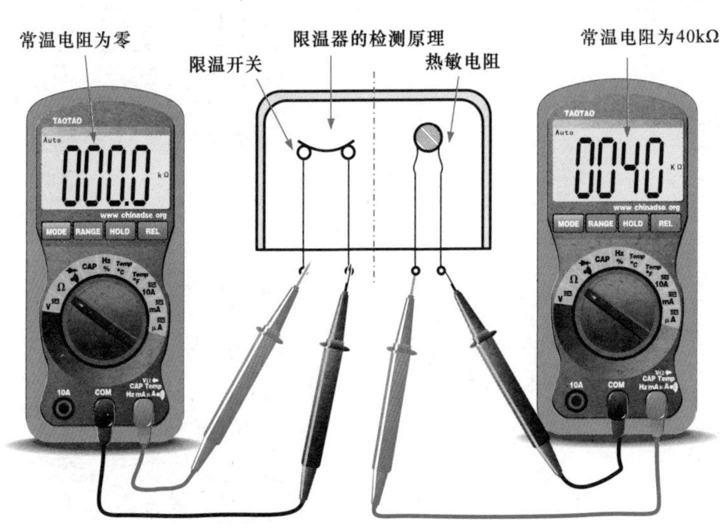

【2】将万用表的两表笔分别搭在限温器的两引线端，对内部限温开关进行检测

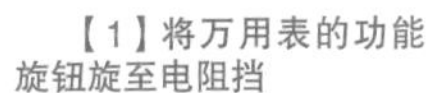

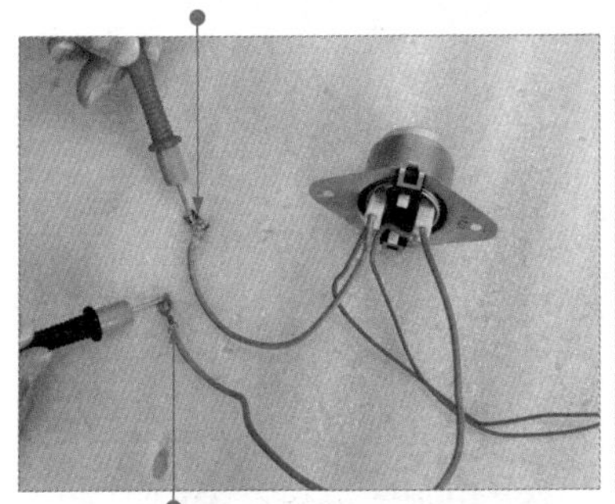

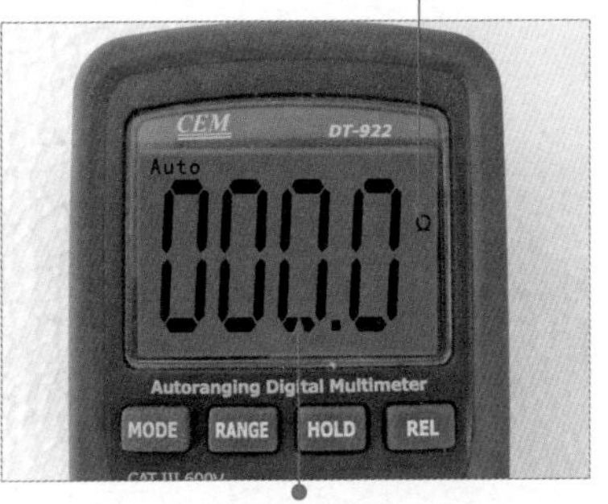

若检测限温器内部限温开关的阻值为无穷大，则说明限温器已损坏

【3】观察万用表液晶显示屏，读出实测数值为零

图 9-13　万用表检测限温器的方法

【4】将万用表两表笔分别搭在热敏电阻的两个引线端

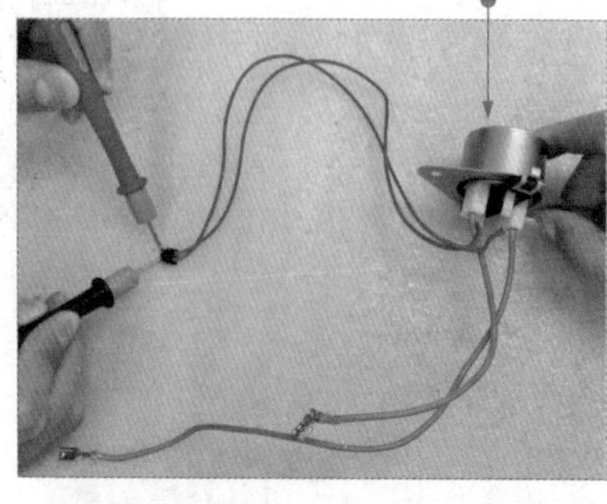

【5】观察万用表液晶显示屏，读出实测数值为 41.2kΩ

【6】万用表表笔保持不动，按动限温器，人为模拟放锅状态，将限温器的感温面接触盛有热水的杯子

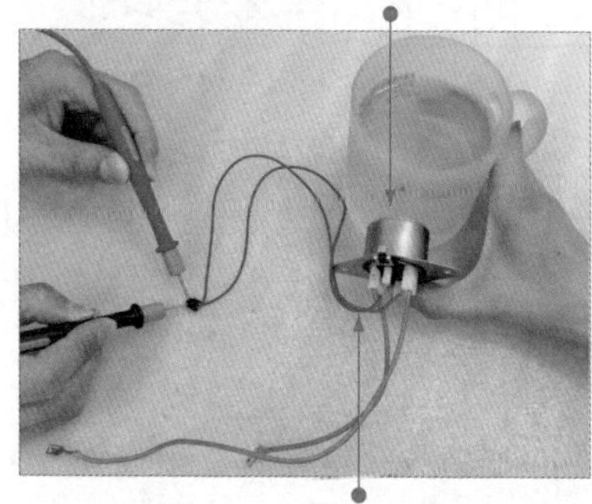

【7】观察万用表液晶显示屏，读出实测数值逐渐减小

常温情况下，限温器内热敏电阻的阻值为 40Ω左右，放锅时感温面接触热源时其阻值会相应减小。若不符合该规律，则说明限温器已损坏

图 9-13　万用表检测限温器的方法（续）

若测得锅盖保温加热器的阻值过大或过小，都表示锅盖保温加热器已损坏

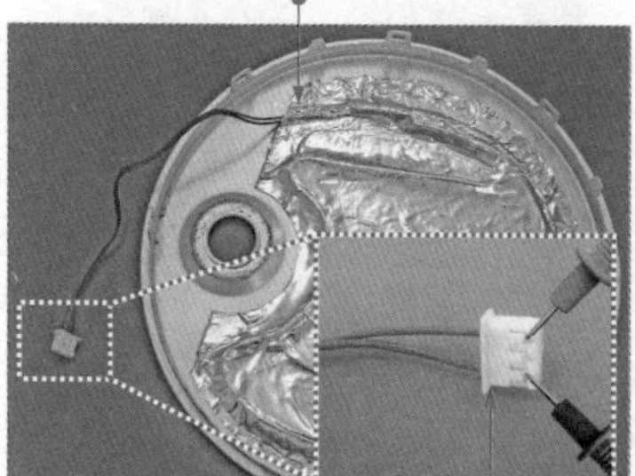

【2】将万用表的两表笔分别搭在锅盖保温加热器的两引线端

【1】将万用表的功能旋钮旋至电阻挡

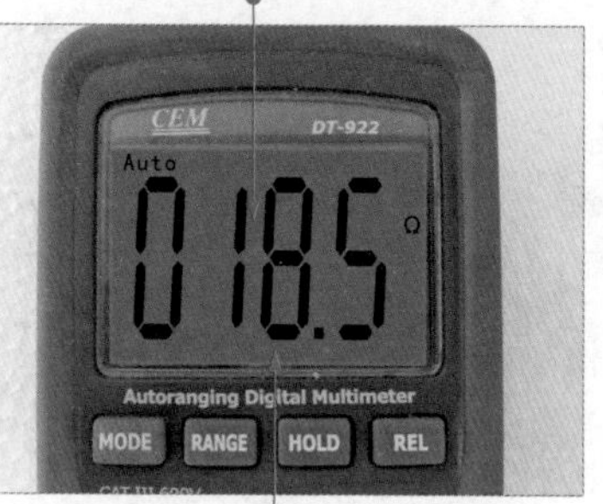

【3】观察万用表液晶显示屏，读出实测数值为 18.5Ω

图 9-14　万用表检测锅盖保温加热器的方法

9.2.5 万用表检测锅外围保温加热器

锅外围保温加热器用于对锅内的食物进行保温。若锅外围保温加热器不正常，则电饭煲将出现保温效果差、不保温的故障。

使用万用表检测时，可通过检测锅外围保温加热器的阻值，来判断锅外围保温加热器是否已损坏。万用表检测锅外围保温加热器的方法，如图 9-15 所示。

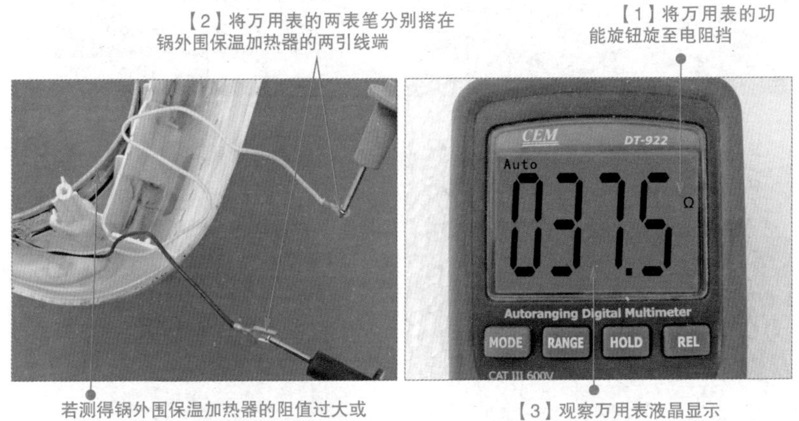

图 9-15 万用表检测锅外围保温加热器的方法

9.2.6 万用表检测操作显示电路板

操作显示电路板用于对电饭煲的炊饭、保温工作进行控制及显示。若操作显示电路板上有元器件损坏，常会引起电饭煲出现工作失常、操作按键不起作用、炊饭不熟或夹生、中途停机等故障。

使用万用表检测时，主要是通过检测操作显示电路板上的各元器件，来判断操作显示电路板是否已损坏，如使用万用表检测操作按键的通断、检测指示灯是否发光等。万用表检测操作显示电路板上操作按键的方法，如图 9-16 所示。

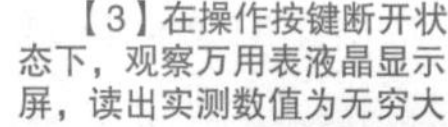

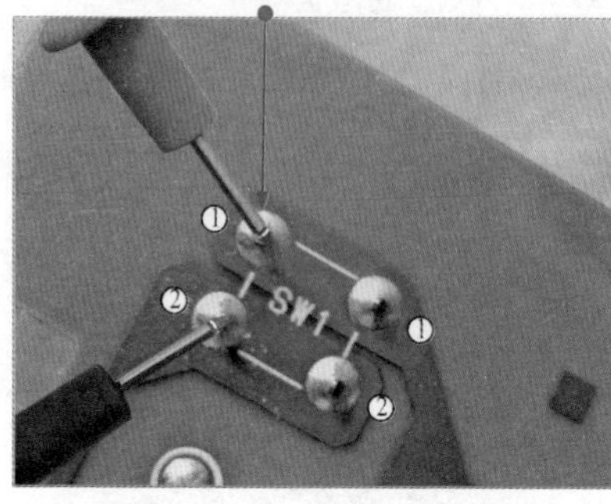

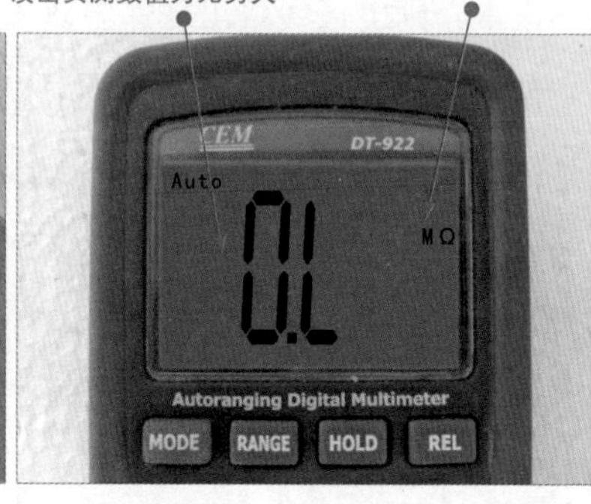

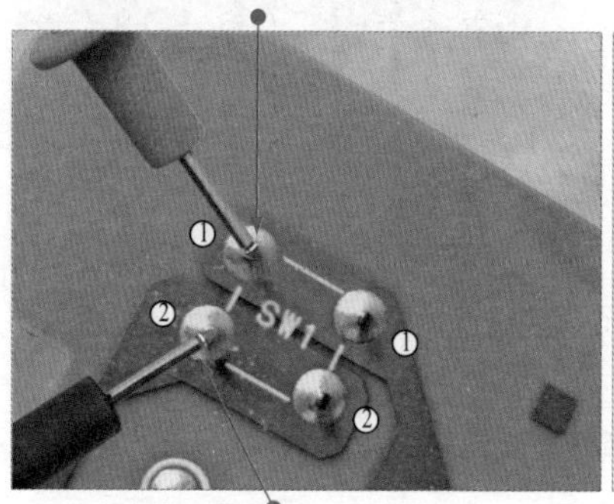

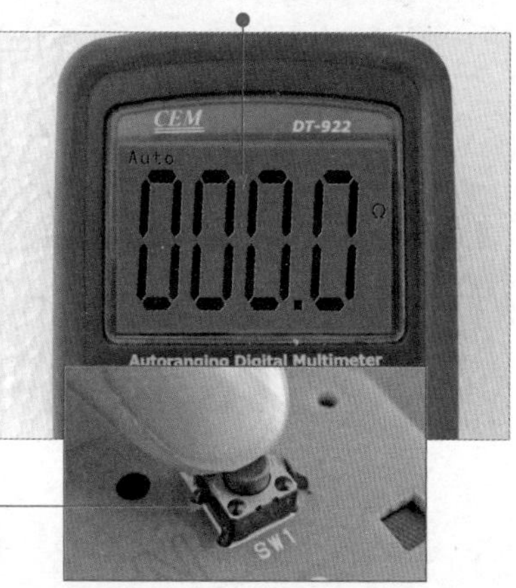

图 9-16 万用表检测操作显示电路板上操作按键的方法

第 10 章

万用表检修微波炉的应用

10.1 万用表在微波炉检修中的应用

10.1.1 微波炉的结构原理

1 微波炉的结构

微波炉是使用微波（电磁波）加热食物的现代化厨房电器，其微波的频率一般为 2.4GHz。此微波频率很高，可以被金属反射，并且可以穿透玻璃、陶瓷、塑料等绝缘材料；另外其工作效率较高，损耗能量较小。图 10-1 所示为典型微波炉的外部结构。

图 10-1 典型微波炉的外部结构

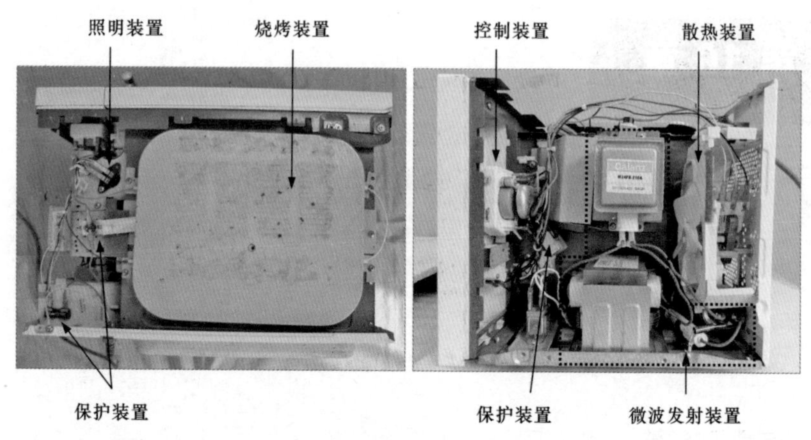

图 10-1　典型微波炉的外部结构（续）

（1）转盘装置　微波炉的转盘装置主要由转盘电动机、三角驱动轴、滚圈和托盘构成。该装置在转盘电动机的驱动下带动食物托盘转动，确保微波加热过程中，食物托盘上的食材能够得到均匀加热。图 10-2 所示为典型微波炉的转盘装置。

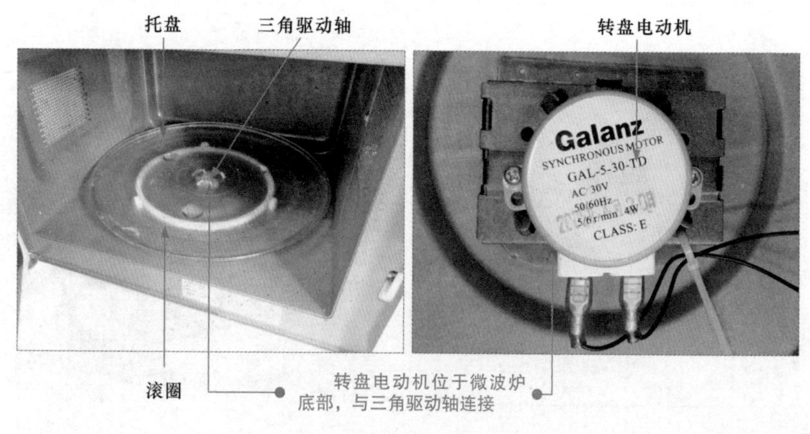

图 10-2　典型微波炉的转盘装置

（2）保护装置　微波炉中有多个保护装置，包括对电路进行保护的熔断器、进行过热保护的过热保护开关以及防止微波伤人的门控安全开关组件。图 10-3 所示为典型微波炉的保护装置。

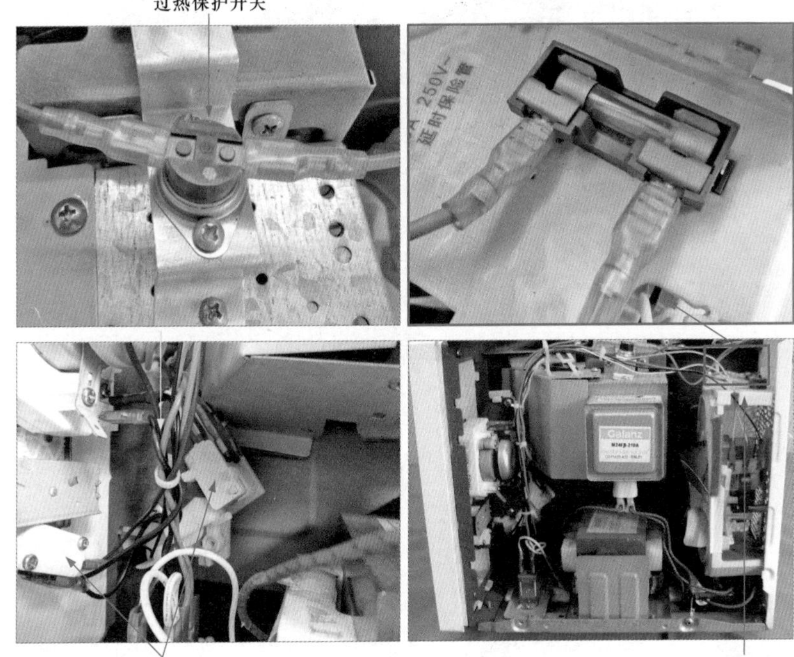

图 10-3　典型微波炉的保护装置

（3）照明和散热装置　照明装置主要由照明灯构成，用于对炉腔内进行照射，方便拿取和观察食物。散热装置主要由散热风扇和风扇电动机构成，主要用于加速微波炉内部与外部的空气流通，确保微波炉的散热良好。典型微波炉的照明和散热装置如图 10-4 所示。

（4）微波发射装置　微波发射装置主要由磁控管、高压变压器、高压电容器和高压二极管组成。该装置主要用来向微波炉内发射微波，对食物进行加热。图 10-5 所示为典型微波炉的微波发射装置。

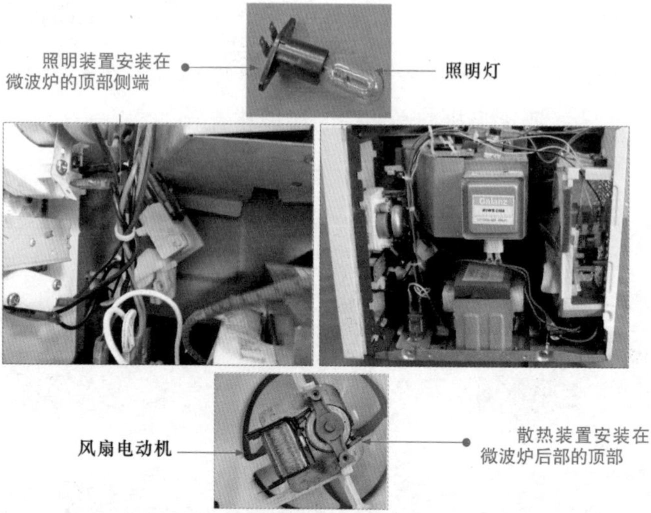

照明装置安装在微波炉的顶部侧端

照明灯

风扇电动机

散热装置安装在微波炉后部的顶部

图 10-4　典型微波炉的照明和散热装置

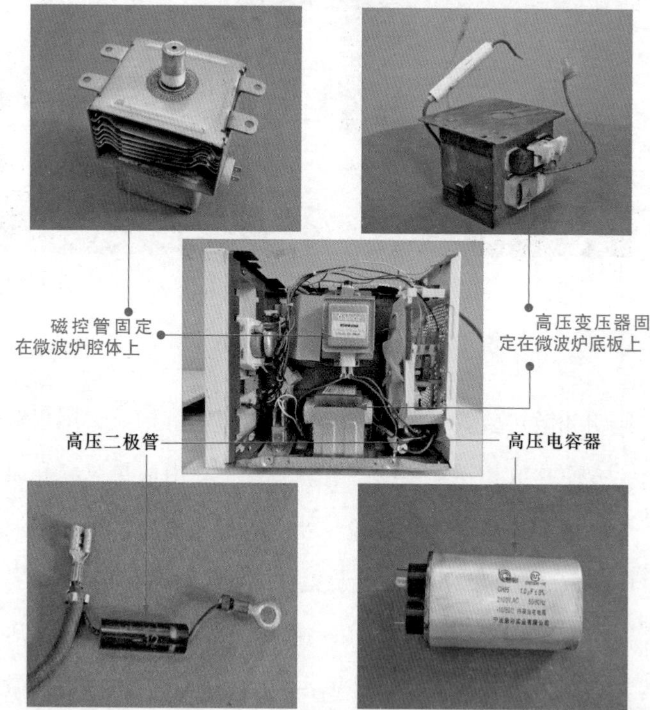

图 10-5　典型微波炉的微波发射装置

（5）烧烤装置　烧烤装置主要是由石英管、石英管支架以及石英管保护盖等部分构成的，它主要利用石英管通电后会辐射出大量的热量，来对微波炉中的食物进行烧烤。典型微波炉的烧烤装置如图 10-6 所示。

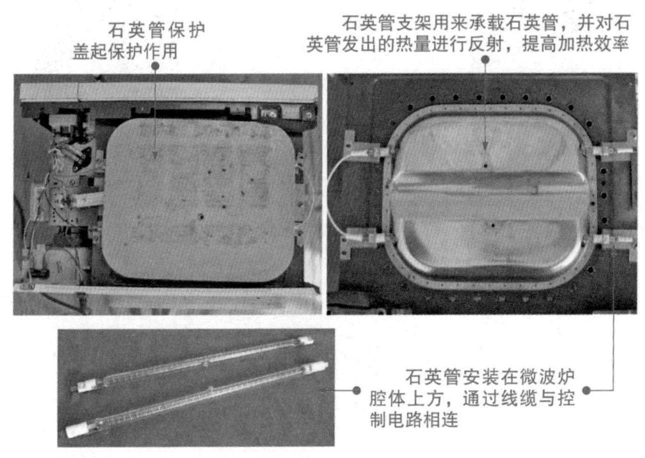

图 10-6　典型微波炉的烧烤装置

（6）控制装置　控制装置是微波炉整机工作的控制核心。控制装置根据设定好的程序，对微波炉内各零部件进行控制，协调各部分的工作。根据控制原理不同，控制装置可分为机械控制装置和电脑控制装置两种，如图 10-7 所示。

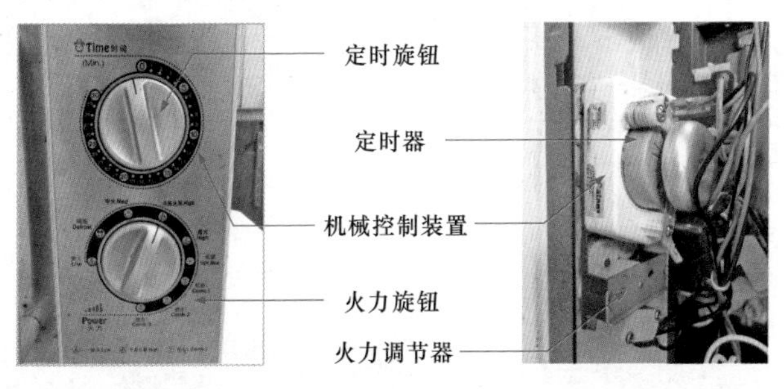

图 10-7　典型微波炉的控制装置

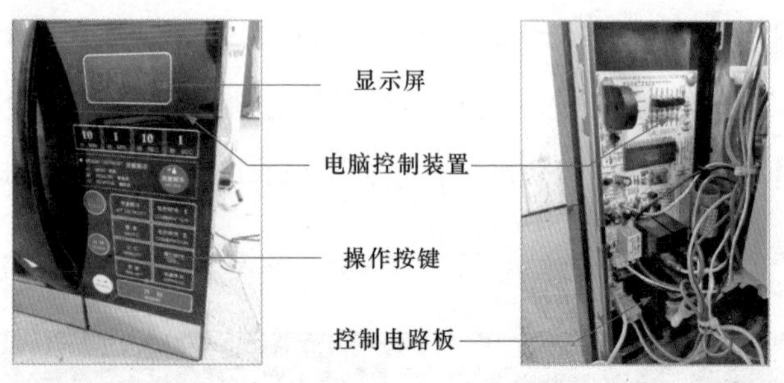

图 10-7　典型微波炉的控制装置（续）

2　微波炉的工作过程

不同微波炉的电路虽结构各异，但其基本工作过程大致相同。为了更加深入地了解微波炉工作过程，下面以典型微波炉为例对其工作过程进行介绍。典型微波炉的工作过程如图 10-8 所示。

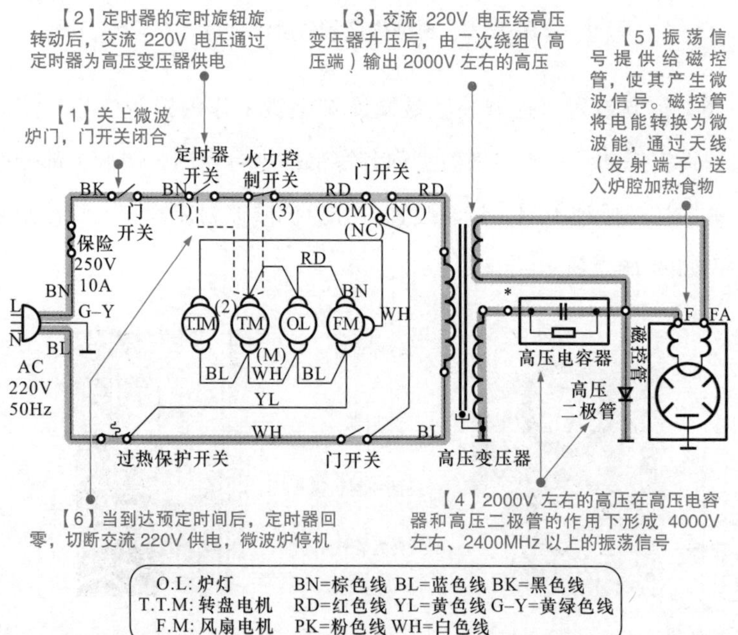

图 10-8　典型微波炉的工作过程

10.1.2 万用表对微波炉的检修应用

使用万用表对微波炉进行检测时，要根据微波炉的整机结构和工作过程，确定主要检测部位。这些检测部位是微波炉检测时的关键点，通过使用万用表对这些主要检测部位进行测量，即可查找到故障线索。

图 10-9 所示为微波炉中可用万用表检测的部位。

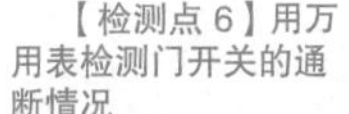

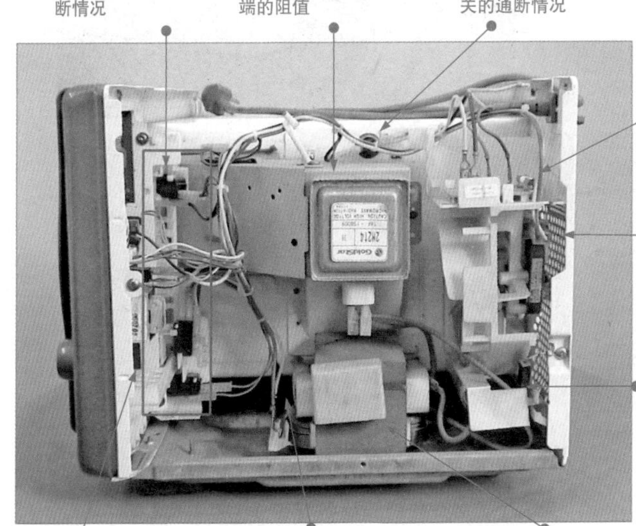

图 10-9 微波炉中可用万用表检测的部位

10.2 万用表检测微波炉的训练

10.2.1 万用表检测磁控管

磁控管是微波发射装置的主要器件，它通过微波天线将电能转换成微波能，辐射到炉腔中对食物进行加热。当磁控管出现故障时，微波炉会出现转盘转动正常，但微波后的食物不热的故障。

使用万用表检测时，可在断电状态下，通过检测磁控管灯丝端的阻值，来判断磁控管是否损坏。图 10-10 所示为万用表检测磁控管的方法。

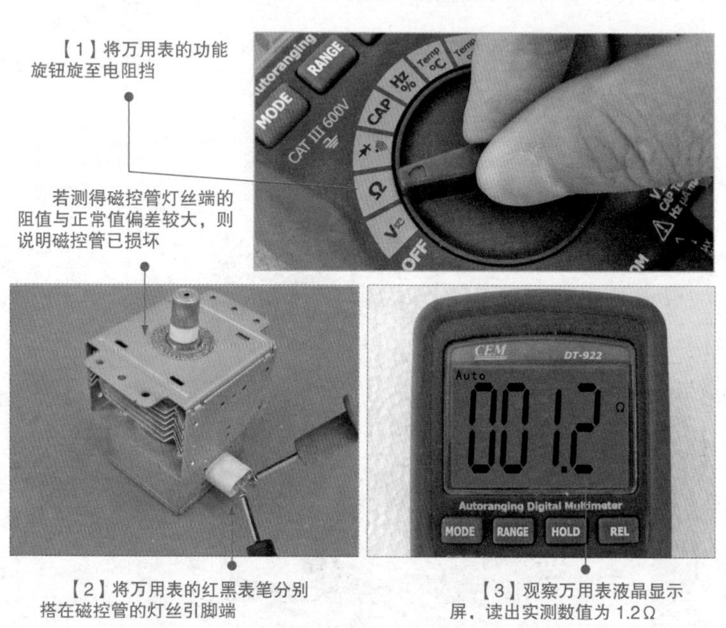

图 10-10　万用表检测磁控管的方法

10.2.2　万用表检测高压变压器

高压变压器是微波发射装置的辅助器件，也称作高压稳定变压器，在微波炉中主要是用来为磁控管提供高压电压和灯丝电压的。当高压变压器损坏时，将引起微波炉不微波的故障。

使用万用表检测时，可在断电状态下，通过检测高压变压器各绕组之间的阻值，来判断高压变压器是否已损坏。万用表检测高压变压器的方法如图 10-11 所示。

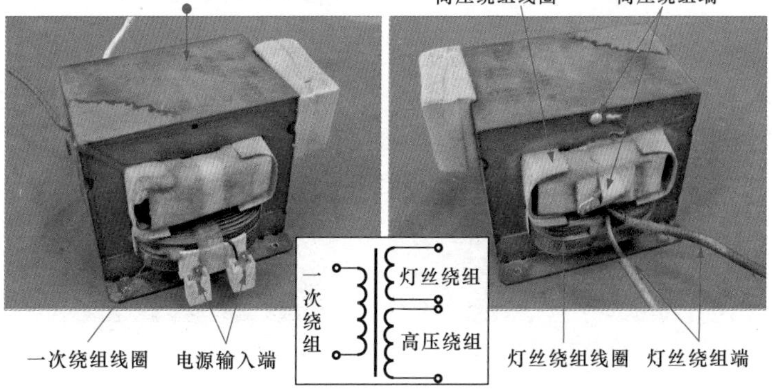

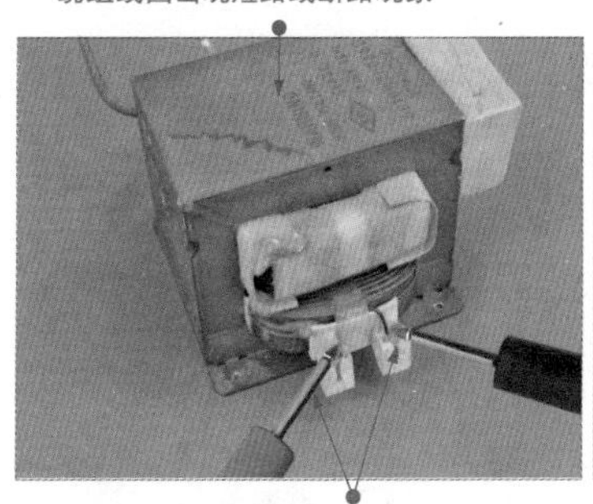

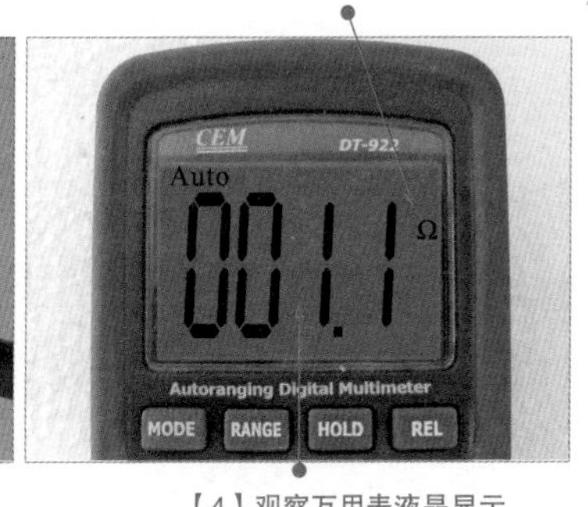

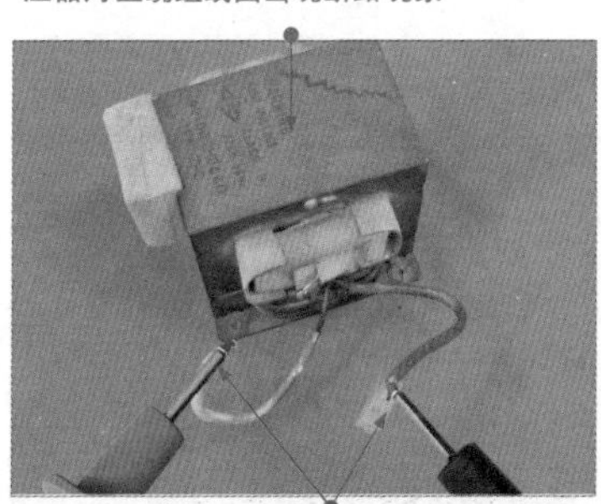

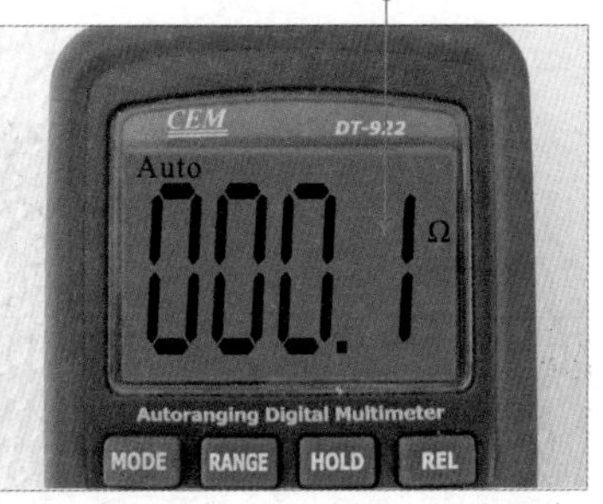

图 10-11　万用表检测高压变压器的方法

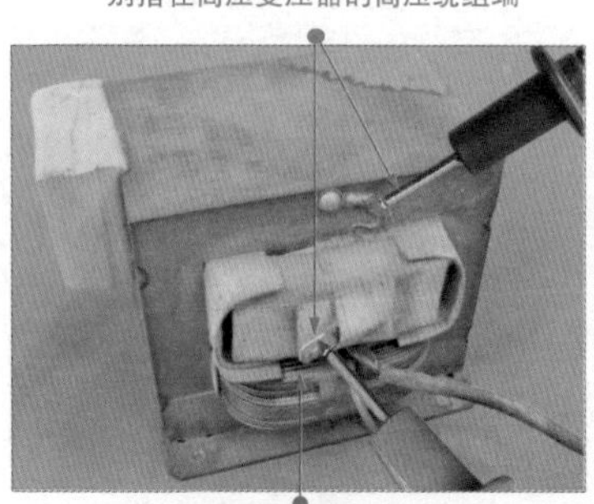

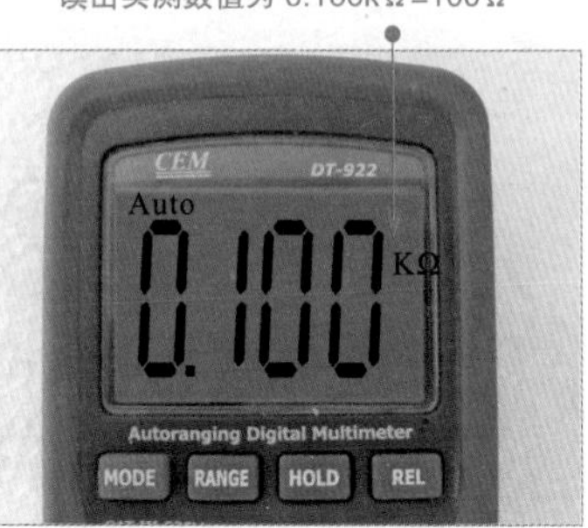

图 10-11 万用表检测高压变压器的方法（续）

10.2.3 万用表检测熔断器

熔断器是用于对微波炉进行过电流、过载保护的重要器件，当微波炉中的电流有过电流、过载的情况时，熔断器会烧断，起到保护电路的作用，从而实现对整个微波炉的保护。当熔断器损坏时，常会引起微波炉不开机的故障。

使用万用表检测时，可在断电状态下，通过检测熔断器的阻值，来判断熔断器是否已损坏。图 10-12 所示为万用表检测熔断器的方法。

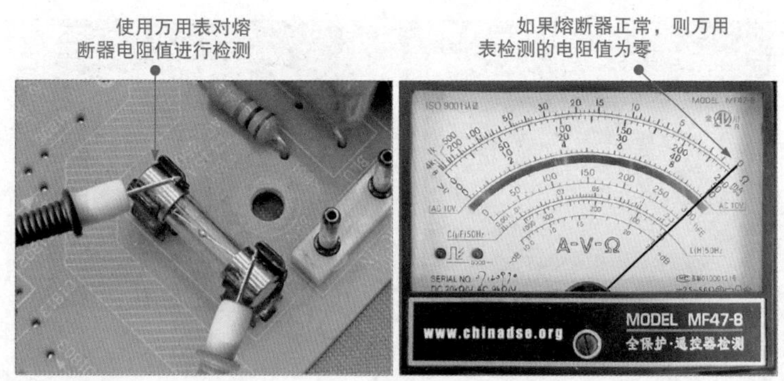

图 10-12 万用表检测熔断器的方法

10.2.4　万用表检测过热保护器开关

过热保护器可对磁控管的温度进行检测，当磁控管的温度过高时，过热保护器便断开电路，使微波炉停机保护。当过热保护开关损坏时，常会引起微波炉不开机的故障。

使用万用表检测时，可在断电状态下，通过检测过热保护开关的阻值，来判断过热保护开关是否已损坏。万用表检测过热保护开关的方法如图 10-13 所示。

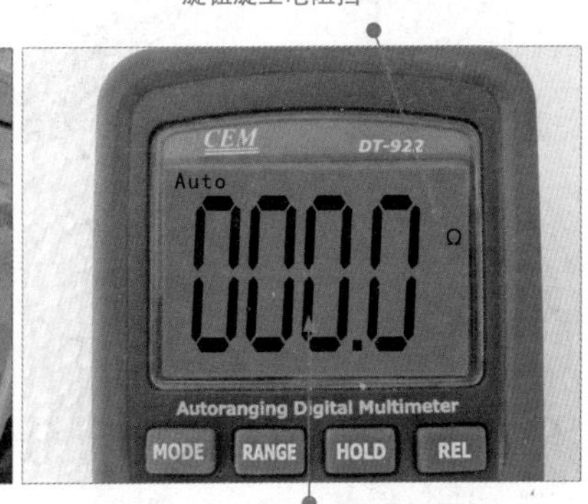

图 10-13　万用表检测过热保护开关的方法

10.2.5　万用表检测门开关

门开关是微波炉保护装置中非常重要的器件之一。当门开关损坏时，常会引起微波炉不微波的故障。

使用万用表检测时，可在关门和开门两种状态下，分别检测门开关的通断状态，来判断门开关是否损坏。图 10-14 所示为万用表检测门开关的方法。

【1】将微波炉的门关闭

【2】将万用表的功能旋钮旋至电阻挡

关门

CEM DT-922 Auto 000.0 Ω Autoranging Digital Multimeter MODE RANGE HOLD REL

【3】将万用表的红黑表笔分别搭在门开关的两条引线上

【4】观察万用表液晶显示屏，读出实测数值为 0Ω

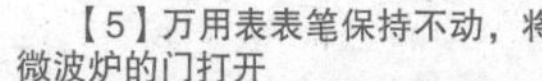

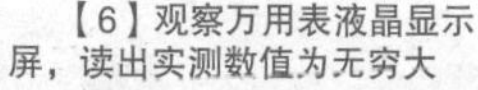

【5】万用表表笔保持不动，将微波炉的门打开

【6】观察万用表液晶显示屏，读出实测数值为无穷大

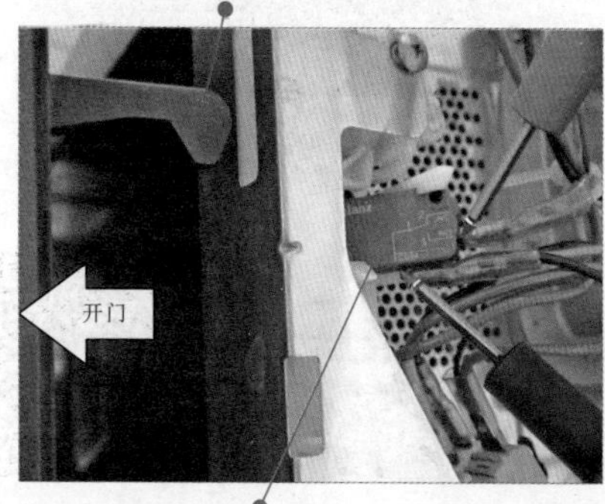

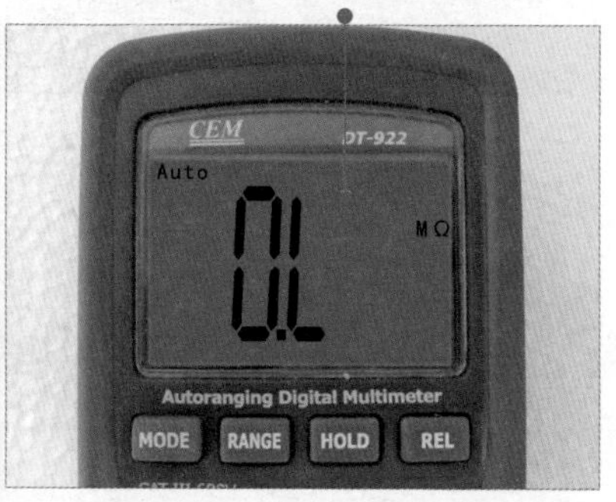

正常情况下，关门时门开关闭合，阻值为 0；开门时门开关断开，阻值为无穷大。若在开门或关门状态下，测量门开关两端的阻值均无从 0 到无穷大的变化，则说明门开关已损坏

图 10-14　万用表检测门开关的方法

10.2.6　万用表检测转盘电动机

转盘电动机是食物托盘运转动力的主要来源。若转盘电动机损坏，

经常会引起微波炉托盘不转及微波炉加热不均匀的故障。

使用万用表检测时，可在断电情况下，通过检测转盘电动机的绕组阻值，来判断转盘电动机是否已损坏。图 10-15 所示为万用表检测转盘电动机的方法。

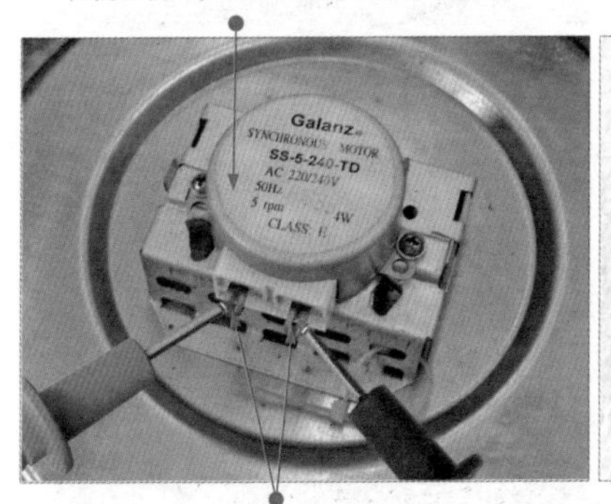

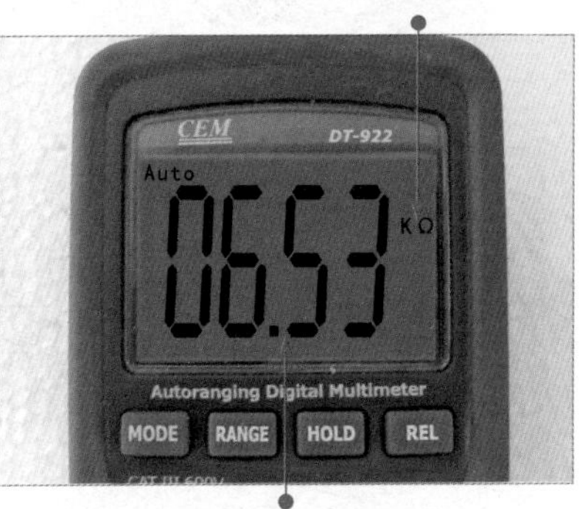

图 10-15　万用表检测转盘电动机的方法

10.2.7　万用表检测控制电路中的编码器

编码器在微波炉控制电路中用于时间调节，也就是微波炉的时间调节旋钮。通过旋转编码器的转柄，将预定时间转换成控制编码信号，送入微处理器中进行记忆和控制。若编码器损坏，微波炉将不能进行时间设定。

使用万用表检测时，可在断电情况下转动编码器转柄，通过检测编码器的阻值变化，来判断编码器是否已损坏。图 10-16 所示为万用表检测编码器的方法。

【1】将万用表的功能旋钮旋至“×1k”欧姆挡

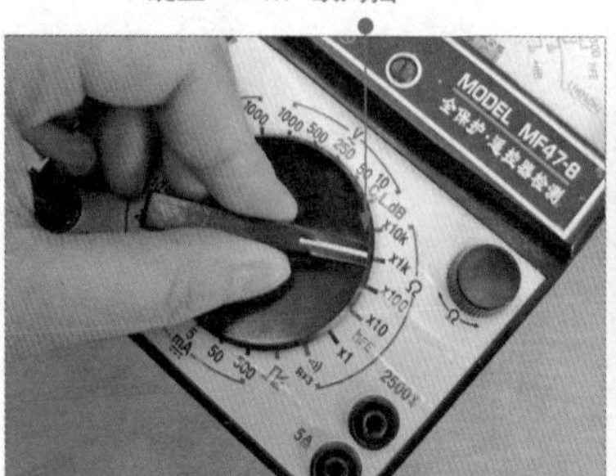

【2】对万用表进行零欧姆校正

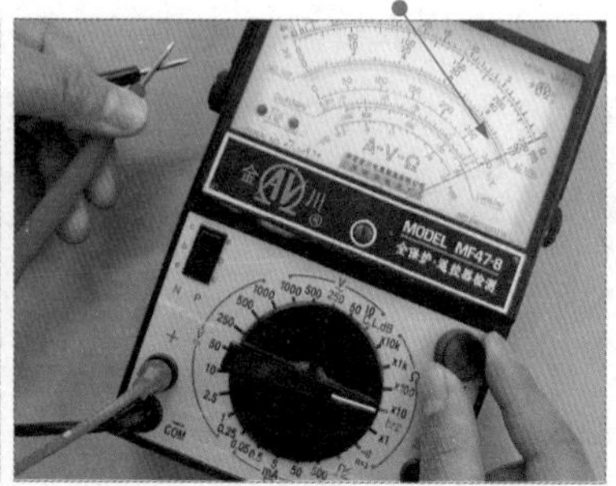

【3】将万用表的红表笔搭在编码器的公共端

【5】旋转编码器转柄

【6】观察万用表表盘,在旋转转柄过程中,可以检测出 0.5kΩ 和 10kΩ 左右的两个阻值

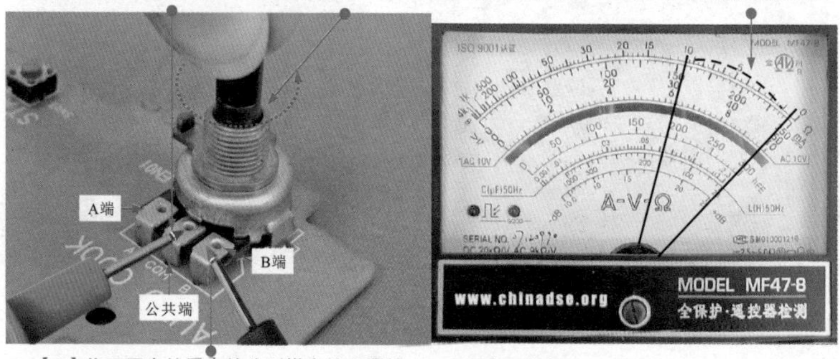

【4】将万用表的黑表笔分别搭在编码器的 A、B 任意一端

【7】将万用表的黑表笔搭在编码器的公共端

【9】旋 转编码器转柄

【10】观察万用表表盘，在旋转转柄过程中，可以检测出 55kΩ、100kΩ 和 0.5kΩ 左右的 3 个阻值

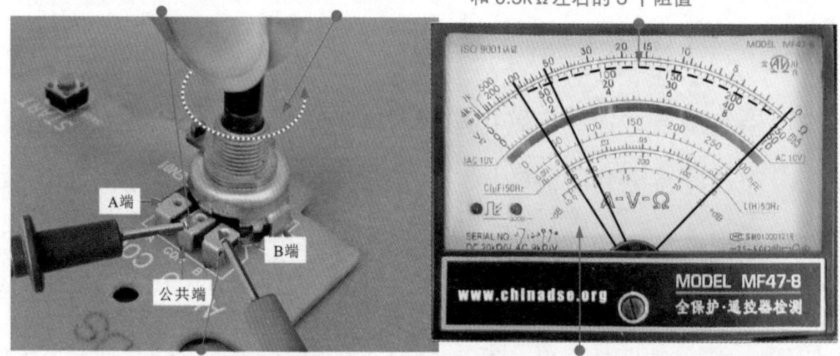

【8】将万用表的红表笔分别搭在编码器的 A、B 任意一端

若检测出编码器的阻值与实际阻值偏差较大，则说明编码器可能已损坏

图 10-16　万用表检测编码器的方法

第 11 章

万用表检修电话机的应用训练

11.1 万用表在电话机检修中的应用

11.1.1 电话机的结构原理

1 电话机的结构

电话机根据外形结构和功能，可分为普通电话机、多功能电话机和无绳子母电话机。这三类电话机的电路结构和工作原理基本相同，只是功能较多的电话机中电路模块较多。电话机主要是由话机部分和主机部分构成。图 11-1 所示为电话机的实物外形。

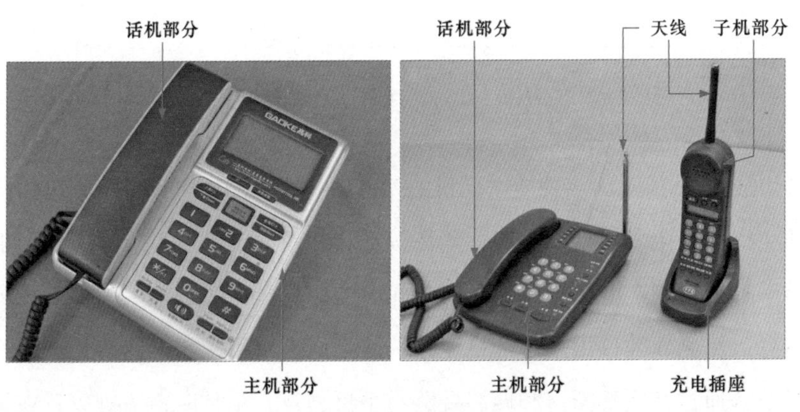

图 11-1 电话机的实物外形

图 11-2 所示为多功能电话机的结构框图。多功能电话机是一种在普通电话机的基础上，增加了显示功能以及一些其他扩展功能的电话机。

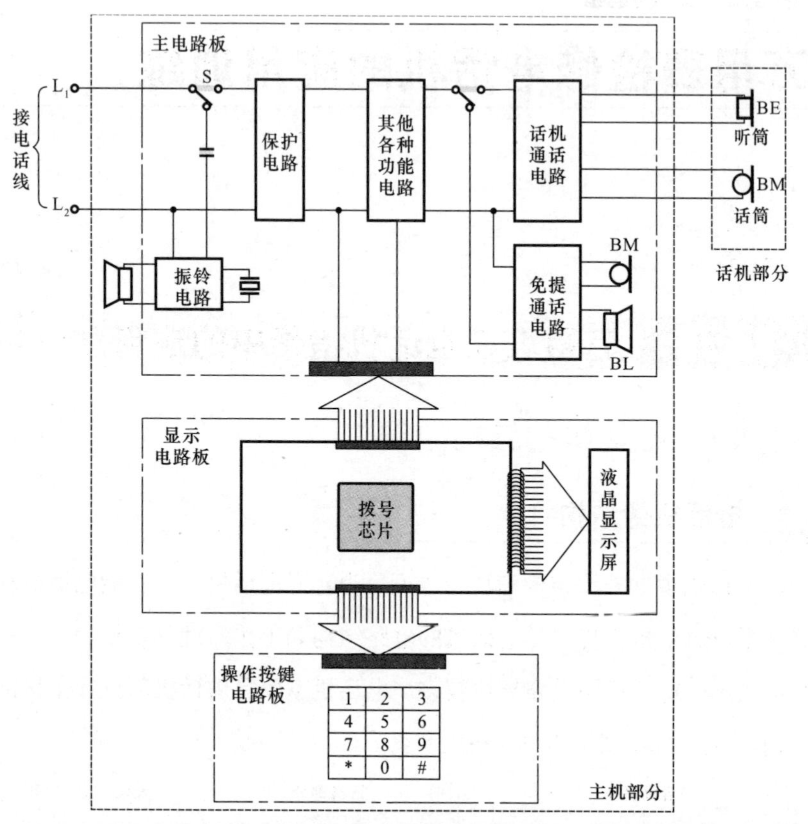

图 11-2　多功能电话机的结构框图

图 11-3 所示为多功能电话机的外部结构。从图中可以看出，电话机的主机部分主要包括显示屏、操作按键、侧面插口等。显示屏主要用来显示日期时间、电话号码、通话时间等信息，操作按键则用来输入指令信息，左侧面插口用来与话机相连，前侧面插口用来与电话线相连。话机部分通过其底部插口和四芯线路与主机相连，正常时，话机放置在叉簧开关（挂机键）上。

图 11-4 所示为多功能电话机的主机部分与话机部分的结构。将主机和话机的外壳拆开后，即可看到其内部的电路部分。主机主要是由显示电路板、操作电路板、主电路板和扬声器等部分构成的，话机主要是由话筒、听筒、四芯线插口等部分构成的。

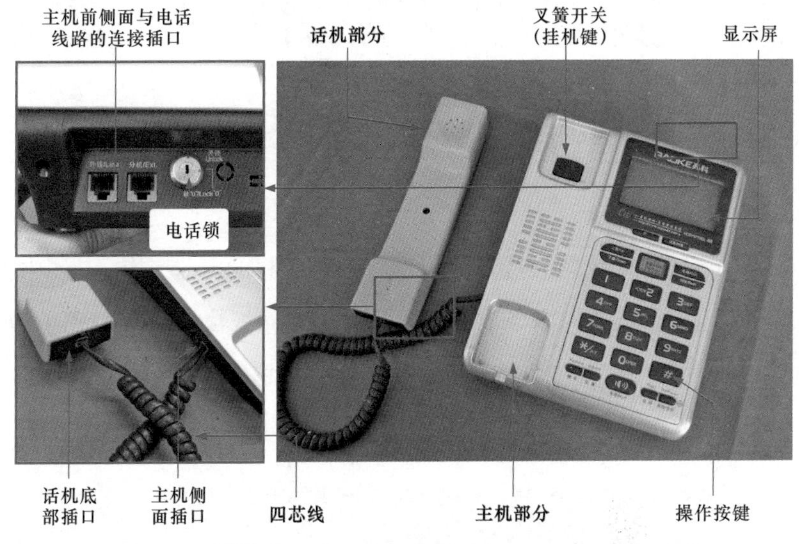

图 11-3　多功能电话机的外部结构

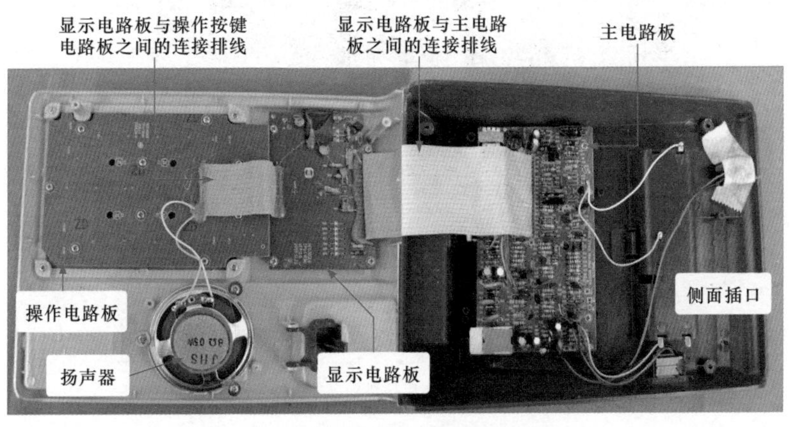

（a）多功能电话机主机部分内部结构

图 11-4　多功能电话机的主机部分与话机部分的结构

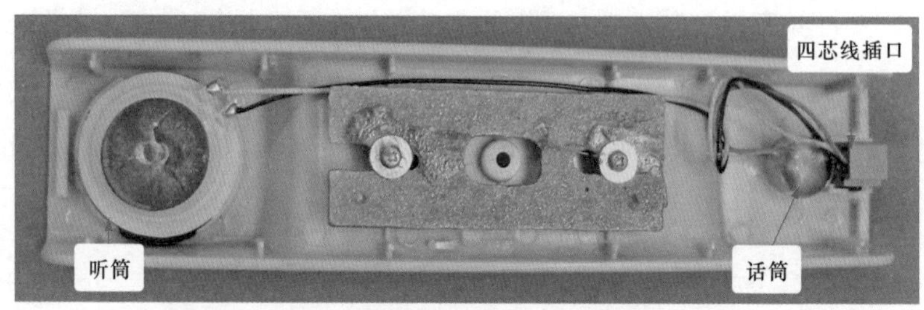

(b) 多功能电话机话机部分内部结构

图 11-4　多功能电话机的主机部分与话机部分的结构（续）

图 11-5 所示为普通电话机和无绳子母电话机的内部结构。从图中可以看出，普通电话机的内部结构较为简单，电路板数量较少；无绳子母电话机内部结构较为复杂，电路板上所用元器件较多。

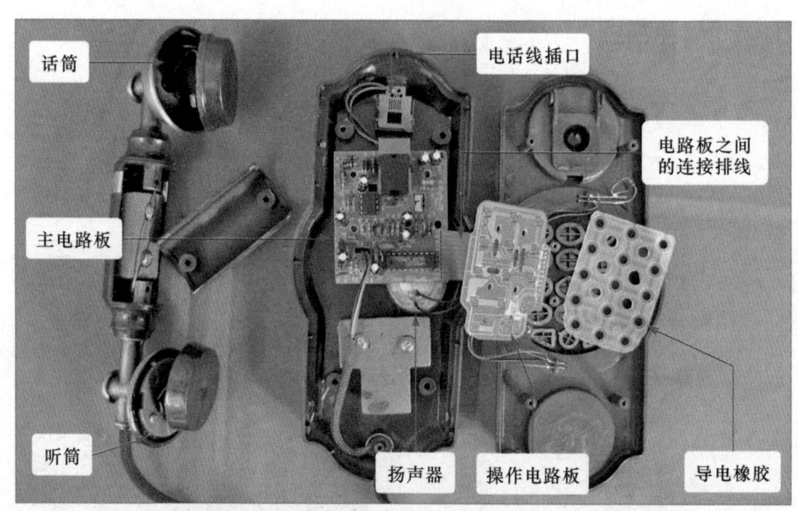

(a) 普通电话机内部结构

图 11-5　普通电话机和无绳子母电话机的内部结构

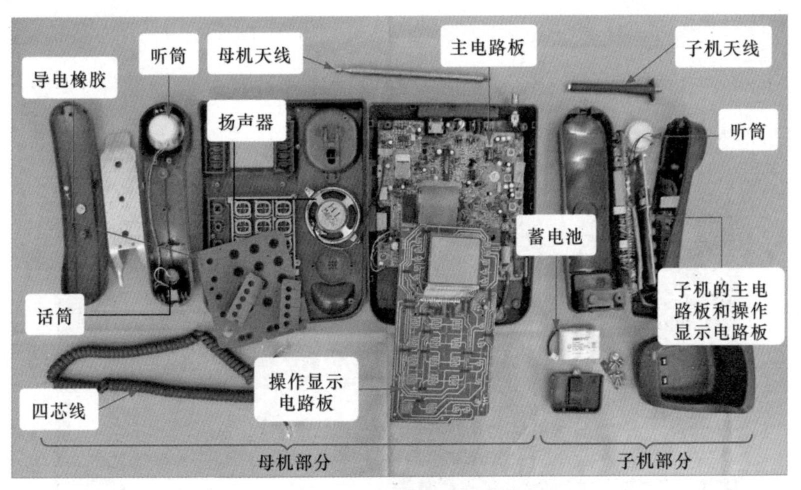

(b) 无绳子母电话机内部结构

图 11-5 普通电话机和无绳子母电话机的内部结构（续）

通常，电话机的电路部分主要是由主电路、显示电路和操作电路等构成的。

（1）主电路　主电路通常安装在电话机后壳上，它是电话机中的核心电路部分。电话机的大部分电路和关键元器件都安装在该电路板上，例如叉簧开关、匹配变压器、极性保护电路、振铃电路、通话电路等。图 11-6 所示为普通电话机中的主电路板的结构，在该电路板上可以找到叉簧开关、极性保护电路、拨号芯片和振铃芯片等元器件。

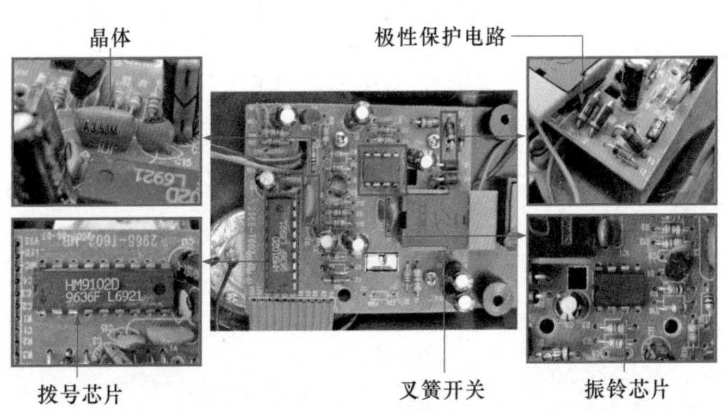

图 11-6 普通电话机的主电路板结构

不同电话机，其主电路板的结构也不相同。图 11-7 所示为多功能电话机的主电路板结构，从该电路中可以找到叉簧开关、极性保护电路和阻抗匹配变压器等元器件。

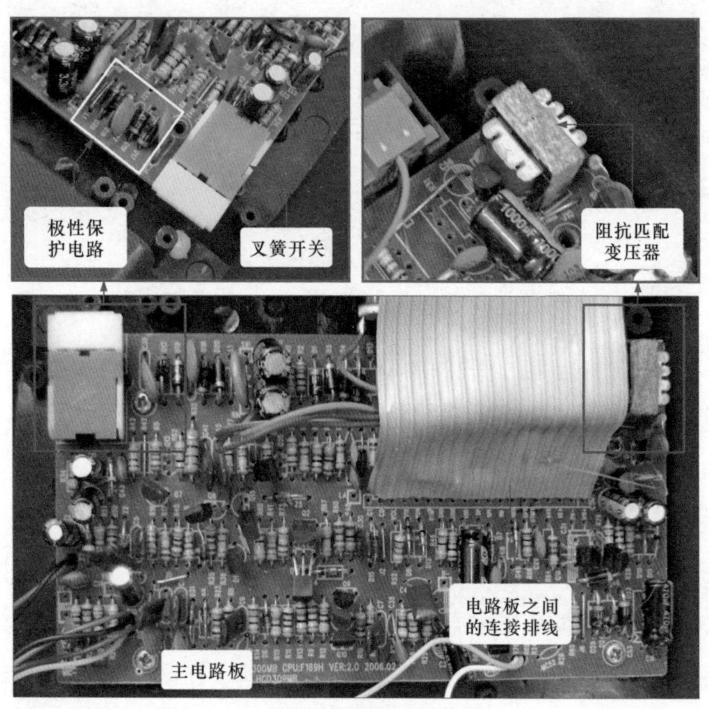

图 11-7　多功能电话机中主电路的结构

1）拨号电路。图 11-8 所示为典型普通电话机的拨号电路，从中可以看到，该电路主要是由拨号芯片 IC3（HM9102D）、晶体 G1 以及操作按键等电路元器件构成的。

在话机处于摘机状态下，由电话线路送来的信号经极性保护电路为拨号芯片提供启动信号，拨号芯片工作后，话机直流回路被接通，电路进入待拨号和通话状态。在挂机状态下，拨号芯片输出低电平，使电路进入休眠状态。

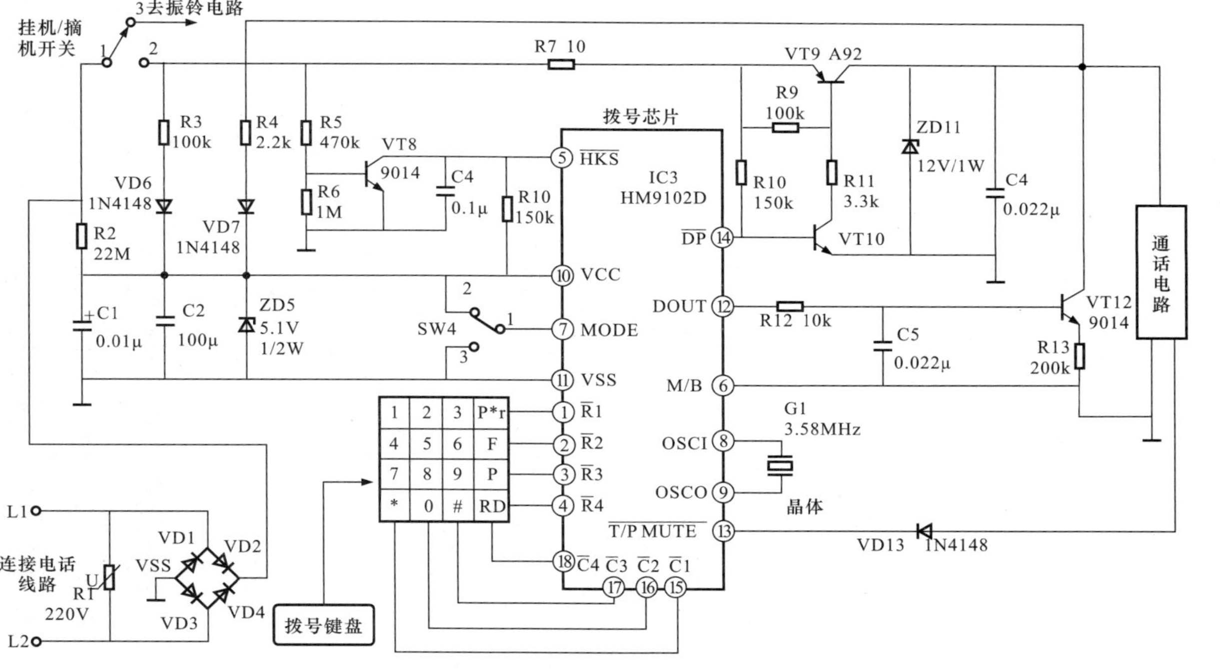

图 11-8 典型普通电话机的拨号电路

2）振铃电路。振铃电路是主电路板中相对独立的一块电路单元，一般位于整个电路的前端。当有用户呼叫时，交换机产生交流振铃信号送入振铃芯片。该芯片工作后，输出高低交替的信号电压，推动低阻抗扬声器发出振铃声。图 11-9 所示为典型普通电话机的振铃电路。由图可知，该电路主要是由叉簧开关 S、振铃芯片 IC1（C4003）、阻抗匹配变压器 T1、扬声器 BL 以及前级整流电路 VD1~VD4 等元器件构成的。

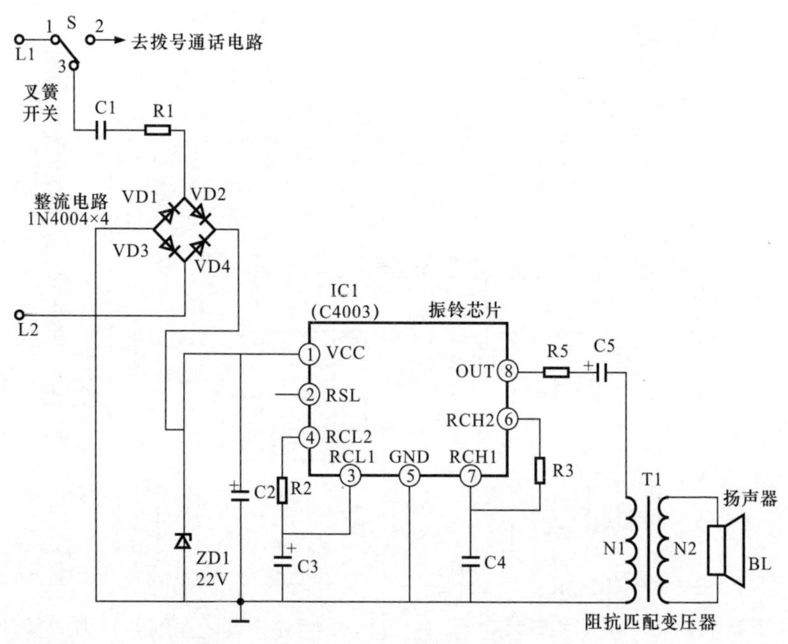

图 11-9　典型普通电话机的振铃电路

3）通话电路。图 11-10 所示为典型多功能电话机的通话电路。由图可知，该电路主要是由听筒通话集成电路 IC201（TEA1062）、话筒 BM、听筒 BE 以及外围元器件等构成的。

当用户说话时，话音信号经话筒 BM 送到听筒通话集成电路中，经放大后输出送往外线；接听对方声音时，外线送来的话音信号送入集成电路进行放大后，送至听筒 BE 发出声音。

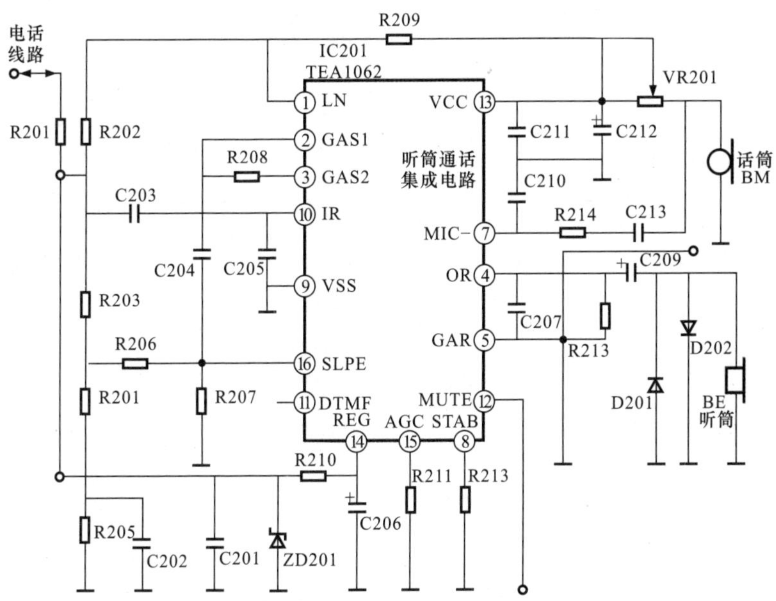

图 11-10　典型多功能电话机的听筒通话电路

4）免提通话电路。免提通话电路的功能是使电话机在不提起话机的情况下，按下免提功能键便可以进行通话或拨号。图 11-11 所示为典型多功能电话机的免提通话电路。由图可知，该电路主要是由免提通话集成电路（MC34018）、免提话筒 BM、扬声器 BL 以及外围元器件等构成的。

在免提通话状态下，当用户说话时，话音信号经话筒 BM 送入免提通话集成电路中进行放大，并由该集成电路送往外线；接听对方声音时，外线送来的话音信号送入集成电路中，经其内部放大后输出，送至扬声器 BL 发出声音。

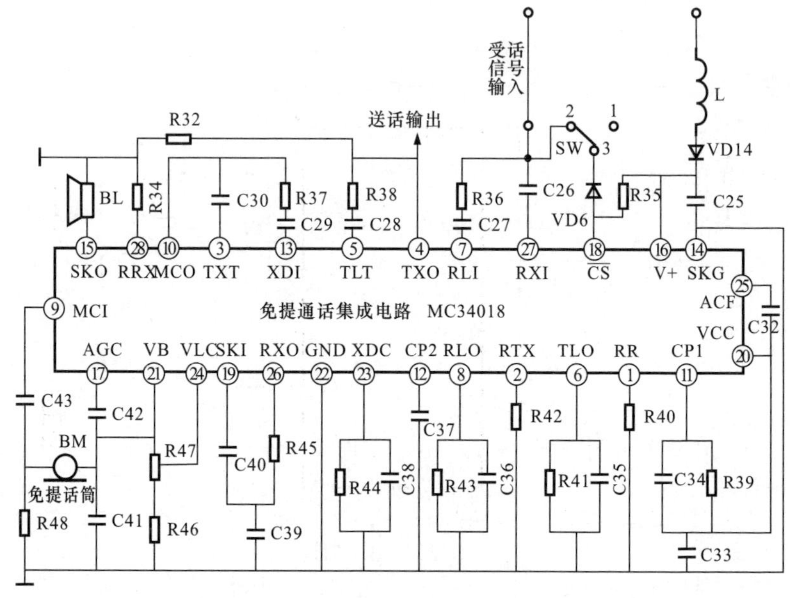

图 11-11 典型多功能电话机的免提通话电路

扩展

在多功能电话机的主电路板中，除上述提到的振铃电路、听筒通话电路、免提通话电路外，还包含其他的功能电路，如较常见的极性保护电路、自动防盗电路、来电显示电路等。

（2）显示电路　图 11-12 所示为多功能电话机显示电路的结构，该电路主要是由液晶显示屏、拨号显示芯片（显示屏下方）、晶体、连接排线以及相关外围元件构成的。

将液晶显示屏与显示电路之间的卡扣撬开，抬起显示屏可以看到，在显示屏下方，即印制电路板的引脚侧安装有一个大规模集成电路。图 11-13 所示即为该集成电路，也就是拨号显示芯片。

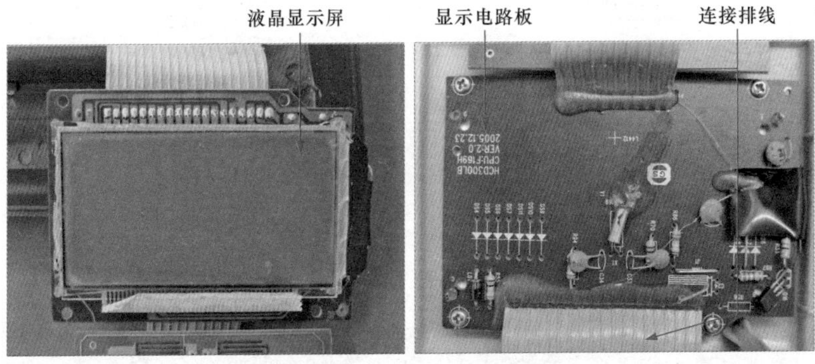

图 11-12　多功能电话机显示电路的结构

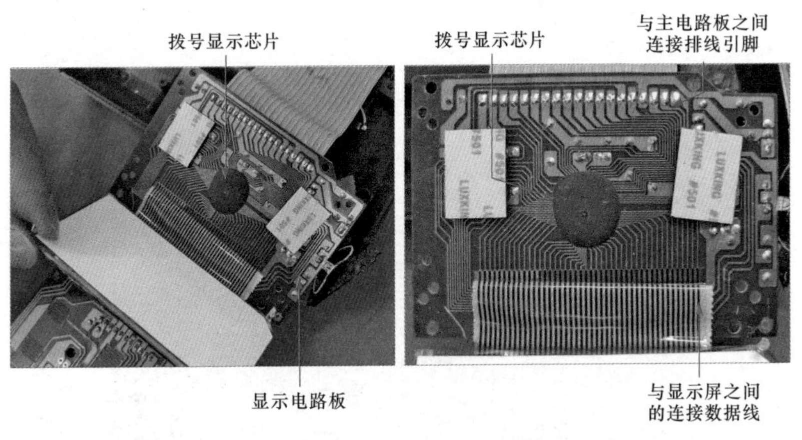

图 11-13　拨号显示芯片

该芯片通过数据排线与操作电路板、液晶显示屏以及主电路板进行数据传输，具有拨号、显示、计时、存储等功能，如图 11-14 所示。

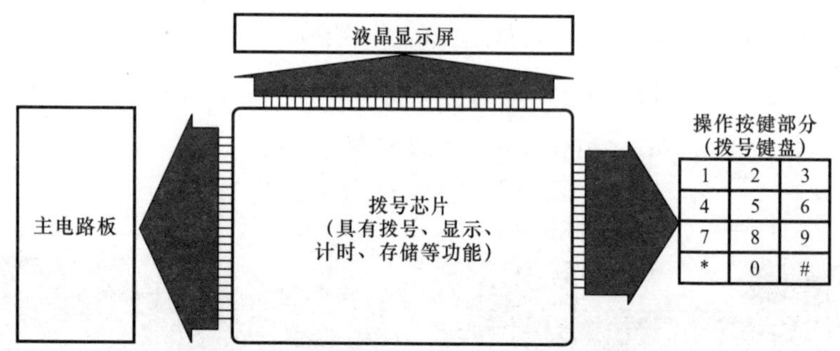

图 11-14　拨号显示芯片与其他电路的关系

扩展

拨号显示芯片的损坏概率很小，若怀疑损坏却很难进行检修，只能直接更换显示电路板。普通电话机中的拨号芯片与多功能电话机中的不同，普通电话机没有显示屏，因此其拨号芯片不具有显示、计时等功能；并且芯片采用双列直插的方式焊接在电路板上，可通过引脚电压的检测判别故障，如图 11-15 所示。

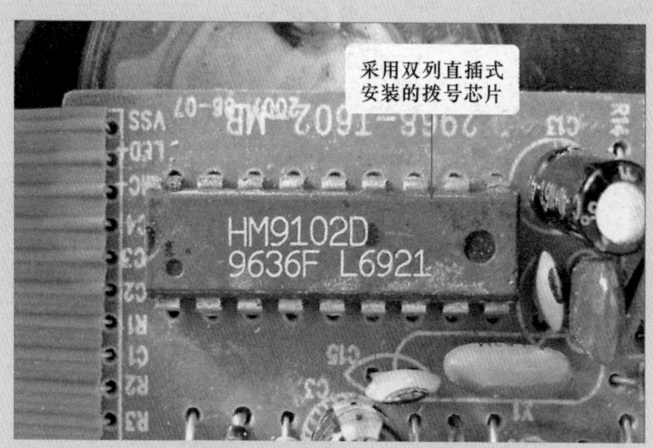

图 11-15　普通电话机中的拨号芯片

（3）操作电路板　图 11-16 所示为多功能电话机中的操作电路板和扬声器。操作电路板通常安装在电话机的前盖上，在操作电路板的正面可以看到许多按键的触点，而扬声器则安装在操作电路板的旁边。

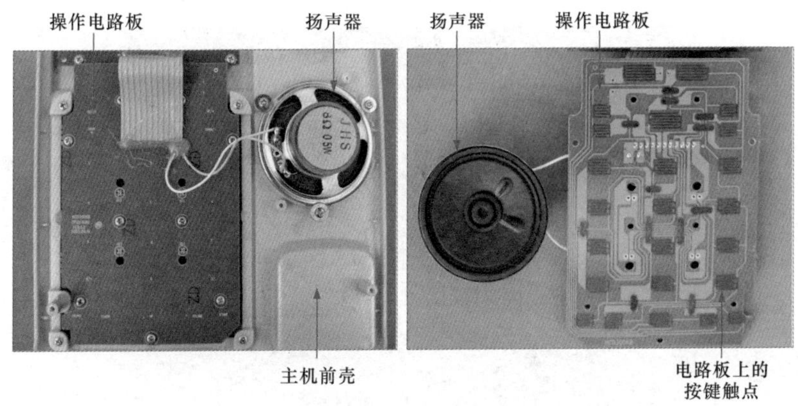

图 11-16　多功能电话机中的操作电路板和扬声器

图 11-17 所示为操作电路板的结构。电话机的操作电路板主要是由印制电路板、导电橡胶和主机上的操作按键等部分构成的，用户通过按压按键即可将人工指令传递给电话机。

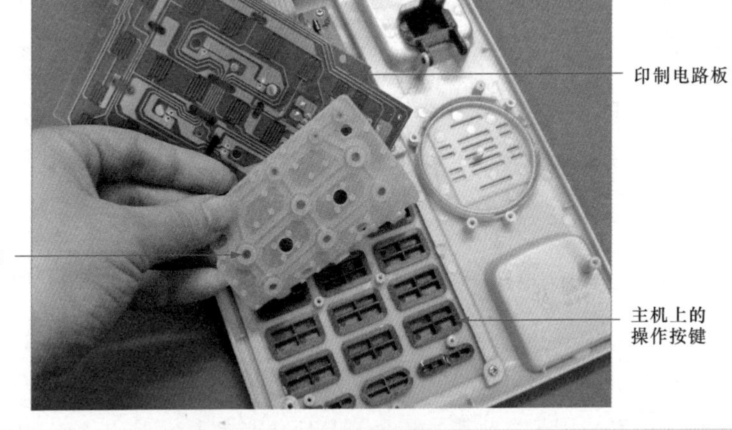

图 11-17　操作电路板的结构

扩展

在某些电话中，其操作电路和显示电路是设计在一块电路板上的，称为操作显示电路板。图 11-18 所示为无绳子母电话机中的操作显示电路板。

图 11-18　无绳子母电话机中的操作显示电路板

2　电话机的工作过程

（1）拨号电路信号流程　图 11-19 所示为典型多功能电话机的拨号电路信号流程。该电路是以拨号芯片 IC6（KA2608）为核心的电路单元，该芯片是一种多功能芯片，其内部包含拨号控制、时钟及计时等功能。

由图 11-19 可知，拨号芯片 IC6（KA2608）的㉝～㊳脚为液晶显示器的控制信号输出端，为液晶屏提供显示驱动信号；㊴脚外接的 D100 为 4.7V 的稳压管，为液晶屏提供一个稳定的工作电压；⑭、⑮脚外接晶体 X2，与谐振电容 C103、C104 构成时钟振荡电路，为芯片提供时钟信号。

IC6（KA2608）的⑲～㉚脚与操作电路板相连，组成 6×6 键盘信号输入电路，用于接收拨号指令或其他功能指令。

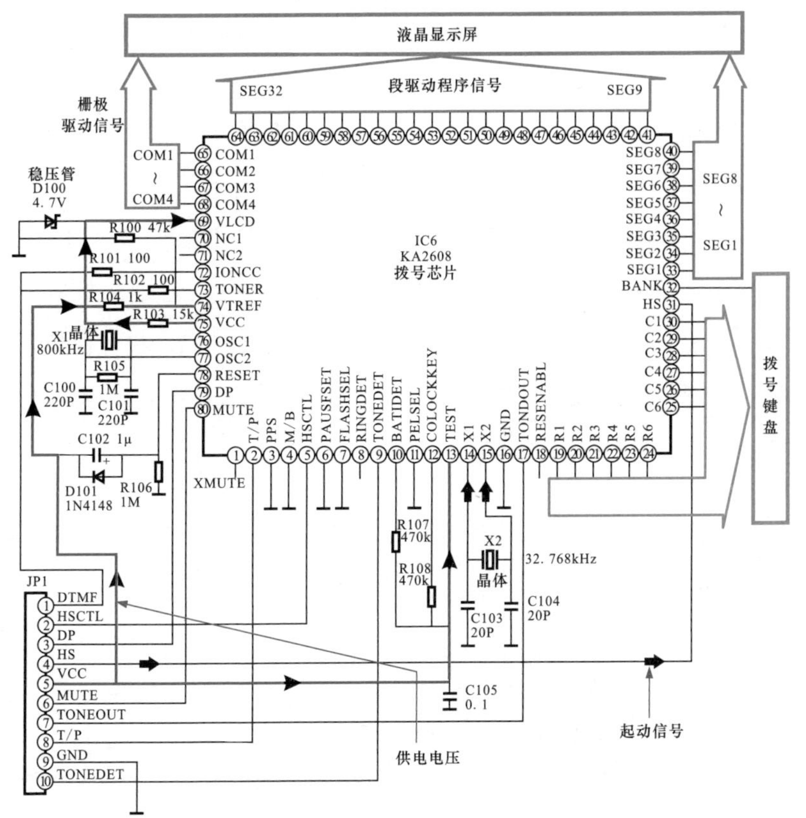

图 11-19 典型多功能电话机中的拨号电路信号流程

另外，IC6（KA2608）的㉛脚为启动端，该端经插件 JP1 的④脚与主电路板相连，用于接收主电路板送来的启动信号（电平触发）。

JP1 为拨号芯片与主电路板连接的接口插件，各种信号及电压的传输都是通过该插件进行的。例如主电路板送来的 5V 供电电压，经 JP1 的⑤脚后，分为两路：一路直接送往 IC6 芯片的⑬脚，为其提供足够的工作电压；另一路经 R104 加到芯片 IC6 的㊹脚，经内部稳压处理，从其㊺脚输出，经 R103、D100 后为显示屏提供工作电压。

除此之外，IC6 芯片的㊼、㊻脚和晶体 X1（800kHz）、R105、

C100、C101 组成拨号振荡电路，工作状态由其㉛脚的起动电路进行控制。

（2）振铃电路信号流程　图 11-20 所示为典型多功能电话机的振铃电路信号流程。

当有用户呼叫时，交换机产生的交流振铃信号经外线（L1、L2）送入电路中。在未摘机时，叉簧开关触点接在 1 → 3 触点上，振铃信号经电容器 C301 后耦合到振铃电路中，再经限流电阻器 R1、极性保护电路 VD5 ~ VD8、C2 滤波以及 ZD1 稳压后，加到振铃芯片 IC301（KA2410）的①、⑤脚，为其提供工作电压。

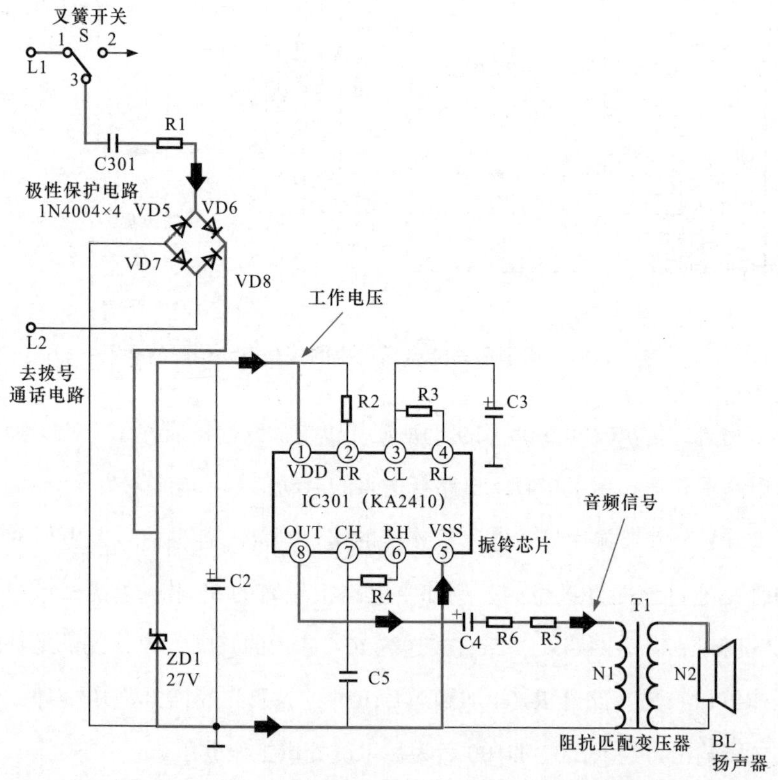

图 11-20　典型多功能电话机的振铃电路信号流程

当 IC301（KA2410）获得工作电压后，其内部振荡器起振，由一个超低频振荡器控制一个音频振荡器，并经放大后由⑧脚输出音频信号，经耦合电容 C4、R6 后，由阻抗匹配变压器 T1 耦合至扬声器发出铃声。

扩展

极性保护电路 VD5 ~ VD8 的结构与桥式整流电路相同，在该类电路中其作用主要是将极性不稳定的直流电压变为稳定的直流电压。桥式整流电路的作用是把交流电压变成直流电压，两者的电路作用完全不同。

（3）通话电路信号流程　图 11-21 所示为典型普通电话机中通话电路的受话电路部分。可以看到，该电路主要是由两级直接耦合放大器（VT6、VT7）、听筒 BE 以及外围元器件构成的。

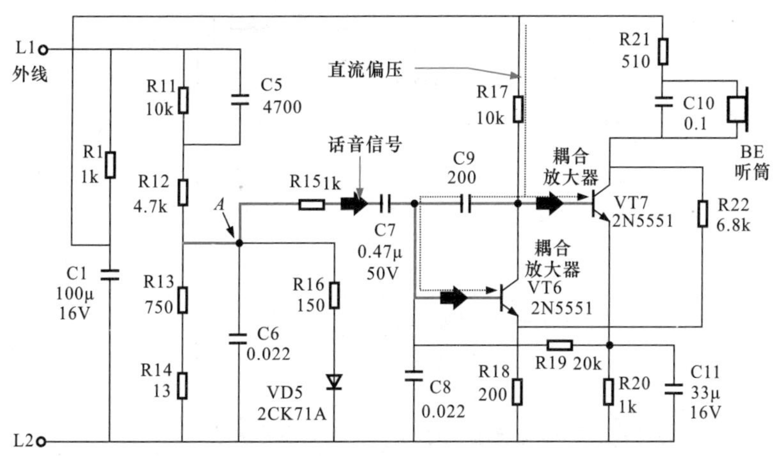

图 11-21　典型普通电话机中通话电路的受话电路部分

通话时，外线上的高电位经 R17 加到 VT7 的基极，为 VT6、VT7 提供直流偏压，使之处于放大状态。此时，来自用户电话线上的话音信号经输入电路后，由电容器 C7 耦合到晶体管 VT6 基极，经 VT6、VT7 两级放大后送到听筒，由听筒将该电信号还原为声音信号，发出声音。

该电路中，R16、VD5 组成自动音量调节电路。当通话话机的距离较近时，线路电阻减小，供电电流增大，电路中 R15 前端 *A* 点的电压上升，使 VD5 导通，R16 对话音信号分流，避免受话量过大；当话机距离较远时，线路电阻增大，供电电流减小，*A* 点处电压降低，VD5 截止，R16 不对话音信号进行分流，使受话音量不会过低，从而达到自动调节音量的目的。

图 11-22 所示为典型普通电话机中通话电路的送话电路部分。可以看到，该电路主要是由两级直接耦合放大器（VT1、VT4）、话筒 BM 以及外围元器件构成的。

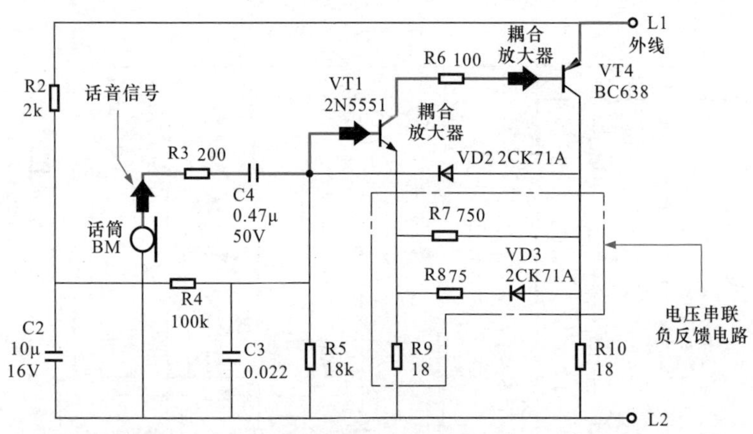

图 11-22　典型普通电话机中通话电路的送话电路部分

声音信号经话筒后转换为电信号，经电阻器 R3、电容器 C4 耦合至放大器 VT1 基极，经 VT1、VT4 两级放大后，由 VT4 发射极输出，送至外线路中。同时外线路 L1 端又是放大器的供电电源。

该电路中，R9 和 R8、R7、VD3 构成电压串联负反馈电路，具有自动音量控制功能。当话筒输出的信号很强时，VD3 导通，负反馈信号加强，使输出信号减小；当输出信号较弱时，VD3 截止，负反馈信号减弱，使输出信号不会减小很多，从而使输出信号基本稳定，起到自动音量控制的作用。

11.1.2 万用表对电话机的检修应用

1 拨号电路的检测部位

电话机出现不能拨号、部分按键不能拨号等故障时，说明拨号电路出现故障。不能拨号常见的原因有拨号芯片供电不良，时钟晶体引脚脱焊或损坏、拨号按键不正常；而部分按键不能拨号多为字键构件损坏，如导电橡胶老化、不清洁、脱落等。

若发现电话机出现上述故障，可使用万用表对拨号芯片、晶体以及导电橡胶等部位进行检测，确定故障部位后再进行维修。图 11-23 所示为拨号电路的关键检测部位。

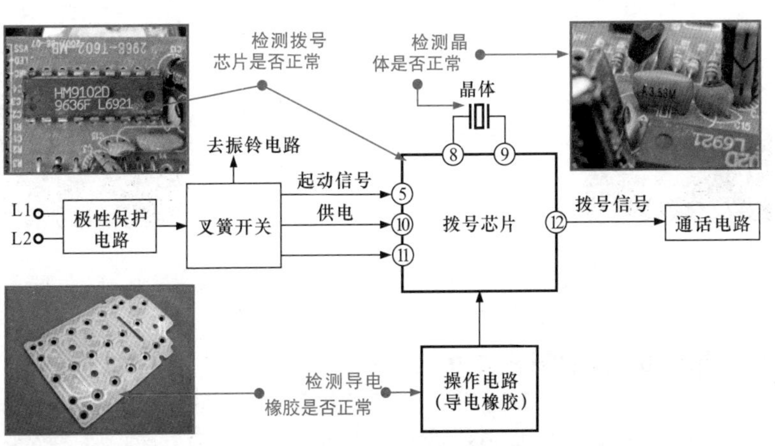

图 11-23 拨号电路的关键检测部位

2 振铃电路的检测部位

电话机振铃电路是较容易出现故障的部位，该电路出现故障主要表现为来电振铃异常，例如无振铃音、振铃时断时续、振铃声音异常、振铃失真等。无振铃故障常见的原因有极性保护电路中有二极管短路、振铃芯片内部短路等；振铃声音异常的常见故障原因有振铃电路阻抗匹配变压器一次和二次绕组线圈短路、振铃芯片性能不良等；振铃失真常见的故障原因有：振铃芯片外围晶体虚焊或短路、振铃芯片内部超低频振荡器直流供电滤波失效、振铃芯片性能不良等。

电话机出现振铃异常时，可使用万用表对叉簧开关、极性保护电路、振铃芯片、阻抗匹配变压器等关键元器件及其相关外围元器件进行检测，查找故障点。图 11-24 所示为振铃电路的关键检测部位。

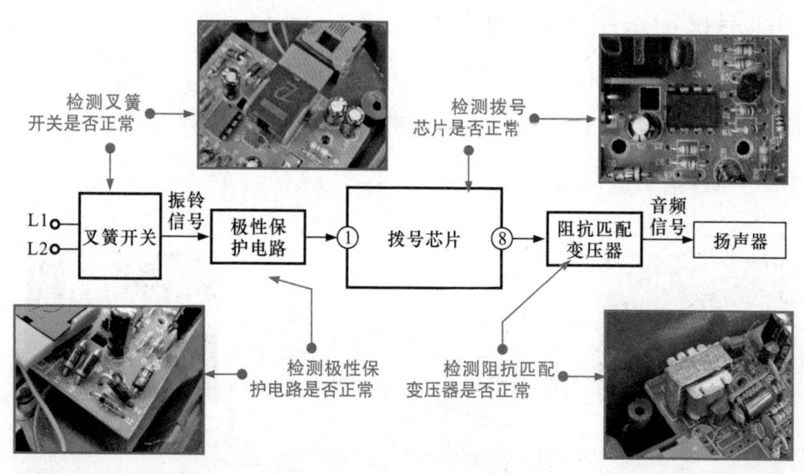

图 11-24 振铃电路的关键检测部位

3 通话电路的检测部位

通话电路部分一般包括话机通话电路和免提通话电路，该电路常见的故障现象主要为无送话或无受话、送受话均无、免提功能失效、受送话音小等。通话出现异常多由通话集成电路部分损坏、话筒或听筒不良造成；免提功能失效则多由免提通话集成电路及其外围元器件损坏、送话和受话公共电路不良造成。

电话机出现通话异常或免提功能异常时，可使用万用表对通话集成电路、免提通话集成电路、话机部分（听筒和话筒）及扬声器等进行检测，查找故障部位。图 11-25 所示为通话电路的关键检测部位。

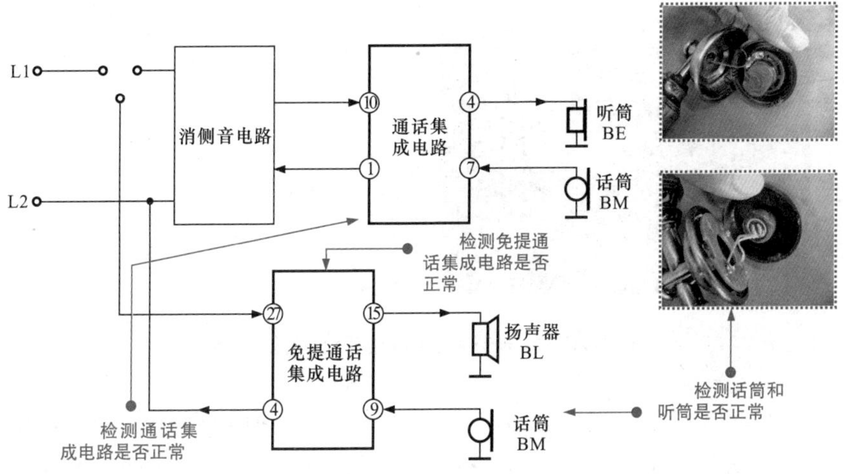

图 11-25 通话电路的关键检测部位

11.2 万用表检测电话机的训练

11.2.1 万用表检测拨号电路

万用表检测拨号电路，主要是对该电路中的拨号芯片、晶体以及导电橡胶等关键元器件进行检测，以判断是否损坏及损坏部位。

1 拨号芯片的检测

拨号芯片是拨号电路中的核心器件，它是实现将操作按键的输入信号转换为交换机可识别的直流脉冲（DP）信号或双音频（DTMF）信号的关键部件。

检测拨号芯片时，首先需要了解拨号芯片各引脚功能，然后在通电状态下检测其关键引脚的参数值，例如供电电压、启动端的高低电平变化等。图 11-26 所示为拨号芯片 HM9102D 的引脚功能。

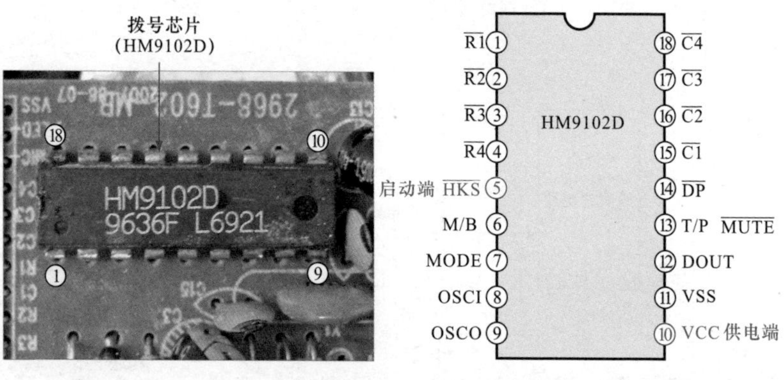

图 11-26　拨号芯片 HM9102D 的引脚功能图

1）使用万用表检测拨号芯片 HM9102D 的⑩脚供电电压。将万用表调至直流 10V 电压挡，黑表笔搭在接地端（⑪脚），红表笔搭在供电端（⑩脚）。正常情况下，拨号芯片 HM9102D 的⑩脚供电电压应在 2 ~ 5.5V 之间，如图 11-27 所示。

2）使用万用表对拨号芯片 HM9102D 的⑤脚输入的高低电平变化量进行检测。将万用表调至直流 50V 电压挡，黑表笔搭在接地端（⑪脚），红表笔搭在启动端（⑤脚）。在挂机状态下，⑤脚为低电平；在摘机状态下，⑤脚为高电平，如图 11-28 所示。

3）使用万用表对拨号芯片 HM9102D 各引脚对地阻值进行检测。将万用表调至“× 1k”欧姆挡，黑表笔搭在接地端（⑪ 脚），红表笔搭在芯片各引脚上，可检测出芯片各引脚的正向对地阻值；将红黑表笔对调，红表笔搭在接地端（⑪ 脚），黑表笔搭在芯片各引脚上，可检测出芯片各引脚的反向对地阻值，如图 11-29 所示。

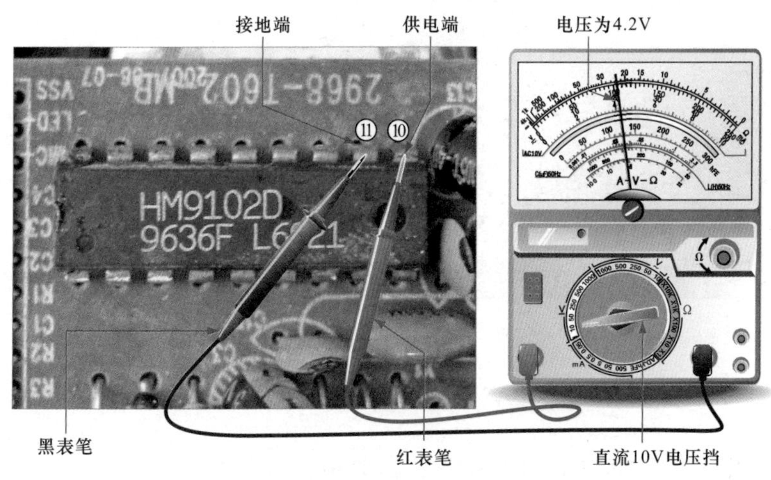

图 11-27　检测拨号芯片的供电电压

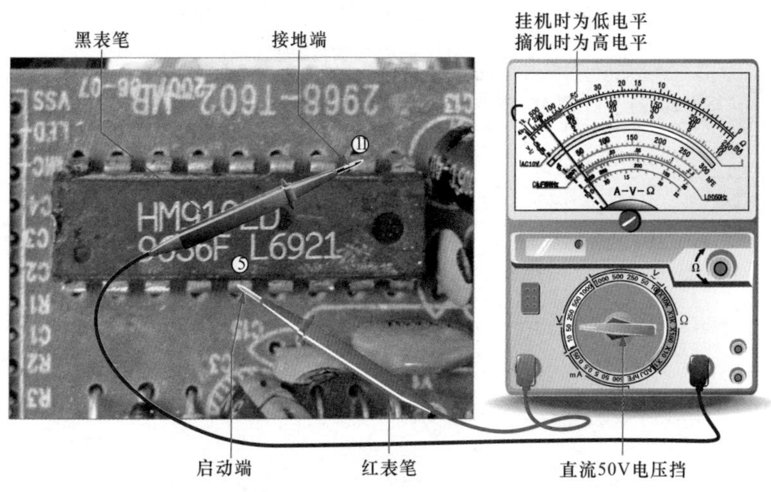

图 11-28　检测拨号芯片的启动端电压变化量

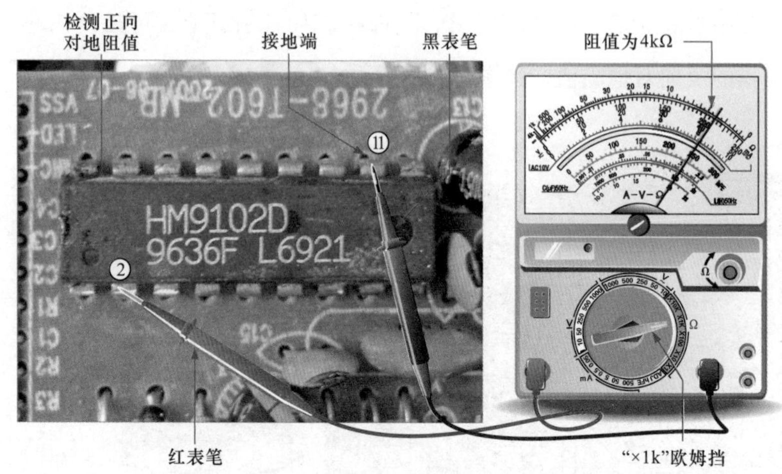

图 11-29 检测拨号芯片各引脚的对地阻值

拨号芯片 HM9102D 各引脚对地阻值，可参见表 11-1。若芯片的各引脚对地阻值与正常值偏差较大，但供电电压正常，说明该芯片已损坏，维修时需要对其进行更换。

表 11-1 拨号芯片 HM9102D 各引脚的对地阻值

引脚号	正向对地阻值（黑表笔接地）/kΩ	反向对地阻值（红表笔接地）/kΩ	引脚号	正向对地阻值（黑表笔接地）/kΩ	反向对地阻值（红表笔接地）/kΩ
①	4	3.5	⑩	3.5	7.5
②	4	3.5	⑪	0	0
③	4.5	3.5	⑫	4.5	0
④	4.5	3.5	⑬	1	0.5
⑤	4.5	1	⑭	5	∞
⑥	0	0	⑮	4.5	9
⑦	0	0	⑯	5	9
⑧	4.5	3.5	⑰	4.5	9
⑨	5	7.5	⑱	4.5	9

扩展

多功能电话机中的拨号芯片多采用大规模集成电路，对该类电路进行检测时，由于无法准确确认其引脚，一般可通过对拨号芯片与其他电路板连接的排线引脚进行检测来判断。图 11-30 所示为排线引脚的检测点。

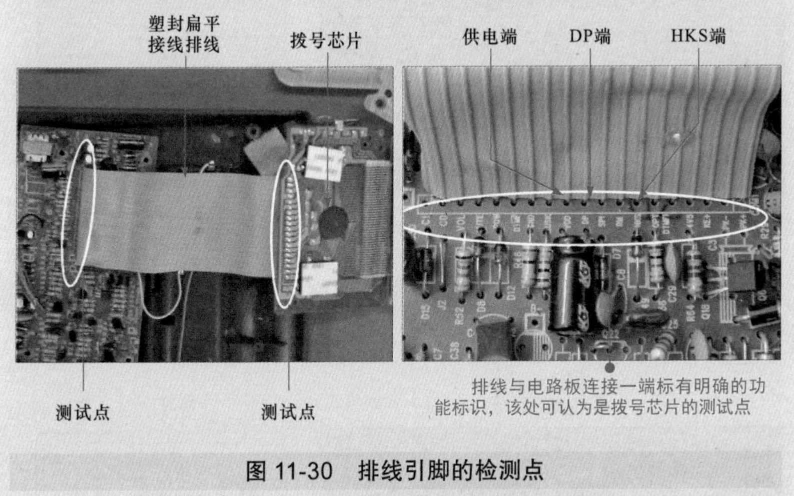

图 11-30　排线引脚的检测点

将万用表调至直流 10V 电压挡，黑表笔搭在接地端，红表笔搭在供电端。正常情况下，拨号芯片供电电压应为 3.6V，其 DP 端电压为 0.35V，HKS 端电压为 2.5V，如图 11-31 所示。

2　晶体的检测

晶体是拨号芯片的时钟振荡器，为拨号芯片提供晶振信号，其振荡频率一般为 3.58MHz。使用万用表检测晶体时，一般可采用在路测量晶体两个引脚的电压值，来判断其是否损坏。

将万用表调至直流 10V 电压挡，黑表笔搭在接地端（电解电容负极），红表笔搭在晶体的两个引脚上。正常情况下，可检测到 1.1V 的电压，如图 11-32 所示。

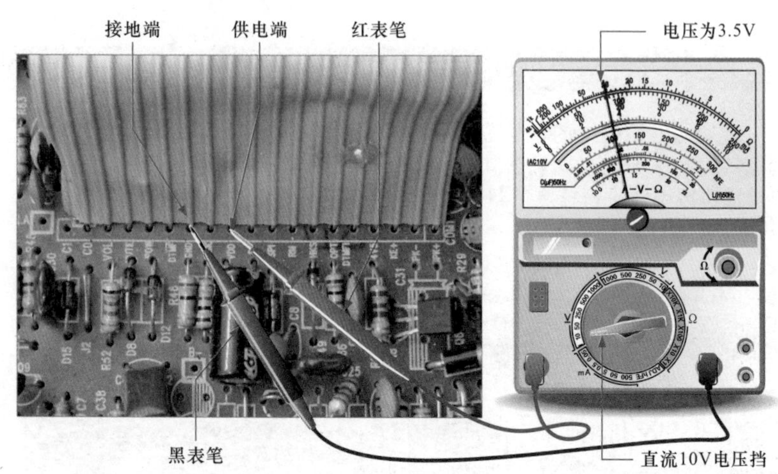

图 11-31　检测供电端电压

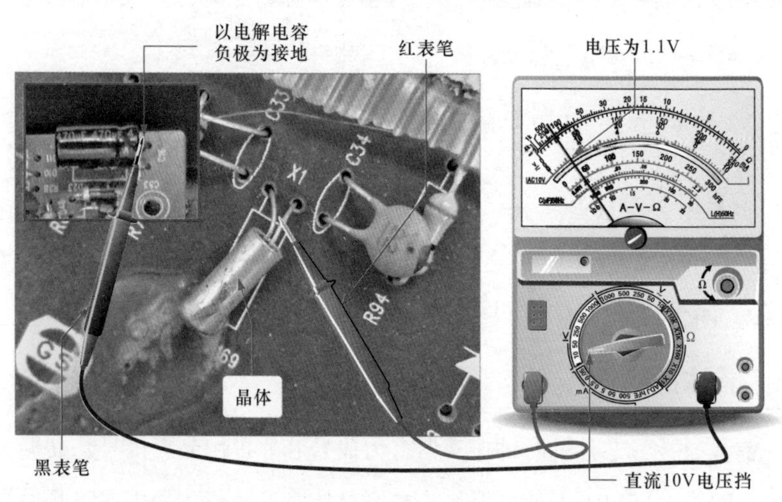

图 11-32　检测晶体的电压

3　导电橡胶

导电橡胶是操作电路板上的主要部件，有弹性胶垫的一侧与操作按键相连，有导电圆片的一侧与操作按键印制电路板相连，每一个导电圆片对应印制板上的一个接点。要检查导电橡胶是否正常，可使用万用表测量导电圆片任意两点间的电阻值。此外，若导电橡胶出现发黏或变形现象，说明导电橡胶已老化需要进行更换。

将万用表调至“×10”欧姆挡，将红黑表笔任意搭在一个导电圆片上。正常情况下，可检测到 40Ω 左右的阻值，如图 11-33 所示。若检测出的阻值超过 200Ω，说明导电圆片已失效。

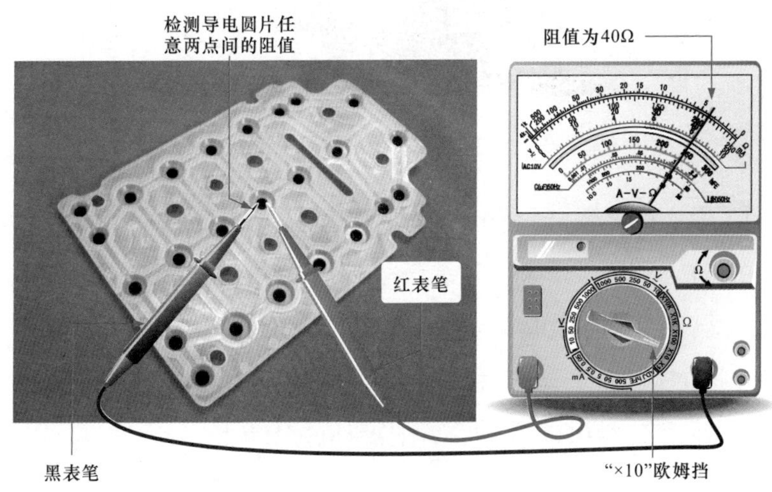

图 11-33　检测导电圆片的阻值

11.2.2　万用表检测振铃电路

万用表检测振铃电路，主要是对该电路中的叉簧开关、极性保护电路、振铃芯片、阻抗匹配变压器和扬声器等关键元器件进行检测，以判断其是否损坏及损坏部位。

1　叉簧开关的检测

叉簧开关即挂机键，它是实现通话电路和振铃电路与外线的接通、断开转换功能的器件。图 11-34 所示为叉簧开关背部引脚及其连接关系。

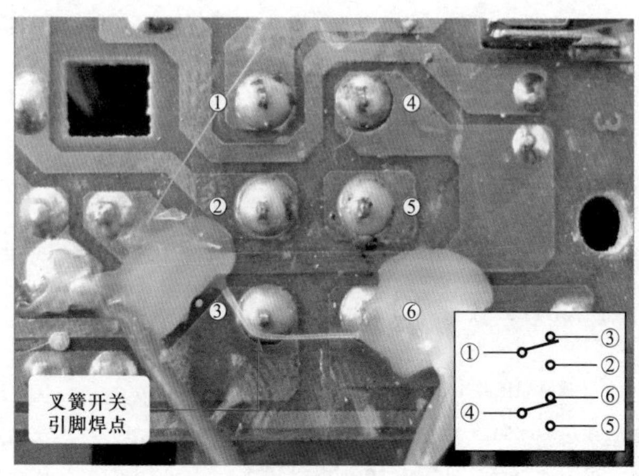

图 11-34 叉簧开关背部引脚及其连接关系

1）在摘机状态下，使用万用表分别对其①脚和③脚、①脚和②脚之间的阻值进行检测。将万用表调至“×1”欧姆挡，红黑表笔先搭在①脚和③脚上，检测①脚和③脚之间阻值，如图 11-35 所示；再将红黑表笔先搭在①脚和②脚上，检测①脚和②脚之间阻值。正常情况下，①脚和③脚间阻值为 0Ω，①脚和②脚间阻值为无穷大。

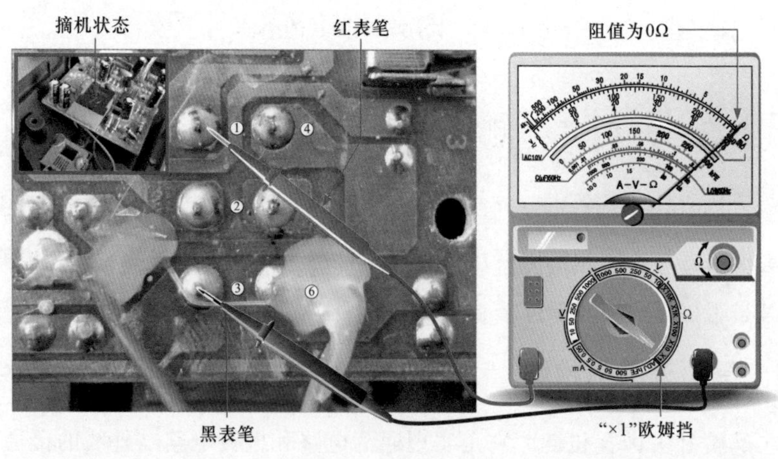

图 11-35 检测摘机状态下叉簧开关的引脚间阻值

2）在挂机状态下，使用万用表对其①脚和③脚、①脚和②脚之间的阻值进行检测。将万用表调至“×1”欧姆挡，红黑表笔先搭在①脚和③脚上，检测①脚和③脚之间阻值；再将红黑表笔搭在①脚和②脚上，检测①脚和②脚之间阻值，如图 11-36 所示。正常情况下，①脚和③脚间阻值为无穷大，①脚和②脚间阻值为 0Ω。

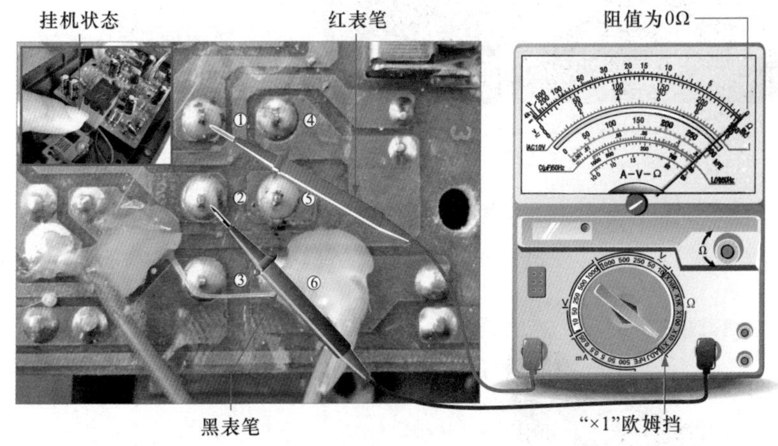

图 11-36　检测挂机状态下叉簧开关的引脚间阻值

2　极性保护电路的检测

对极性保护电路进行检测，可使用万用表分别对叉簧开关附近的 4 只二极管进行检测，通过检测二极管正反向阻值的方法进行判断。

1）使用万用表对二极管进行检测。将万用表调至“×1k”欧姆挡，黑表笔搭在二极管正极，红表笔搭在二极管负极，检测二极管的正向阻值。正常情况下，可测得正向阻值为 4kΩ，如图 11-37 所示。

2）将红黑表笔对调，黑表笔搭在二极管负极，红表笔搭在二极管正极，检测二极管的反向阻值。正常情况下，可测得反向阻值为 31kΩ，如图 11-38 所示。

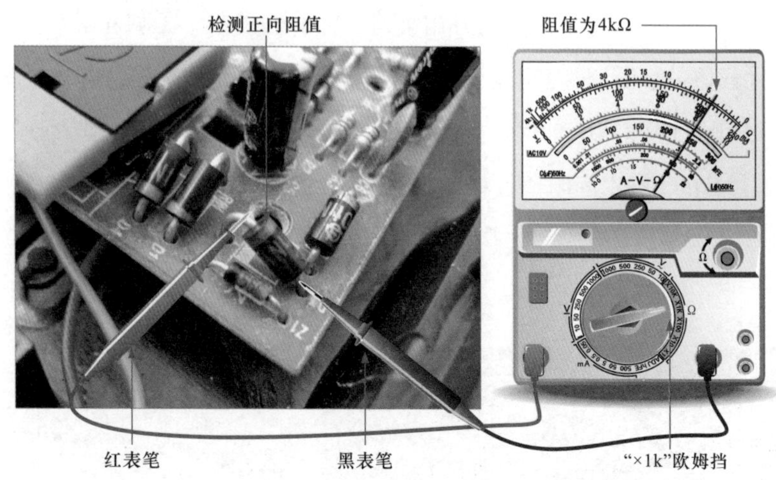

图 11-37　检测极性保护电路中单个二极管的正向阻值

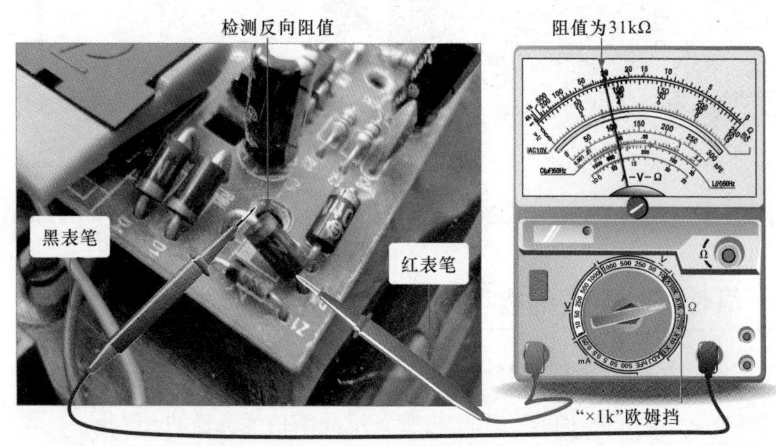

图 11-38　检测极性保护电路中单个二极管的反向阻值

若实际检测结果与正常值偏差很大，或出现为零的情况，则多为二极管损坏，需要选择相同参数规格和型号的二极管对其进行更换。

3　振铃芯片的检测

检测振铃芯片时，可使用万用表检测芯片各引脚的电压，来判断芯片是否已损坏。但此方法需要给芯片输送振铃信号，即向电话机拨号。图 11-39 所示为振铃芯片 KA2411 的内部结构及引脚功能。

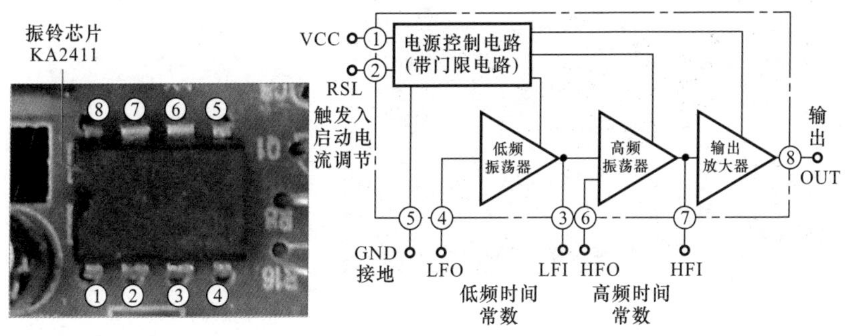

图 11-39 振铃芯片 KA2411 的内部结构及引脚功能

1）用夹子夹住叉簧开关，使其处于挂机状态，将电话线插入电话机接口中，然后拨打该电话机的电话号码，如图 11-40 所示。

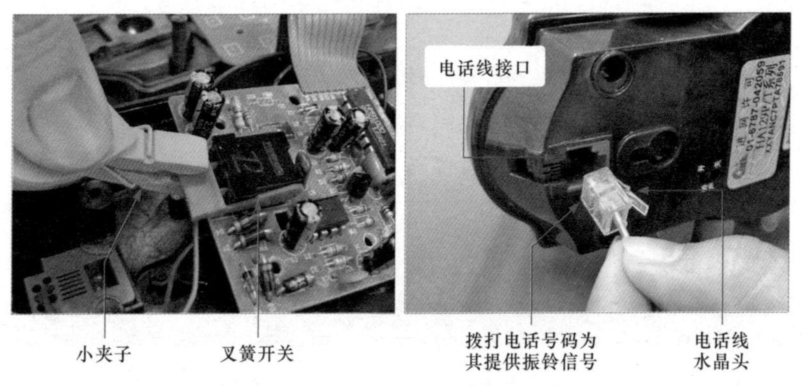

图 11-40 为待测芯片输送振铃信号

2）使用万用表检测振铃芯片 KA2411 各引脚的电压值。将万用表调至直流 50V 挡，黑表笔搭在接地端（⑤脚）上，红表笔搭在芯片各引脚上，可检测到各引脚的电压值，如图 11-41 所示。

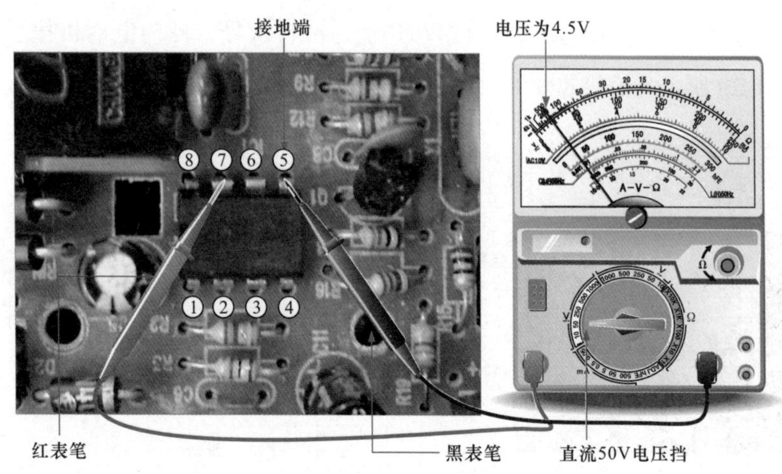

图 11-41　检测振铃芯片的各引脚电压值

振铃芯片 KA2411 各引脚的电压值，参见表 11-2。若实际检测结果与正常值偏差较大，则多为振铃芯片本身损坏。

表 11-2　振铃芯片 KA2411 各引脚的参考电压值

引脚号	参考电压 /V	引脚号	参考电压 / V	引脚号	参考电压 /V	引脚号	参考电压 / V
①	25	③	3.5	⑤	0	⑦	4.5
②	5	④	4	⑥	4.5	⑧	12

提示

对于一些无法找到引脚参考电压的芯片，可以采用对比法进行检测。也就是说找一台已知良好的，采用与待测相同芯片的电话机先进行检测，以此作为参考数值。

要检测振铃芯片，若无法为其提供振铃信号时，还可以在断电条件下检测振铃芯片各引脚的正反向对地阻值来判断其好坏。正常情况下振铃芯片 KA2411 各引脚的对地阻值见表 11-3，该数值可作为检测时的重要参考依据。

表 11-3　振铃芯片 KA2411 各引脚的正反向对地阻值

引脚号	正向阻值（黑笔接地）/kΩ	反向阻值（红笔接地）/kΩ	引脚号	正向阻值（黑笔接地）/kΩ	反向阻值（红笔接地）/kΩ
①	9.5	6	⑤	0	0
②	11.2	2.3	⑥	9	3
③	11.2	18	⑦	9.5	9.5
④	9.5	2.5	⑧	9.1	4

4　阻抗匹配变压器的检测

阻抗匹配变压器通常位于振铃电路中扬声器的前一级电路中，用于将振铃信号进行阻抗匹配，再去驱动扬声器发出铃声。阻抗匹配变压器是多功能电话机中较重要的部件之一，若该部件损坏，将引起无振铃或振铃不响的故障。

1）对阻抗匹配变压器进行检修，可使用万用表对其一次绕组、二次绕组以及两者之间的阻值进行检测，来判断其是否损坏。

将万用表调至“×1”欧姆挡，红黑表笔任意搭在一次绕组引脚上，可检测到一次绕组阻值为 4Ω，如图 11-42 所示。

2）将红黑表笔任意搭在二次绕组引脚上，可检测到二次绕组阻值为 140Ω，如图 11-43 所示。

3）将红表笔搭在一次绕组上，黑表笔搭在二次绕组上，检测一次绕组和二次绕组是否有短路情况。正常情况下，阻值应为无穷大，如图 11-44 所示。

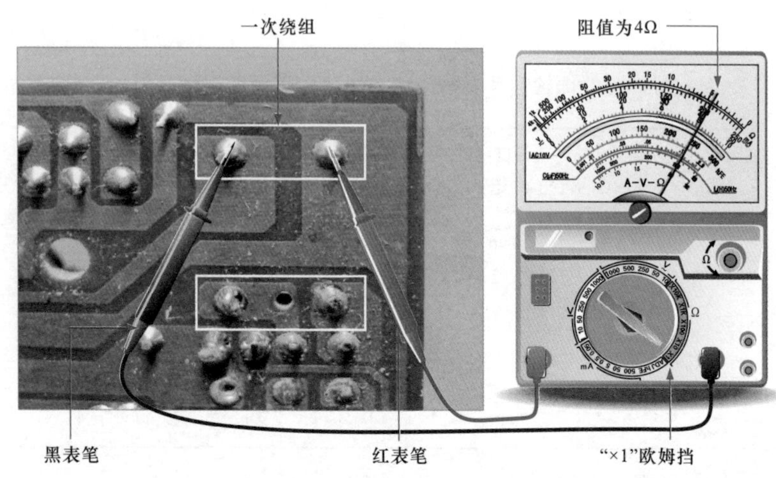

图 11-42 检测阻抗匹配变压器一次绕组阻值

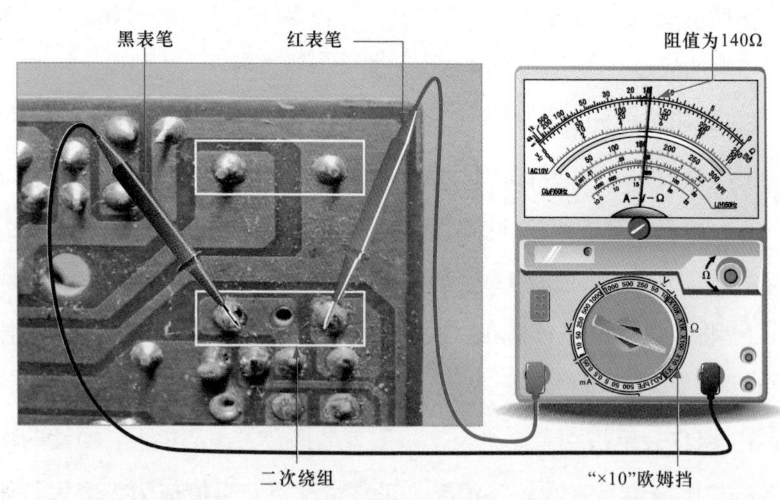

图 11-43 检测阻抗匹配变压器二次绕组阻值

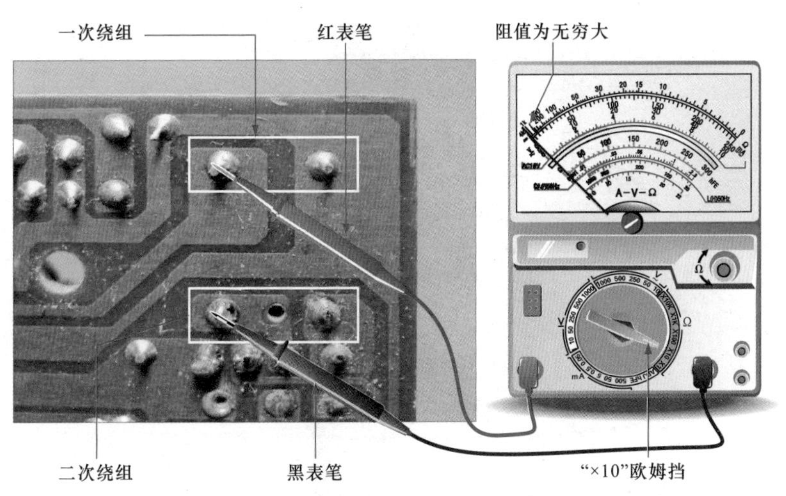

图 11-44 检测阻抗匹配变压器是否有短路情况

正常情况下，测得阻抗匹配变压器一次绕组的阻值为 4Ω，二次绕组的阻值为 140Ω，一次绕组和二次绕组之间的阻值为无穷大。若实测结果与上述情况不符，则多为变压器损坏，需对其进行更换。

5 扬声器的检测

扬声器常作为一个较独立的部件，通过连接引线与电路板相连接。检测扬声器时，一般使用万用表电阻挡检测其两个电极间的阻值来判断其好坏。

将万用表调至“×1”欧姆挡，红黑表笔搭在扬声器的两引脚上，可检测出 4Ω 左右的阻值，如图 11-45 所示。该扬声器的标称值为 8Ω，是扬声器对交流信号（音频）的阻抗值，它与扬声器线圈的电流电阻值是不同的。此外，如扬声外与变压器绕组并联，所测得的值也不同。

11.2.3 万用表检测通话电路

万用表检测通话电路，主要是对该电路中的通话集成电路、免提通话集成电路、话筒、听筒等关键元器件进行检测，判断损坏部位。

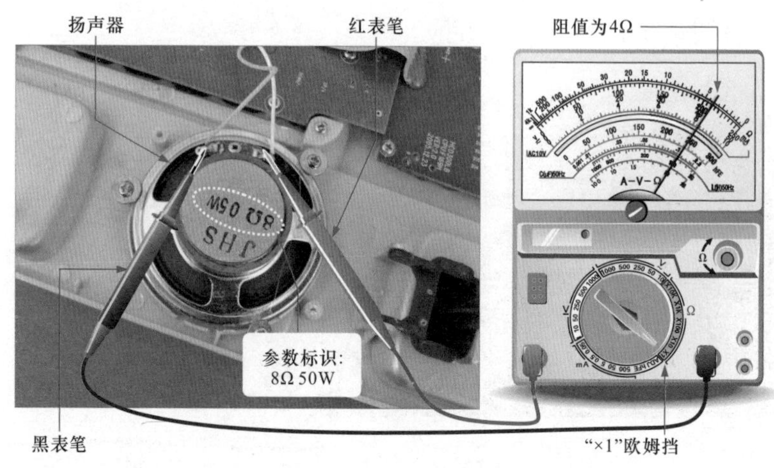

图 11-45　检测扬声器的在路阻值

1　通话集成电路的检测

通话集成电路是一种双极型集成电路，可以实现电话机所需的全部通话和线路接口功能。图 11-46 所示为通话集成电路 TEA1062 的引脚功能。

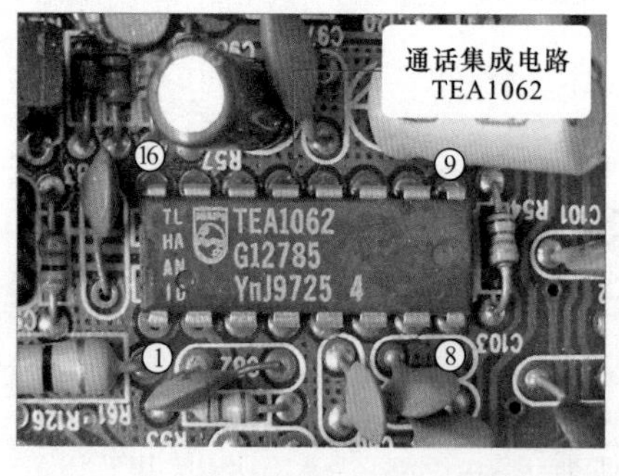

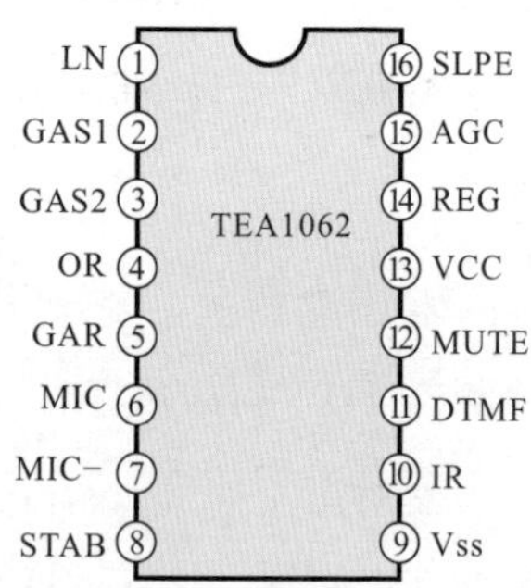

图 11-46　通话集成电路 TEA1062 的引脚功能

对通话集成电路 TEA1062 的检修，可使用万用表检测集成电路各引脚的对地阻值，来判断其是否已损坏。将万用表调至“×1k”欧姆挡，黑表笔搭在接地端（⑨脚），红表笔搭在其余各引脚上，检测通话集成电路各引脚的正向对地阻值，如图 11-47 所示。然后对调表笔，检测通话集成电路各引脚的反向对地阻值。

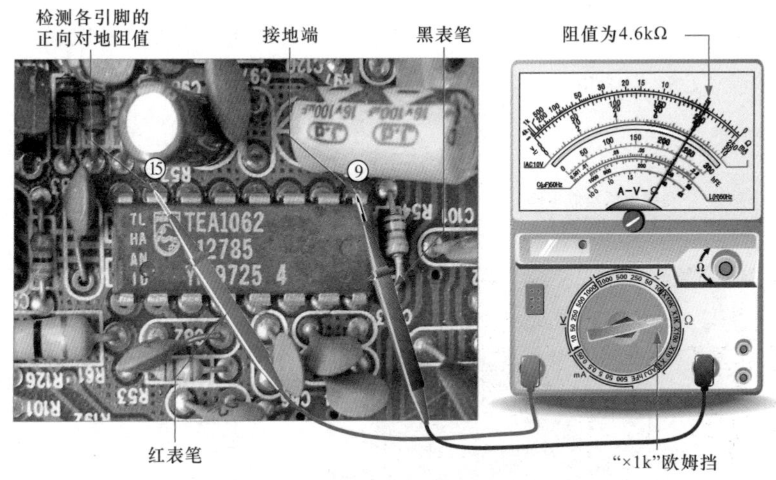

图 11-47　检测通话集成电路各引脚对地阻值

正常情况下，测得通话集成电路 TEA1062 各引脚的对地阻值，参见表 11-4。若实测结果与表格中相差较大，则多为集成电路损坏，应用同规格同型号集成电路进行更换。

表 11-4　通话集成电路 TEA1062 各引脚的对地阻值

引脚号	正向对地阻值（黑表笔接地）/kΩ	反向对地阻值（红表笔接地）/kΩ	引脚号	正向对地阻值（黑表笔接地）/kΩ	反向对地阻值（红表笔接地）/kΩ
①	4	10	⑨	0	0
②	4.4	11.2	⑩	4.5	11.5
③	4.4	12.5	⑪	4.6	11.9
④	4.4	7	⑫	4.4	12.2
⑤	4.4	12.8	⑬	3.6	9
⑥	4.6	11.5	⑭	4.2	12.8
⑦	4.6	11.8	⑮	4.6	13
⑧	3.2	3.3	⑯	0	0

2　免提通话集成电路的检测

免提通话集成电路是一种用于高质量免提扬声器电话系统的集成芯片，其内部包括话筒放大器、扬声器功放送话和受话衰减器、背景噪声检测系统及衰减控制系统等，应用十分广泛。图 11-48 所示为免提通话集成电路 CSC34018CP 的引脚功能图。

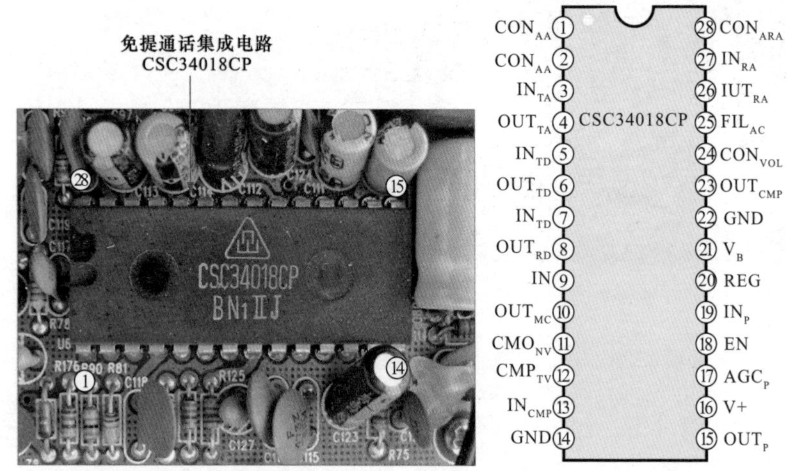

图 11-48　免提通话集成电路 CSC34018CP 的引脚功能图

免提通话集成电路的好坏，也可通过万用表检测其各引脚对地阻值的方法来进行判断。将万用表调至“×1k”欧姆挡，黑表笔搭在接地端（⑭脚），红表笔搭在其余各引脚上，检测通话集成电路各引脚的正向对地阻值，如图 11-49 所示。然后对调表笔，检测免提通话集成电路各引脚的反向对地阻值。

正常情况下，测得免提通话集成电路 CSC34018CP 各引脚的对地阻值，参见表 11-5。若实测结果与表格中相差较大，则多为集成电路损坏，应用同规格同型号集成电路进行更换。

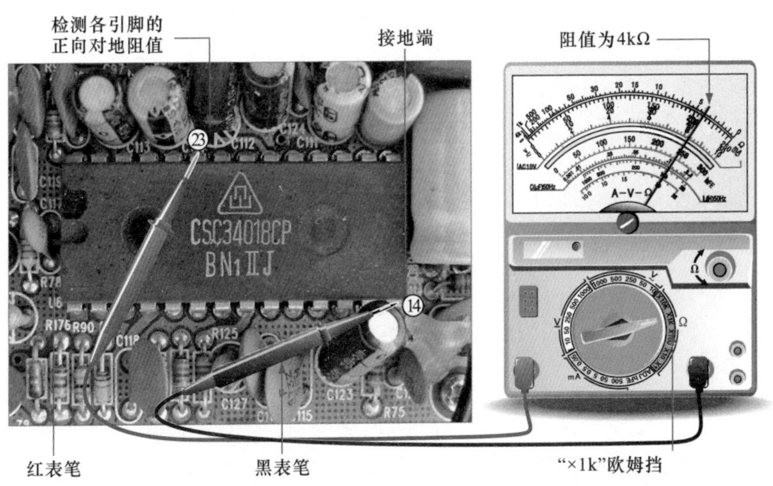

图 11-49　检测免提通话集成电路各引脚对地阻值

表 11-5　免提通话集成电路 CSC34018CP 各引脚的对地阻值

引脚号	正向对地阻值（黑表笔接地）/kΩ	反向对地阻值（红表笔接地）/ kΩ	引脚号	正向对地阻值（黑表笔接地）/kΩ	反向对地阻值（红表笔接地）/kΩ
①	4	11	⑮	3.5	3.6
②	4.2	12	⑯	3.3	21.5
③	4	5.2	⑰	3.8	14
④	4	5.4	⑱	4	68
⑤	4	∞	⑲	3.7	6.5
⑥	4.2	6	⑳	3	6.6
⑦	4.2	∞	㉑	1.4	1.8
⑧	4.2	6.3	㉒	0	0
⑨	3.7	5.2	㉓	4	6
⑩	3.7	9	㉔	2.3	2.5
⑪	3.9	8.8	㉕	3.5	8.5
⑫	4	5.9	㉖	4	7.3
⑬	4.2	∞	㉗	4	5.6
⑭	0	0	㉘	4	10.5

3 听筒和话筒的检测

听筒是实现电话机中电 / 声转换的器件，它将电话机通话电路处理后输出的电信号还原为声音信号；话筒则是实现声 / 电转换的器件，它将说话人的声音信号转换为电信号，经通话电路处理后送往外线。

当电话机受话不良时，可使用万用表对听筒的阻值进行检测。将万用表调至“×1”欧姆挡，红黑表笔搭在听筒的引脚上，检测其阻值，如图 11-50 所示。

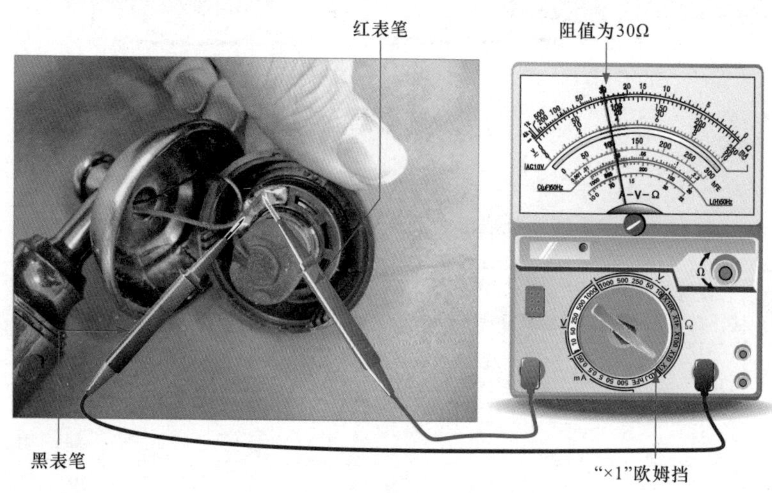

图 11-50　检测听筒的阻值

正常情况下，应可以测得一定阻值（实测为 30Ω）。如果所测得的阻值为零或者为无穷大，则说明听筒已损坏，需要更换。

提示

如果听筒性能良好，在检测时，用万用表的一只表笔接在听筒的一个端子上，当另一只表笔触碰听筒的另一个端子时，听筒会发出“咔咔”声。如果听筒损坏，则不会有声音发出的情况。

当电话机送话不良时，可使用万用表对话筒的阻值进行检测。将万用表调至“×10”欧姆挡，红黑表笔搭在话筒的引脚上，检测其阻值，如图 11-51 所示。

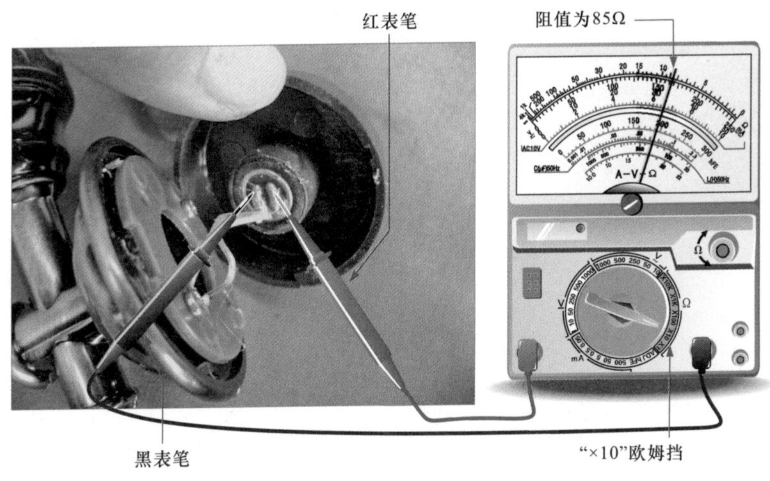

图 11-51　检测话筒的阻值

正常情况下，应可以测得一定阻值（实测为 85Ω）。如果所测得的阻值为零或者为无穷大，则说明话筒已损坏，需要更换。

第 12 章

万用表检修洗衣机的应用

12.1 万用表在洗衣机检修中的应用

12.1.1 洗衣机的结构原理

1 洗衣机的结构

洗衣机是一种对衣物进行清洗的家电产品，它是典型的机电一体化设备。它通过相应的控制按钮，控制电动机的起停运转，从而带动洗衣机波轮的转动，洗衣机波轮的转动进而带动水流旋转，最终完成洗衣工作。一般来说，洗衣机主要是由进水电磁阀、水位开关、排水器件、程序控制器、操作显示面板、主控电路、洗涤电动机组件、安全门装置、加热器及温度控制器等构成的。图 12-1 所示为典型洗衣机的整机结构。

（1）进水电磁阀　进水电磁阀是用于对洗衣机进行自动注水和自动停止注水的部件，通常安装在洗衣机的进水口处。图 12-2 所示为进水电磁阀的安装位置。

进水电磁阀主要是由电磁线圈、出水口和进水口等组成的。通过控制电磁线圈，控制铁心的运动，从而实现对进水阀的控制，达到控制进水的目的。图 12-3 所示为典型进水电磁阀实物外形。

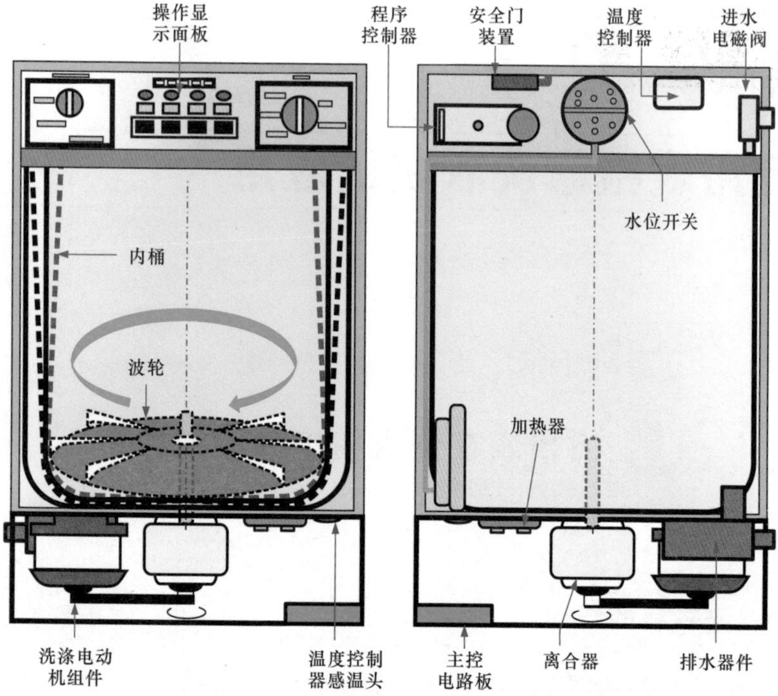

操作显示面板
内桶
波轮
洗涤电动机组件
温度控制器感温头
程序控制器
安全门装置
温度控制器
进水电磁阀
水位开关
加热器
主控电路板
离合器
排水器件
(a) 洗衣机正面　　(b) 洗衣机背面

图 12-1　典型洗衣机的整机结构

进水口处
进水电磁阀

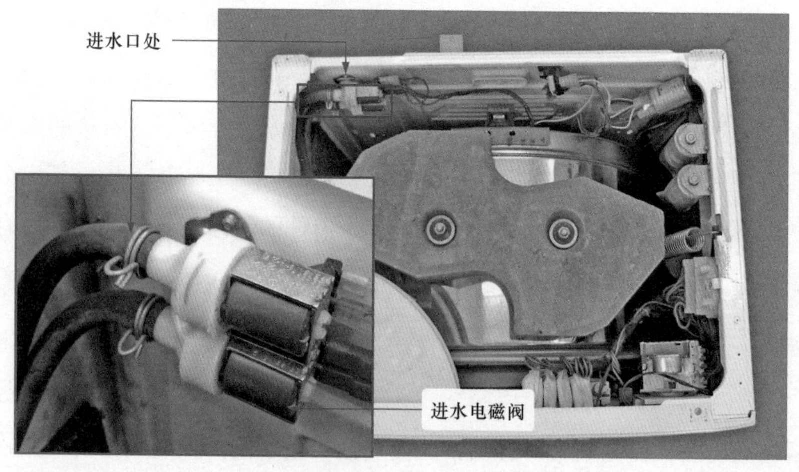

图 12-2　进水电磁阀的安装位置

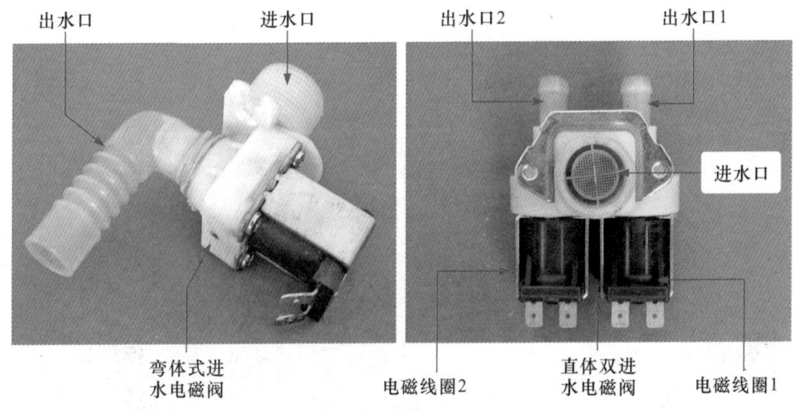

图 12-3 典型进水电磁阀实物外形

通过控制进水电磁阀可以实现对洗衣机自动注水和自动停止注水。进水电磁阀通过水位开关将检测到的水位信号送给程序控制器，进而控制进水电磁阀的通断电。

（2）水位开关 水位开关是用于检测洗衣机水位的部件，通常安装在洗衣机的上部，通过检测洗衣机内部的水量，控制洗衣机进水的起停。图 12-4 所示为水位开关的安装位置。水位开关主要分为单水位开关和多水位开关两种，单水位开关主要应用在波轮式洗衣机中，而多水位开关则主要应用在滚筒式洗衣机中。

图 12-5 所示为水位开关的实物外形。

（3）排水器件 排水器件用于对洗衣机内的水进行自动排放，由水位开关检测洗衣机内部水量后，控制排水器件的起停工作。排水器件有排水泵、电磁牵引式排水阀和电动机牵引式排水阀 3 种，都安装在洗衣机的底部。图 12-6 所示为排水器件的安装位置。

1）排水泵。排水泵是由风扇、定子铁心、叶轮室盖、绕组线圈和接线端等组成，由这些器件相互作用实现排水泵的排水功能。图 12-7 所示为排水泵的实物外形。

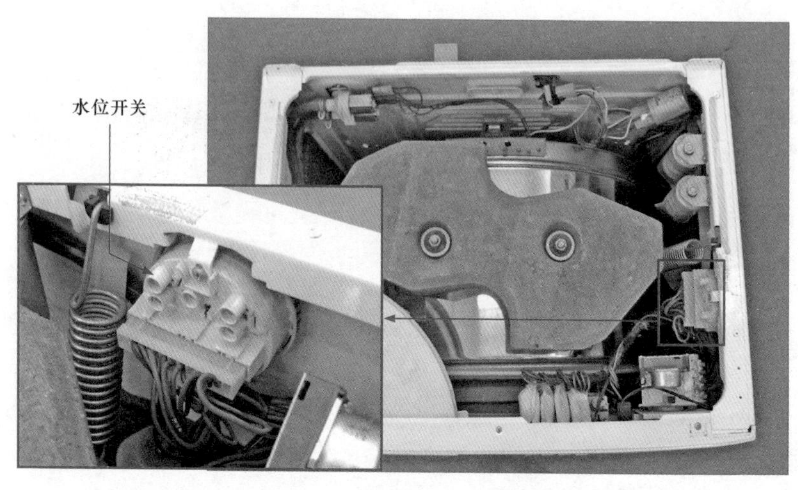

图 12-4 水位开关的安装位置

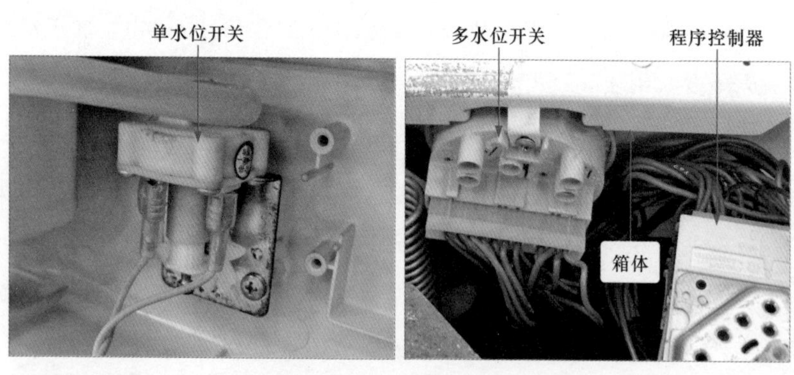

图 12-5 水位开关的实物外形

图 12-6　排水器件的安装位置

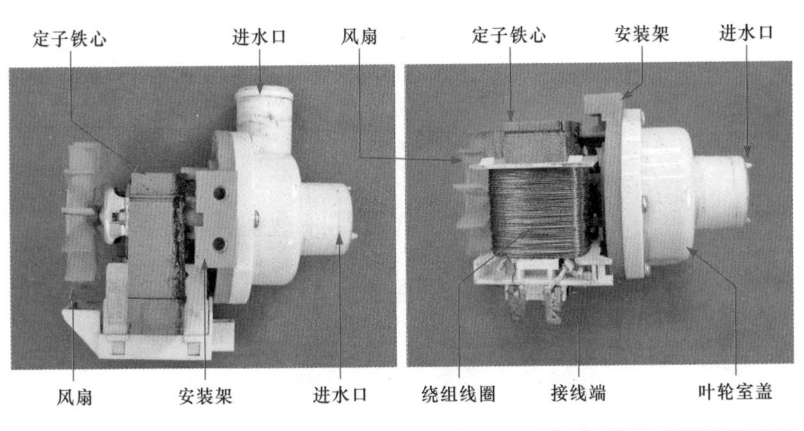

图 12-7　排水泵实物外形

2）电磁牵引式排水阀。电磁牵引式排水阀是由电磁铁牵引器和排水阀组成的，通过电磁铁牵引器控制排水阀的工作状态，实现排水功能。图 12-8 所示为电磁牵引式排水阀的实物外形。

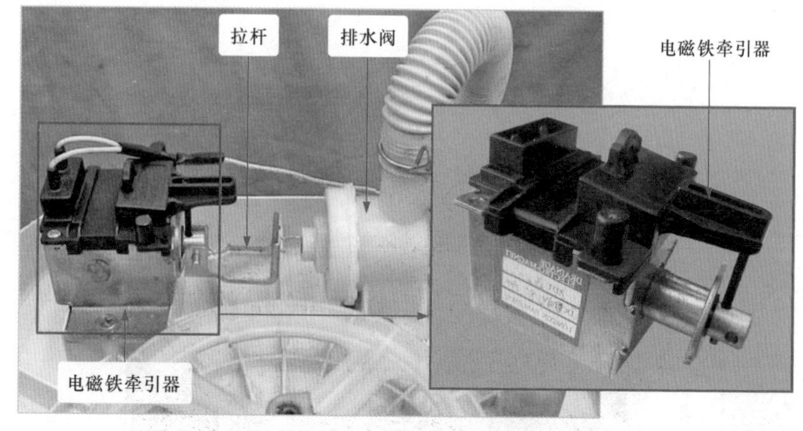

图 12-8　电磁牵引式排水阀的实物外形

3）电动机牵引式排水阀。电动机牵引式排水阀是由电动机牵引器和排水阀组成的，通过电动机旋转力矩来控制排水阀的工作状态，实现排水功能。图 12-9 所示为电动机牵引式排水阀的实物外形。

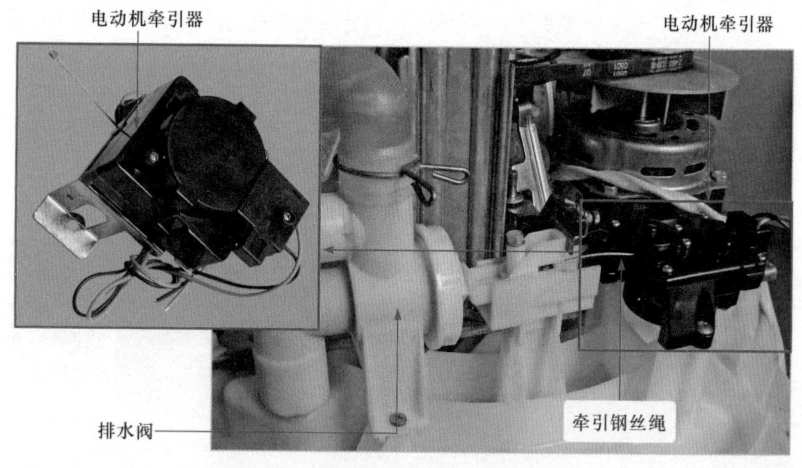

图 12-9　电动机牵引式排水阀的实物外形

（4）程序控制器　程序控制器是用于设定洗衣机工作模式的部件，将人工指令传送给洗衣机的主控电路，使洗衣机工作，通常安装在操作显示面板的后面。图 12-10 所示为程序控制器的安装位置。

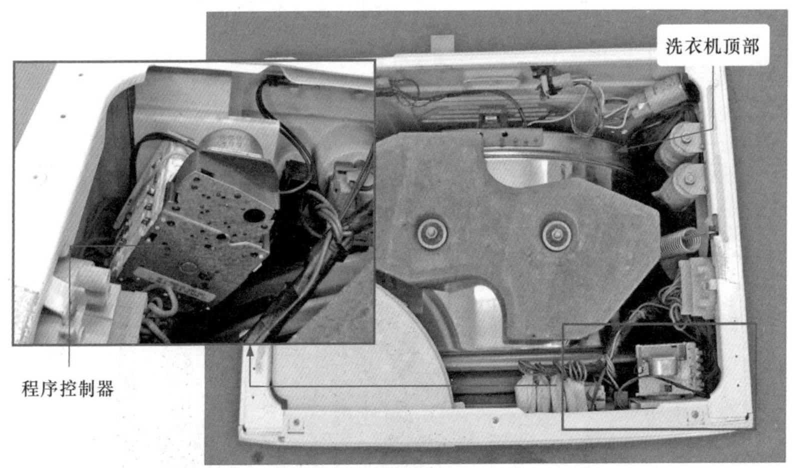

图 12-10　程序控制器的安装位置

程序控制器由同步电动机、定时控制轴、连接插件及其内部的凸轮齿轮组构成，通过旋转定时控制轴带动程序控制器工作，实现对洗衣机的控制功能。图 12-11 所示为程序控制器的实物外形。

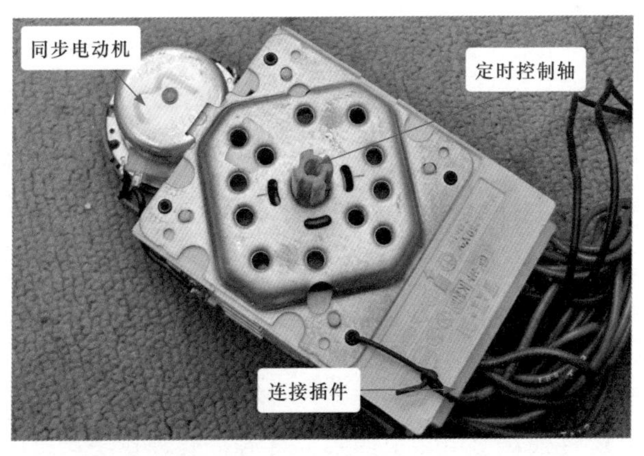

图 12-11　程序控制器的实物外形

（5）主控电路　主控电路是洗衣机的核心控制部件，由其内部的微处理器控制该电路的工作。主控电路通常安装在洗衣机的底部，图12-12所示为主控电路的安装位置。

图 12-12　主控电路的安装位置

主控电路在工作时，通过程序控制器（或操作显示电路）可以为微处理器输入人工指令。微处理器收到人工指令后，根据程序输出控制信号，对洗涤电动机、进水电磁阀和排水泵等部分进行控制，使之协调动作完成洗涤工作。

图12-13所示为主控电路的外形结构，主要元器件有晶体、微处理器（IC1）、稳压二极管和水泥电阻。通过检测这些元器件是否正常，可以判断主控电路是否出现故障。

（6）洗涤电动机　洗涤电动机是洗衣机的动力源，用于带动洗衣机的波轮运转，以实现洗衣机的洗涤功能。洗涤电动机有单相异步电动机、电容运转式双速电动机两种，且通常安装在洗衣机的底部。图12-14所示为洗涤电动机的安装位置。

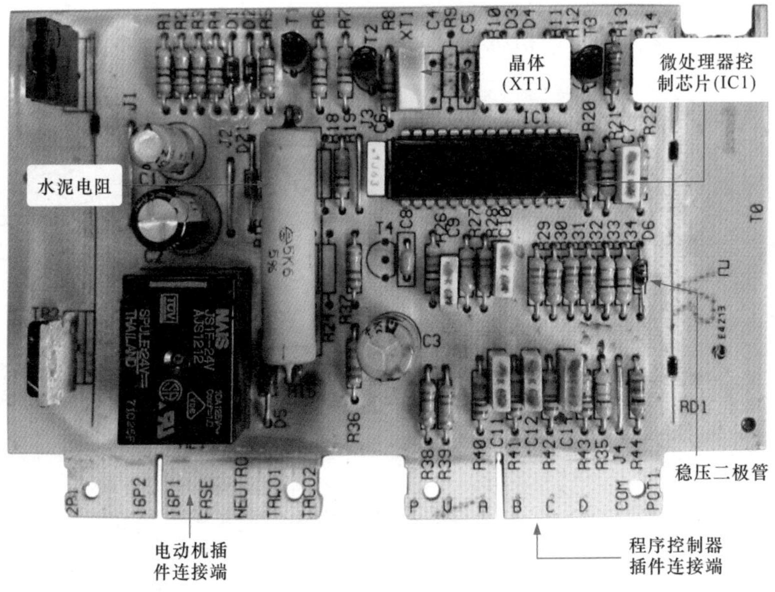

图 12-13　主控电路的外形结构

图 12-14　洗涤电动机的安装位置

1）单相异步电动机。单相异步电动机由带轮、风叶轮、铁心、连接引脚等组成，通过起动电容起动后开始工作，实现洗衣机的洗涤功能。图 12-15 所示为单相异步电动机的外形结构。

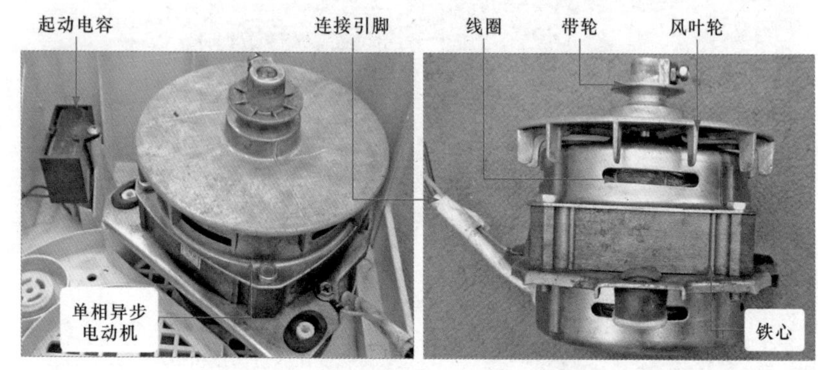

图 12-15　单相异步电动机的外形结构

2）电容运转式双速电动机。电容运转式双速电动机由外壳、绕组、接线端和过热保护器等构成，通过起动电容起动后开始工作，实现洗衣机的洗涤功能。图 12-16 所示为电容运转式双速电动机的外形结构。

图 12-16　电容运转式双速电动机的外形结构

（7）起动电容　起动电容用于控制洗涤电动机的起停工作，通过起动电容将起动电流加到洗涤电动机的起动绕组上进行起动。图 12-17 所示为起动电容的外形结构。

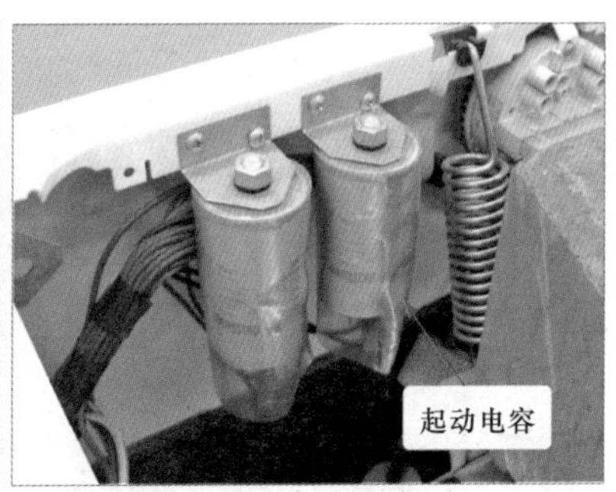

图 12-17　起动电容的外形结构

（8）安全门装置　安全门装置在洗衣机通电状态下，起到安全保护的作用，也可以直接控制电动机的电源。图 12-18 所示为安全门装置的安装位置及外形结构。

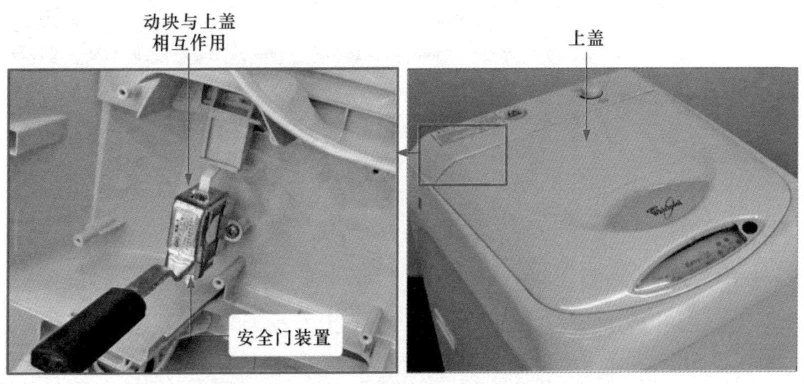

图 12-18　安全门装置的安装位置及外形结构

提示

安全门装置通常安装在洗衣机围框的后面，受控于洗衣机的上盖。当上盖关闭时，动块与上盖相互作用；若上盖打开，动块与上盖撤销作用。

（9）加热器及温度控制器　加热器及温度控制器用于对洗涤液进行加热控制，通常安装在洗衣机背部的下方。加热器用于对洗涤液进行加热，提高洗衣机的洗涤效果，且由温度控制器控制加热的温度。图12-19所示为加热器及温度控制器的安装位置。

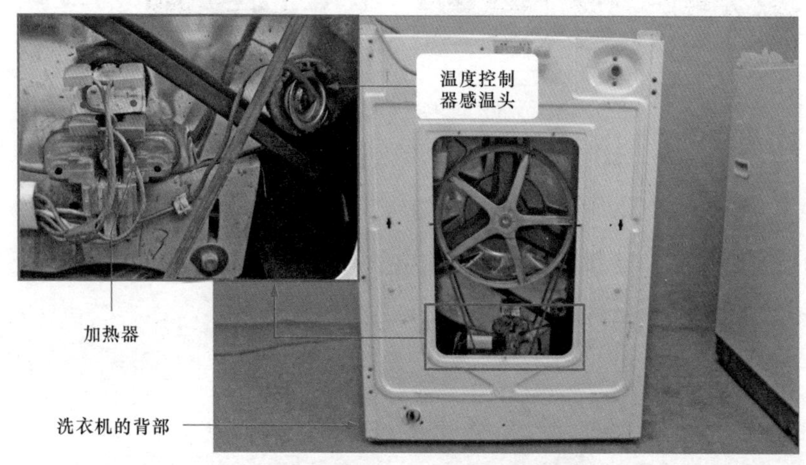

图 12-19　加热器及温度控制器的安装位置

图12-20所示为加热器及温度控制器的实物外形。

（10）操作显示电路　操作显示电路是用于对洗衣机进行人工指令输入和工作状态显示的电路，通常安装在洗衣机的操作面板上，图12-21所示为操作显示电路的安装位置。在操作显示电路中，除了有操作按钮、指示灯外，还带有与其他部件的连接接口等部件。

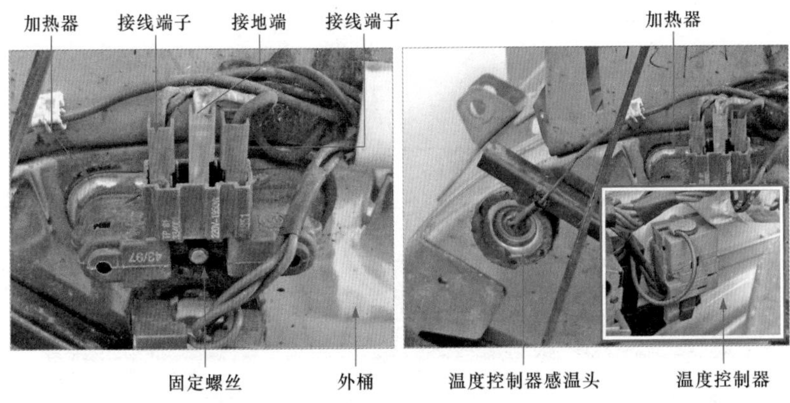

图 12-20　加热器及温度控制器的实物外形

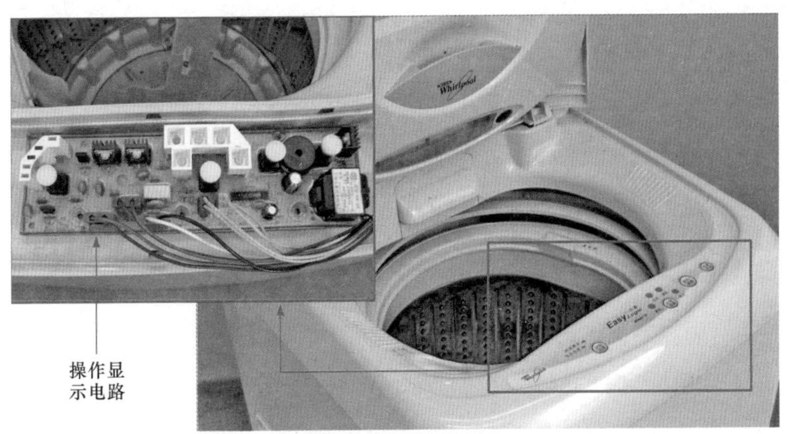

图 12-21　操作显示电路的安装位置

图 12-22 所示为操作显示电路的实物外形。用万用表检测操作显示电路板时，可重点检测操作显示电路中连接接口的电压值。通常，进水电磁阀端电压为交流 220V，安全门装置接口端电压为直流 5V，水位开关接口端电压为直流 5V，排水泵接口端电压为交流 220V，洗涤电动机接口端为 380 V 间歇供电电压。

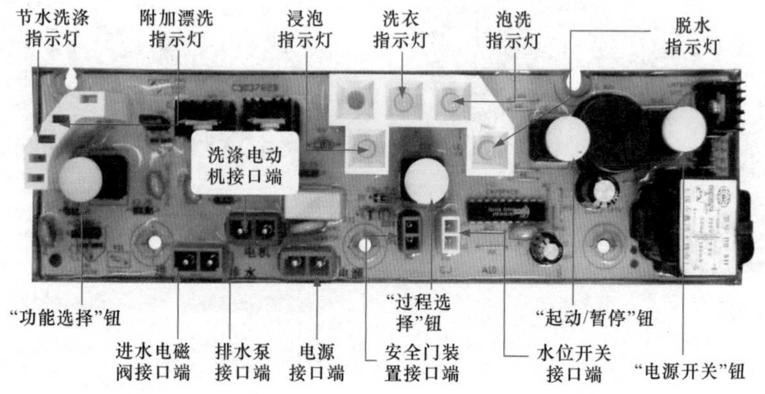

图 12-22　操作显示电路的实物外形

2　洗衣机的信号流程

洗衣机中的主要部件与众多电子元器件相互连接，组合形成单元电路（或功能电路），各单元电路（功能电路）相互配合协调工作。图 12-23 所示为典型洗衣机的整机电路框图。

主控电路为洗衣机的核心控制部分，经程序控制器（或操作显示电路）将人工指令送入控制电路的微处理器（CPU）中，由微处理器（CPU）控制电磁阀进水、洗涤电动机运转、排水器件脱水、加热器加热等工作。

主控电路中的微处理器（CPU）接收由水位开关送入的水位检测信号和温度控制器传送的温度检测信号，对洗衣机的水位、温度等进行控制。

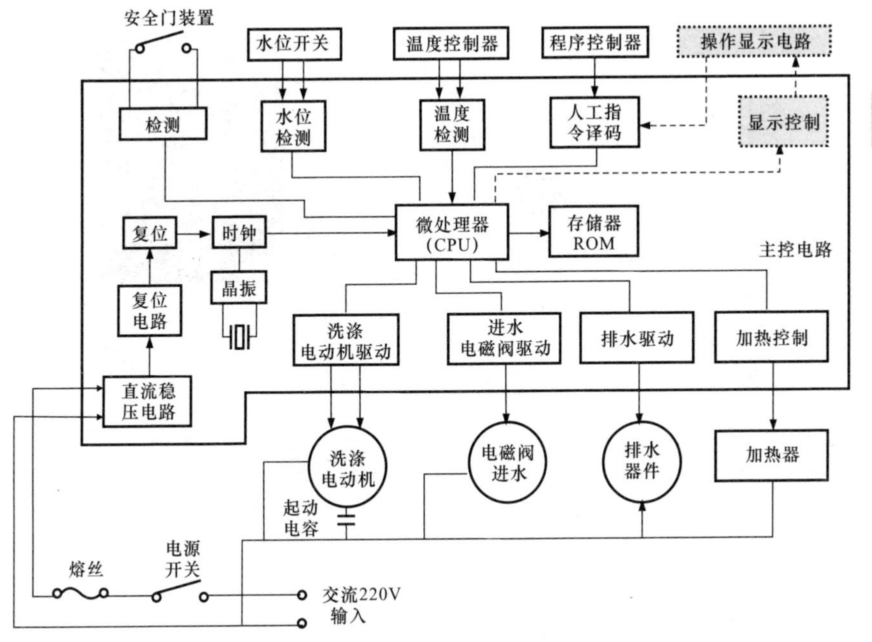

图 12-23　典型洗衣机的整机电路框图

12.1.2　万用表对洗衣机的检修应用

使用万用表对洗衣机进行检测时，要根据洗衣机的整机结构和电路特点，确定主要检测部位。这些主要检测部位是洗衣机检测时的关键点，通过对这些主要检测部位的测量，即可查找到故障线索。图 12-24 所示为典型洗衣机的主要检测部位。用万用表检修洗衣机故障时，可重点对进水电磁阀、水位开关、排水系统、洗涤电动机、程序控制器、主控电路板、加热器及温度控制器和操作显示面板等进行检测。

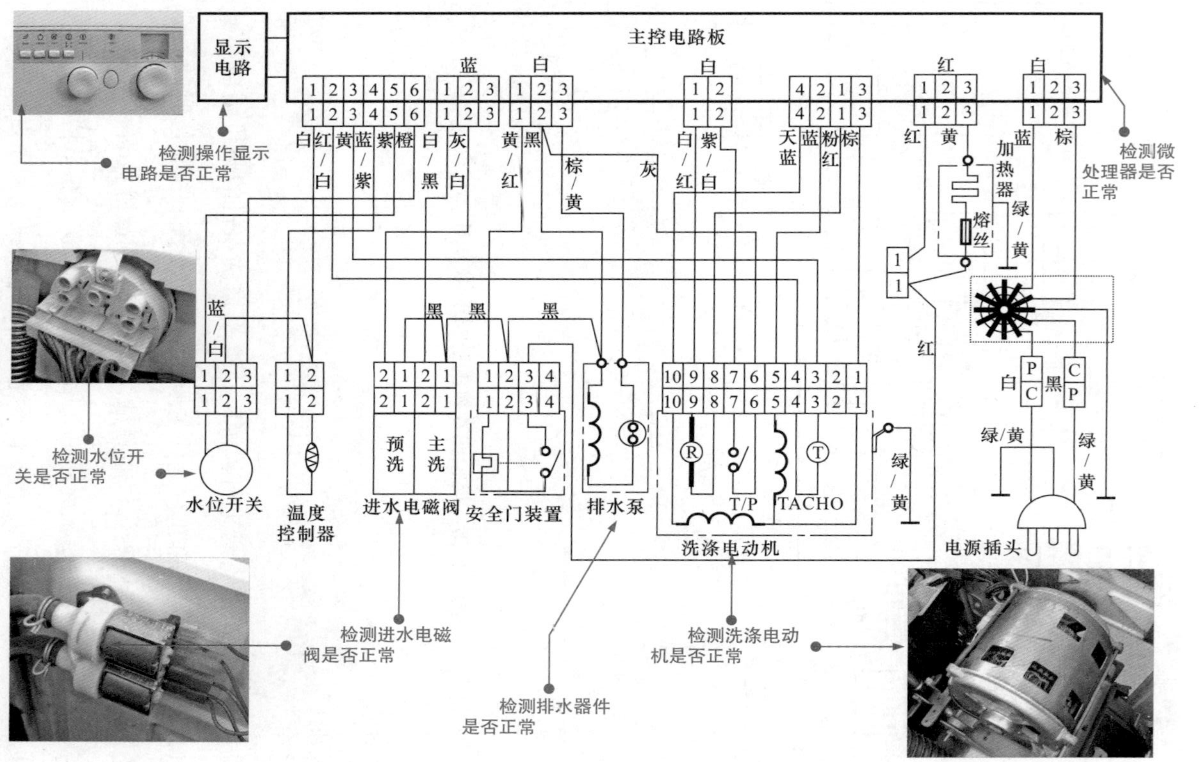

图 12-24 典型洗衣机的主要检测部位

12.2 万用表检测洗衣机的训练

12.2.1 万用表检测进水电磁阀

用万用表检测进水电磁阀时，可重点检测进水电磁阀的供电电压和绕组阻值。通常，进水电磁阀的供电电压为交流 220V，电磁线圈绕组阻值为 3.5kΩ。

1 检测进水电磁阀

用万用表检测洗衣机的进水电磁阀，要先将洗衣机设置在“洗衣”状态，然后再检测进水电磁阀供电端的电压。

1）将万用表量程调至 AC 250V 电压挡，红黑表笔分别搭在进水电磁阀电磁线圈 1 的供电端。正常情况下，进水电磁阀电磁线圈 1 的供电电压应为 220 V 左右，如图 12-25 所示。

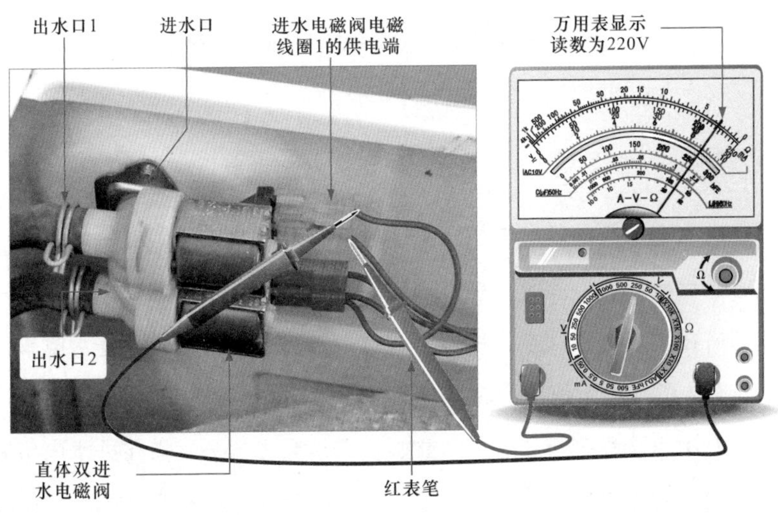

图 12-25 进水电磁阀电磁线圈 1 供电电压的检测操作

2）将万用表量程调至 AC 250V 电压挡，红黑表笔分别搭在进水电磁阀电磁线圈 2 的供电端。正常情况下，进水电磁阀电磁线圈 2 的供电电压也应为 220V 左右，如图 12-26 所示。

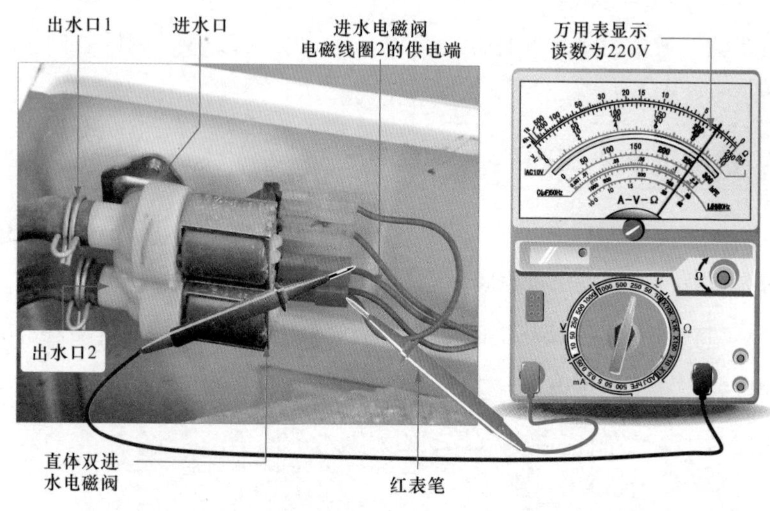

图 12-26 进水电磁阀电磁线圈 2 供电电压的检测操作

2 检测电磁线圈

若进水电磁阀的供电电压正常，应继续对进水电磁阀电磁线圈的绕组阻值进行检测。检测时，将万用表量程调至“×1k”欧姆挡，红黑表笔分别搭在进水电磁阀电磁线圈 1 的连接端。正常情况下，进水电磁阀电磁线圈 1 的绕组阻值应为 3.5kΩ 左右，如图 12-27 所示。

将万用表量程调至“×1k”欧姆挡，红黑表笔分别搭在进水电磁阀电磁线圈 2 的连接端。正常情况下，进水电磁阀电磁线圈 2 的绕组阻值也应为 3.5kΩ 左右，如图 12-28 所示。

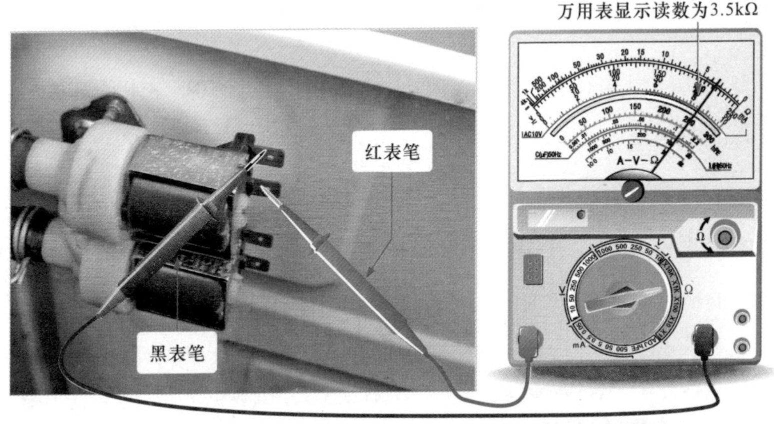

图 12-27　进水电磁阀电磁线圈 1 绕组阻值的检测操作

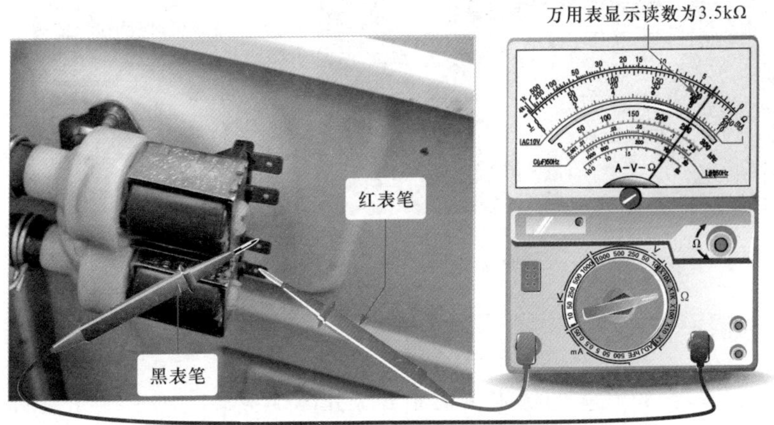

图 12-28　进水电磁阀电磁线圈 2 绕组阻值的检测操作

提示

用万用表测量电阻时，每切换一次量程都要进行一次零欧姆校正。因此，这项校正在测量时要经常进行。

12.2.2 万用表检测水位开关

万用表检测水位开关时，可重点检测水位开关阻值。水位开关触点接通时电阻值通常为 0Ω。

1）万用表检测水位开关时，将万用表量程调至“×1”欧姆挡，红黑表笔分别搭在水位开关的低水位控制开关的连接端。正常情况下，水位开关的低水位控制开关的阻值应为 0Ω，如图 12-29 所示。

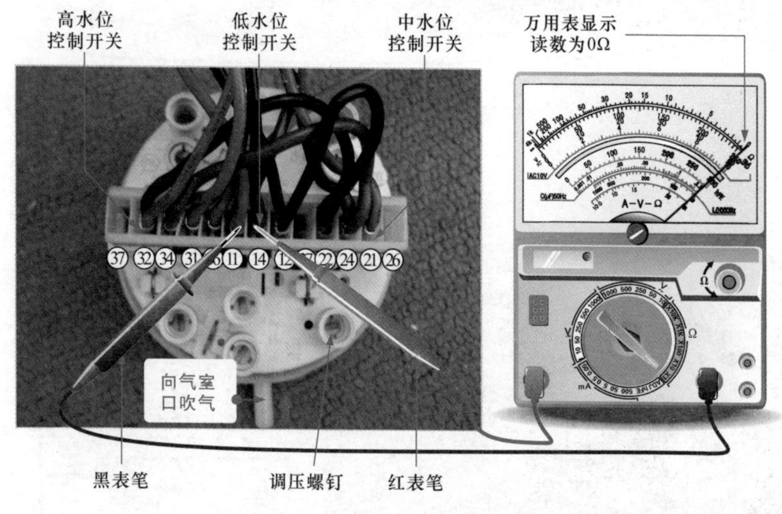

图 12-29 水位开关的低水位控制开关阻值的检测操作

2）若水位开关的低水位控制开关正常，应继续对水位开关的中水位控制开关的阻值进行检测。检测时，将万用表量程调至“×1”欧姆挡，红黑表笔分别搭在水位开关的中水位控制开关的连接端。正常情况下，水位开关的中水位控制开关的阻值也应为 0Ω，如图 12-30 所示。

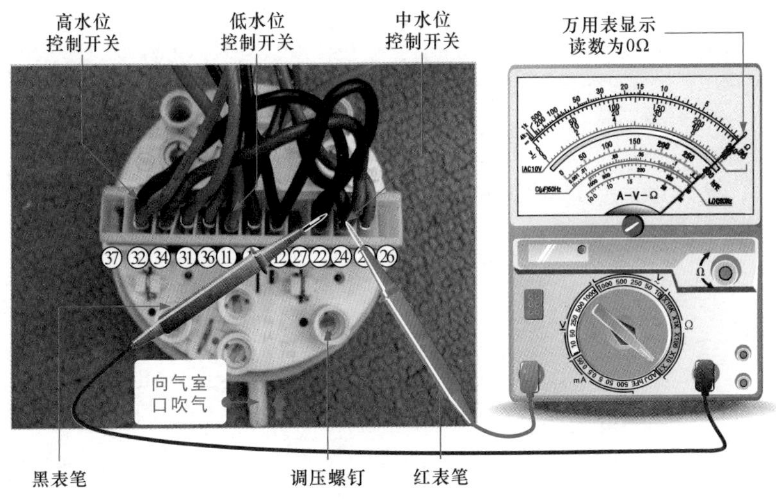

图 12-30　水位开关的中水位控制开关阻值的检测操作

3）若水位开关的低、中水位控制开关均正常，应继续对水位开关的高水位控制开关的阻值进行检测。检测时，将万用表量程调至“×1”欧姆挡，红黑表笔分别搭在水位开关的高水位控制开关的连接端。正常情况下，水位开关的高水位控制开关的阻值仍应为 0Ω，如图 12-31 所示。

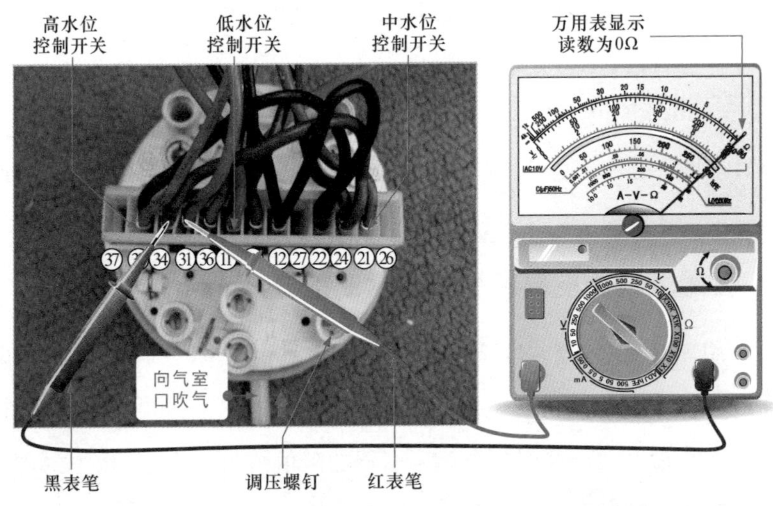

图 12-31　水位开关的高水位控制开关阻值的检测操作

提示

在区分高中低水位开关时，要先将洗衣机断电，然后向气室口吹气。根据吹气的“小、中、大”使水位开关处于低水位控制、中水位控制、高水位控制状态，再分别检测水位开关的低水位控制开关、中水位控制开关、高水位控制开关的阻值。

12.2.3 万用表检测排水器件

洗衣机的排水器件主要有排水泵、电磁牵引式排水阀和电动机牵引式排水阀 3 种，不同的排水器件在检测时，具体的操作方法也有所不同。

1 万用表检测排水泵的方法

用万用表检测排水泵时，可重点检测排水泵的供电电压和绕组线圈的阻值。通常，排水泵的供电电压为交流 220V，电阻值为 22Ω 左右。

1）检测排水泵前，要先将洗衣机设置在“脱水”状态，然后再检测排水泵供电端的电压。检测时，将万用表量程调至 AC 250V 电压挡，红黑表笔分别搭在排水泵的供电端。正常情况下，排水泵的供电电压应为 220 V 左右，如图 12-32 所示。

2）若排水泵的供电电压正常，应继续对排水泵的绕组阻值进行检测。检测时，将万用表量程调至“×1”欧姆挡，红黑表笔分别搭在排水泵的连接端。正常情况下，水泵的绕组阻值应为 22Ω 左右，如图 12-33 所示。

2 万用表检测电磁牵引式排水阀的方法

万用表检测电磁牵引式排水阀时，可重点检测电磁铁牵引器的供电电压和阻值。通常，电磁铁牵引器的供电电压在交流 180 ~ 220V 之间；在未按下微动开关压钮时，电磁牵引器的阻值约为 114Ω；按下微动开关压钮时，电磁牵引器的阻值约为 3.2kΩ。

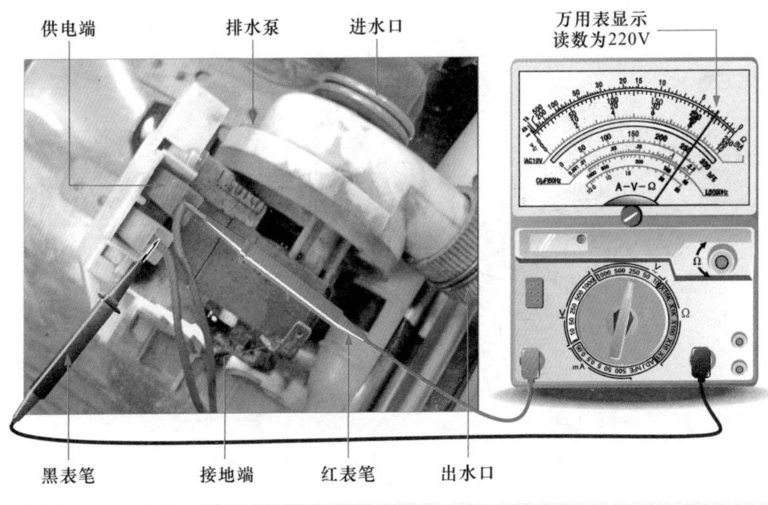

图 12-32　排水泵供电电压的检测操作

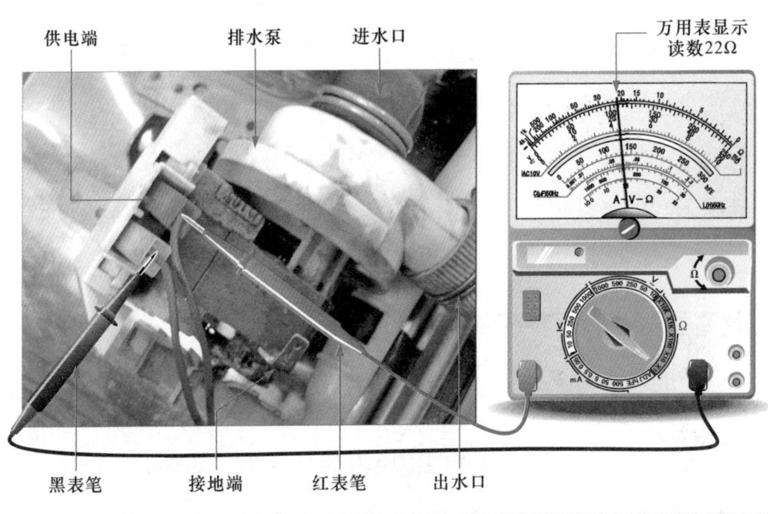

图 12-33　排水泵阻值的检测操作

1）检测电磁铁牵引式排水阀前，要先将洗衣机设置在“脱水”工作状态，然后再检测电磁铁牵引器供电端的电压。检测时，将万用表量程调至 250V 交流电压挡，红黑表笔分别搭在电磁牵引器的供电端。正常情况下，电磁牵引器的供电电压应为 220 V 左右，如图 12-34 所示。

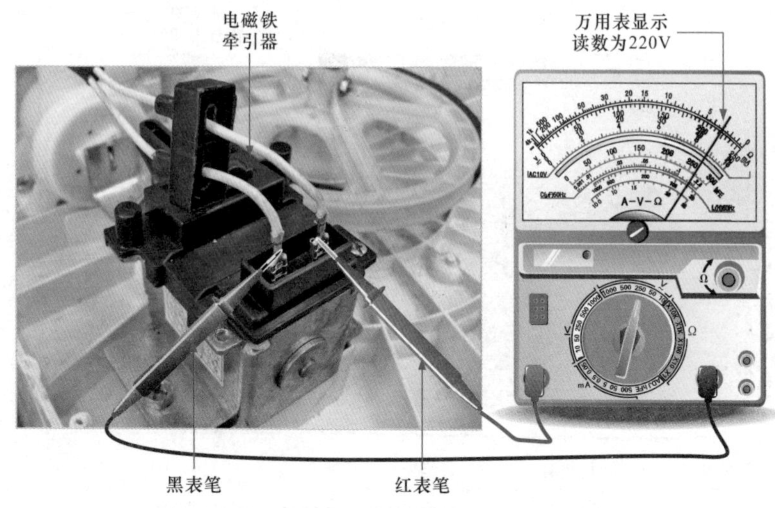

图 12-34　电磁铁牵引式排水阀中电磁铁牵引器供电电压的检测操作

2）若电磁铁牵引式排水阀中电磁铁牵引器的供电电压正常，应继续对电磁铁牵引式排水阀中电磁铁牵引器的阻值进行检测。检测时，将万用表量程调至“×10”欧姆挡，红黑表笔分别搭在电磁铁牵引器的连接端。正常情况下，电磁铁牵引器的阻值应为 114Ω 左右，如图 12-35 所示。

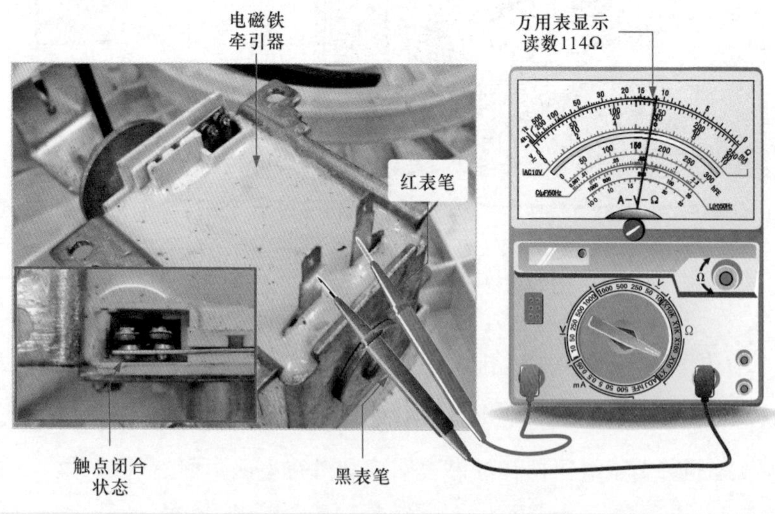

图 12-35　电磁铁牵引器转换触点闭合时阻值的检测操作

3）若电磁铁牵引器在触点闭合时阻值正常，应继续对其在触点断开时的阻值进行检测。检测时，将万用表量程调至“×1k”欧姆挡，红黑表笔分别搭在电磁铁牵引器的连接端。正常情况下，电磁铁牵引器的阻值应为 3.2kΩ 左右，如图 12-36 所示。

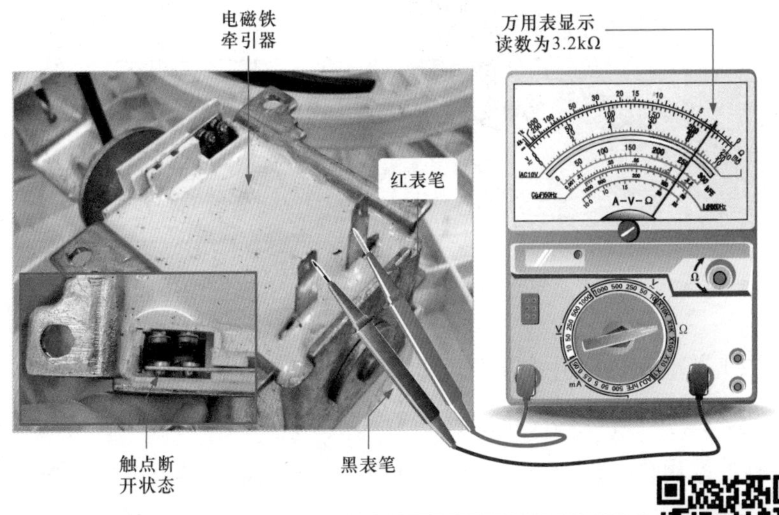

图 12-36　电磁铁牵引式排水阀中电磁铁牵引器阻值的检测操作

3　万用表检测电动机牵引式排水阀的方法

用万用表检测电动机牵引式排水阀时，可重点检测电动机牵引器的供电电压和阻值。通常，电动机牵引器的供电电压在交流 180～220V 之间；在行程开关处于关闭状态时，电动机牵引器的阻值约为 3kΩ；在行程开关处于打开状态时，电动机牵引器的阻值约为 8kΩ。

1）检测电动机牵引式排水阀前，要先将洗衣机设置在“脱水”工作状态，然后再检测电动机牵引器供电端的电压。检测时，将万用表量程调至 AC 250V 电压挡，红黑表笔分别搭在电动机牵引器的供电端。正常情况下，电动机牵引式排水阀中的电动机牵引器的供电电压应为220V 左右，如图 12-37 所示。

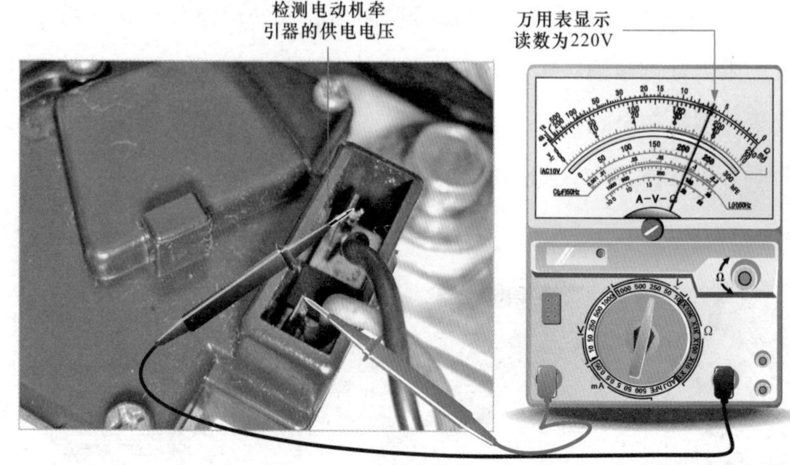

图 12-37　电动机牵引式排水阀中的电动机牵引器供电电压的检测操作

2）若电动机牵引式排水阀的供电电压正常，应继续对电动机牵引式排水阀中电动机牵引器的阻值进行检测。检测时，将万用表量程调至“×1k”欧姆挡，红黑表笔分别搭在电动机牵引器的连接端。正常情况下，电动机牵引器的阻值应为 3kΩ 左右，如图 12-38 所示。

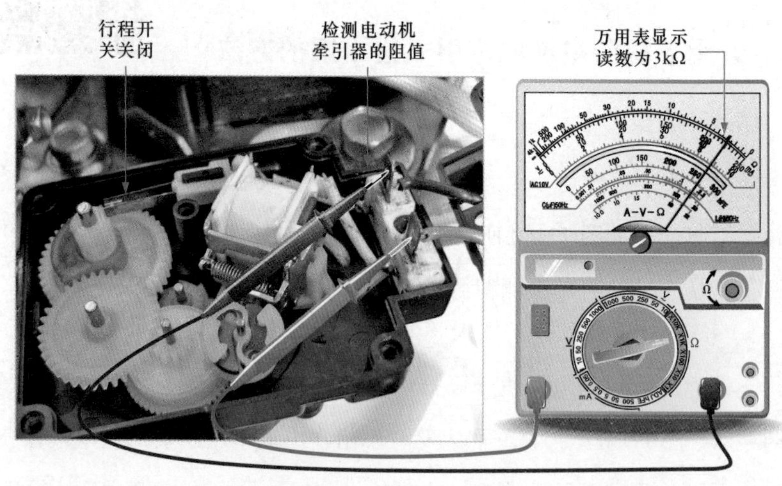

图 12-38　电动机牵引器行程开关闭合时阻值的检测操作

3）若电动机牵引器在行程开关闭合时阻值正常，应继续对其在行程开关断开时的阻值进行检测。检测时，将万用表量程调至“×1k”欧姆挡，红黑表笔分别搭在电磁铁牵引器的连接端。正常情况下，电磁铁牵引器的阻值应为 8 kΩ 左右，如图 12-39 所示。

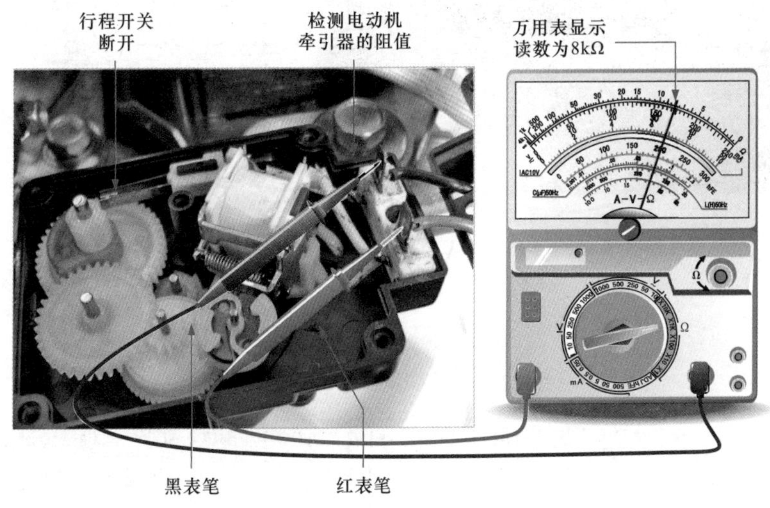

图 12-39　电动机牵引器行程开关断开时阻值的检测操作

12.2.4　万用表检测微处理器

用万用表检测微处理器时，应在洗衣机断电的条件下检测。将万用表量程调至“×1k”欧姆挡，黑表笔搭在接地端，红表笔搭在微处理器的各个引脚端，如图 12-40 所示。

正常情况下，万用表测得微处理器的阻值见表 12-1。

12.2.5　万用表检测洗涤电动机

在使用万用表检测洗涤电动机的过程中，应重点对洗涤电动机的供电电压和绕组阻值进行检测。不同的洗涤电动机具体的检测方法也有所差异，下面分别对单相异步电动机和电容运转式双速电动机进行检测。

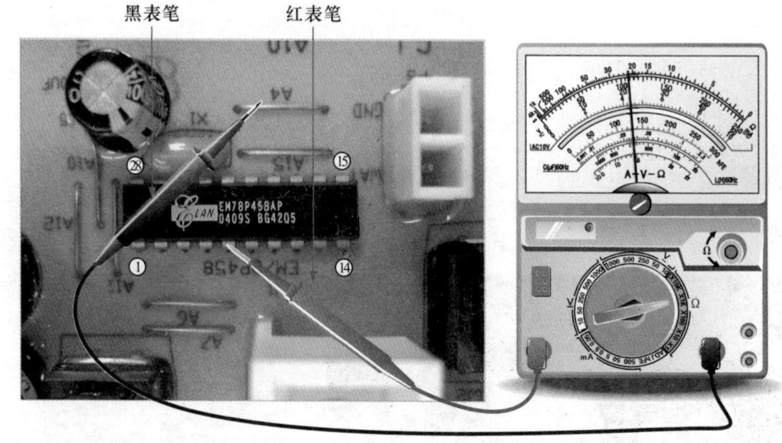

图 12-40 微处理器（IC1）各个引脚阻值的检测操作

表 12-1 万用表测得微处理器的阻值表

引脚	对地阻值 /kΩ	引脚	对地阻值 /kΩ	引脚	对地阻值 /kΩ	引脚	对地阻值 /kΩ
①	0	⑧	23	⑮	5.8	㉒	0
②	0	⑨	23	⑯	5.8	㉓	0
③	27	⑩	28	⑰	5.8	㉔	16.5
④	18.5	⑪	28	⑱	5.8	㉕	16.5
⑤	22	⑫	28	⑲	5.8	㉖	31
⑥	20	⑬	28	⑳	5.8	㉗	31
⑦	32	⑭	28	㉑	0	㉘	15

1 万用表检测单相异步电动机的方法

用万用表检测单相异步电动机时，可重点检测单相异步电动机的供电电压和绕组阻值。通常，单相异步电动机供电电压为交流 220V，绕组的电阻值为 35Ω 左右。

1）检测单相异步电动机前，要先将洗衣机断电，然后再检测单相异步电动机的三端绕组阻值。检测时将红表笔搭在黑色导线上，黑表笔搭在棕色导线上，测得其阻值为 35Ω，如图 12-41 所示。

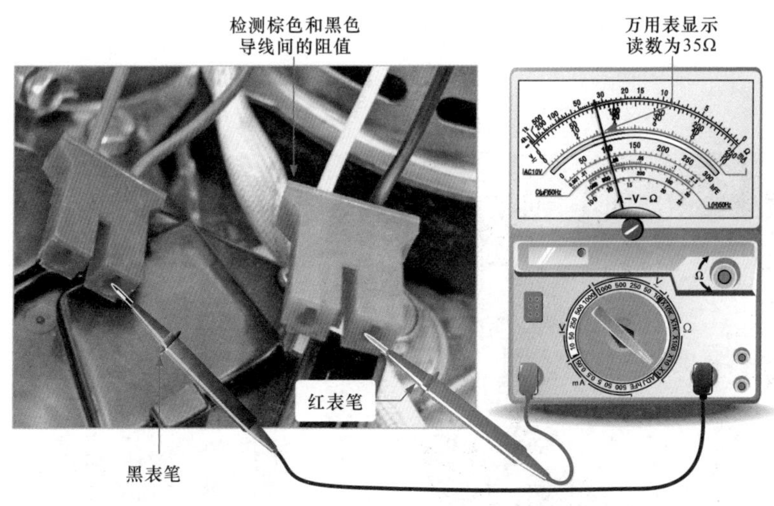

图 12-41　单相异步电动机黑棕导线间绕组阻值的检测操作

2）将万用表的红表笔搭在黑色导线上，黑表笔搭在红色导线上，测得其阻值也为 35Ω，如图 12-42 所示。

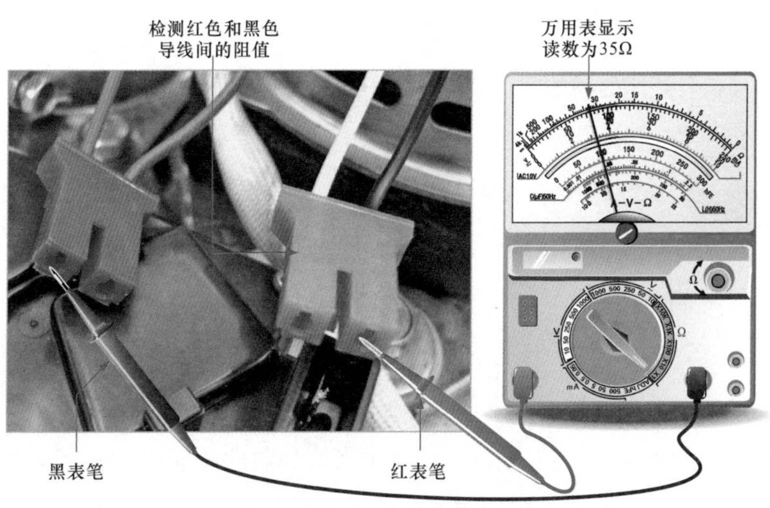

图 12-42　单相异步电动机黑红导线间绕组阻值的检测操作

3）将万用表的红表笔搭在红色导线上，黑表笔搭在棕色导线上，测得其阻值为 70Ω，如图 12-43 所示。

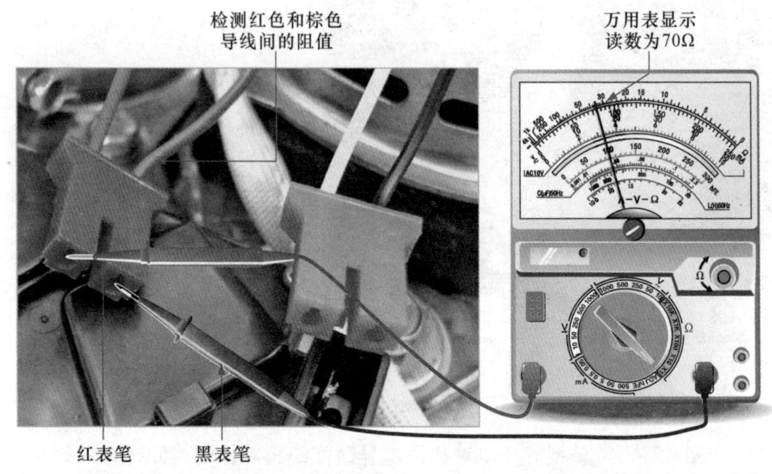

图 12-43　单相异步电动机红棕导线间绕组阻值的检测操作

2　万用表检测电容运转式双速电动机的方法

用万用表检测电容运转式双速电动机时，可重点检测电容运转式双速电动机各绕组之间的阻值和过热保护器的阻值。

1）用万用表检测电容运转式双速电动机时，应先对其过热保护器进行检测。检测时，将万用表量程调至“×1”欧姆挡，红黑表笔分别搭在过热保护器的连接端。正常情况下，过热保护器的阻值为 27Ω 左右，如图 12-44 所示。

2）若电容运转式双速电动机的过热保护器阻值正常，应继续对电容运转式双速电动机的绕组阻值进行检测。检测时先将洗衣机断电，将万用表量程调至“×1”欧姆挡，红黑表笔分别搭在电容运转式双速电动机的绕组连接端。正常情况下，12 极绕组的阻值为 28Ω 左右，如图 12-45 所示。

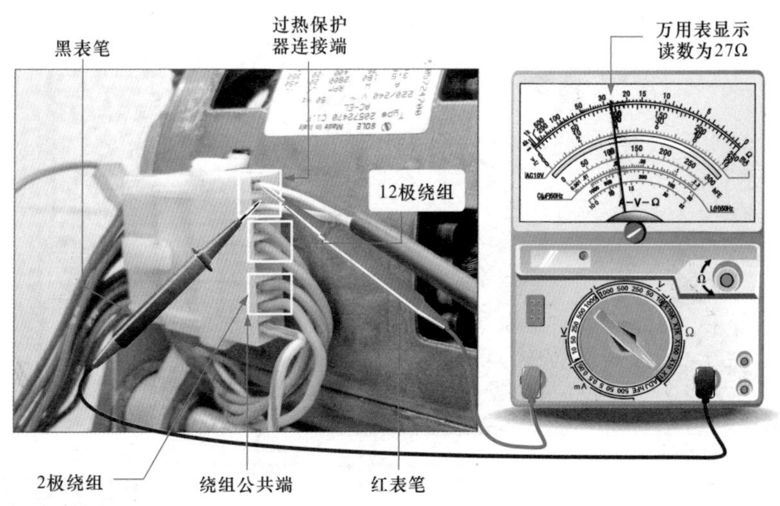

图 12-44　电容运转式双速电动机过热保护器的检测操作

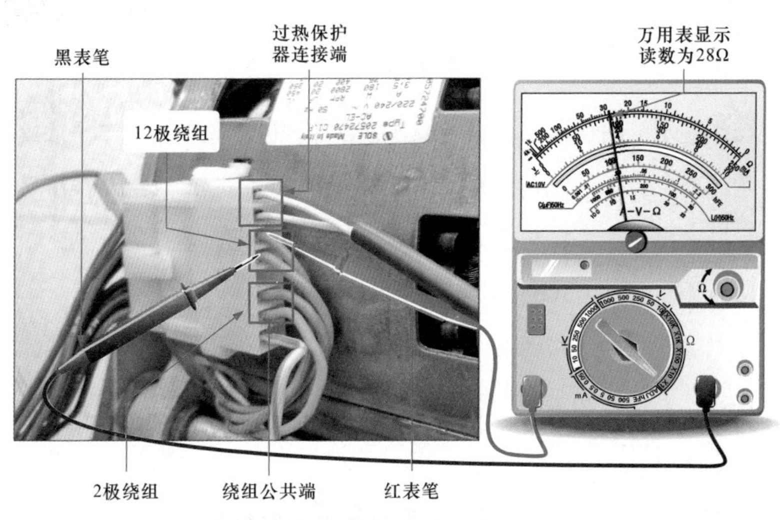

图 12-45　电容运转式双速电动机绕组阻值的检测操作（12 极绕组）

3）将万用表量程调至“×1”欧姆挡，红黑表笔分别搭在电容运转式双速电动机的绕组连接端。正常情况下，2 极绕组的阻值为 36Ω 左右，如图 12-46 所示。

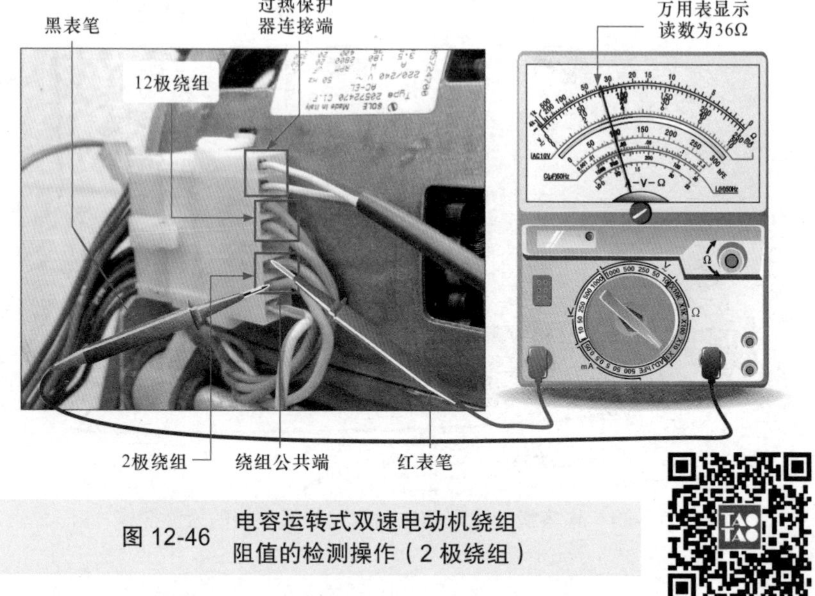

图 12-46　电容运转式双速电动机绕组阻值的检测操作（2 极绕组）

12.2.6　万用表检测操作显示电路板

操作显示电路板出现故障后，常导致洗衣机不起动、洗涤异常或显示异常的现象。用万用表检测操作显示电路板时，应重点检测操作显示电路板的输出电压。检测操作显示电路板前，应先为操作显示电路板供电，使其工作后再对其进行电压的检测。

检测操作显示电路板前，应根据洗衣机出现的不同故障现象检测相应的部位，例如对安全门装置、水位开关、进水电磁阀、排水器件、洗涤电动机等输出电压的检测。

1　安全门装置接口端输出电压的检测方法

用万用表检测安全门装置时，可重点检测安全门装置的电阻值。通常，安全门装置动块与上盖之间的作用撤销时，电阻值为无穷大；安全门装置动块与上盖之间相互作用时，电阻值为 0Ω。

检测安全门装置接口端输出电压时，将万用表量程调至 DC 10V 电压挡，黑表笔接触负极，红表笔接触正极。正常情况下，安全门装置接口端的输出电压应为直流 5 V，如图 12-47 所示。

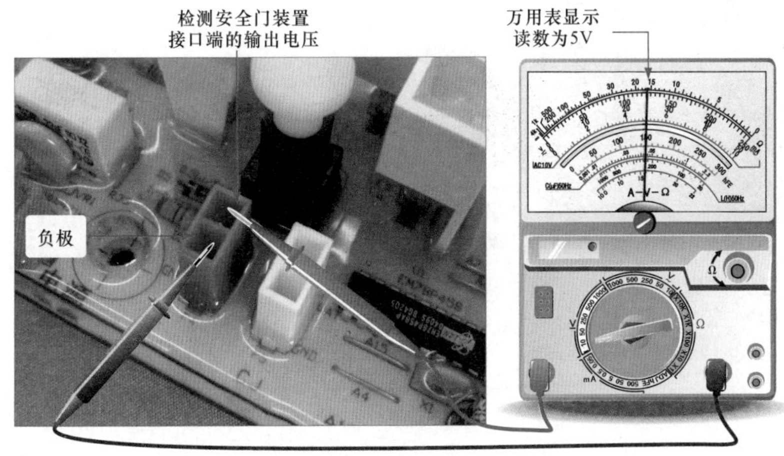

图 12-47　安全门装置接口端输出电压的检测操作

2　水位开关接口端输出电压的检测方法

检测水位开关接口端输出电压时，将万用表量程调至 DC 10V 电压挡，黑表笔接触负极，红表笔接触正极。正常情况下，万用表测得电压值也应为直流 5 V，如图 12-48 所示。

3　进水电磁阀接口端输出电压的检测方法

检测进水电磁阀接口端的输出电压前，可先检测洗衣机在待机状态时，进水电磁阀接口端的待机电压。

1）检测进水电磁阀接口端输出电压时，将万用表量程调至 AC 250V 电压挡，红表笔接在进水电磁阀接口端，黑表笔接在电源接口端。正常情况下，进水电磁阀接口端待机电压为 AC 180 V 左右，如图 12-49 所示。

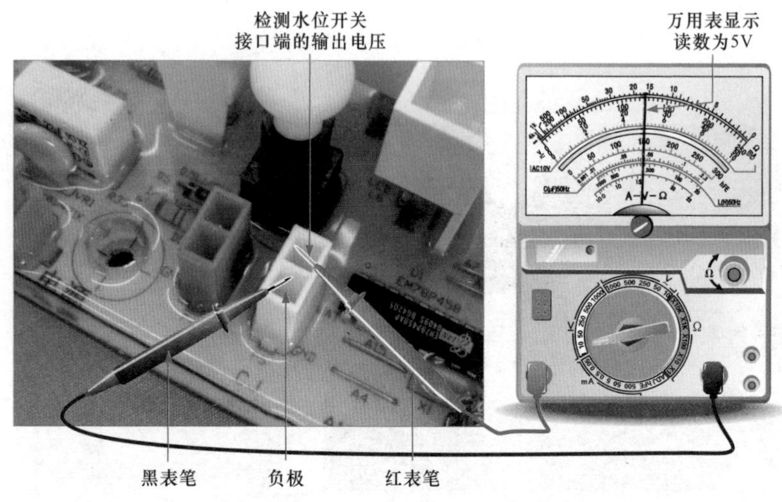

图 12-48 水位开关接口端输出电压的检测操作

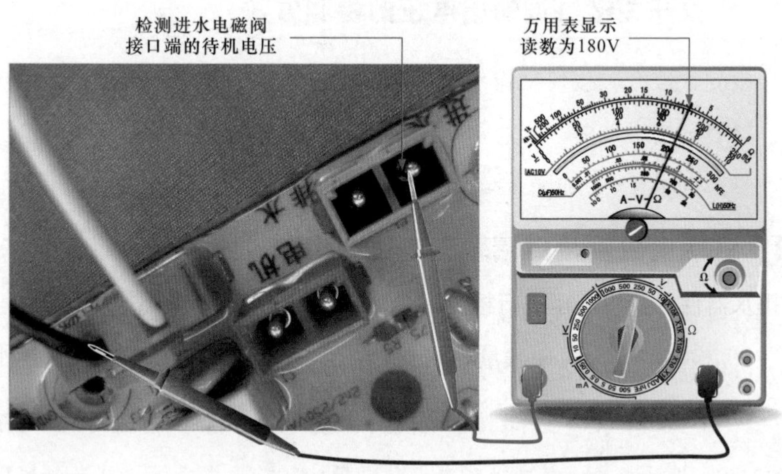

图 12-49 进水电磁阀接口端待机电压的检测操作

2）若检测进水电磁阀接口端待机电压正常，还应继续对进水电磁阀接口端的输出电压进行检测（在洗衣机处于“洗衣”工作状态下进行检测）。检测时，将万用表量程调至 AC 250 V 电压挡，红表笔接在进水电磁阀接口端，黑表笔接在电源接口端。正常情况下，进水电磁阀接口端输出电压为 AC 220 V 左右，如图 12-50 所示。

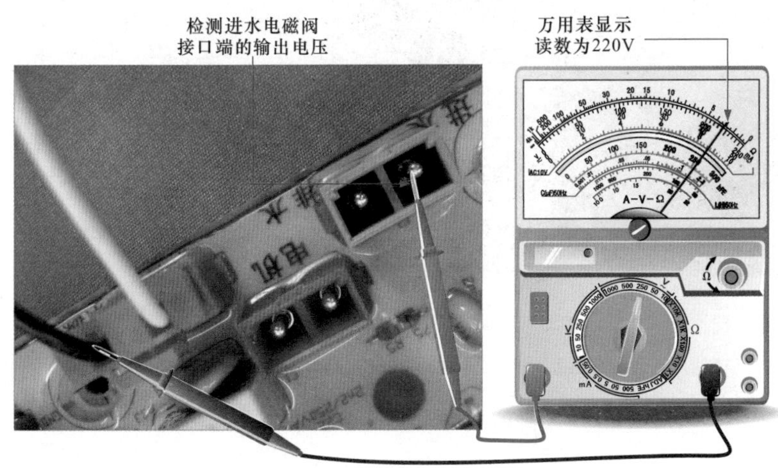

图 12-50　进水电磁阀接口端工作状态下输出电压的检测

4　排水器件接口端输出电压的检测方法

检测排水器件接口端输出电压前，可先让洗衣机处于待机状态，再对排水器件的待机电压进行检测。

1）检测时，将万用表量程调至 AC 250V 电压挡，红表笔接在排水器件接口端，黑表笔接在电源接口端。正常情况下，排水器件接口端待机电压为 AC 180V 左右，如图 12-51 所示。

2）若检测排水器件接口端待机电压正常，可对排水器件接口端输出电压进行检测。检测时，将万用表量程调至 AC 250V 电压挡，红表笔接在排水器件接口端，黑表笔接在电源接口端。正常情况下，排水器件接口端输出电压为 AC 220V 左右，如图 12-52 所示。

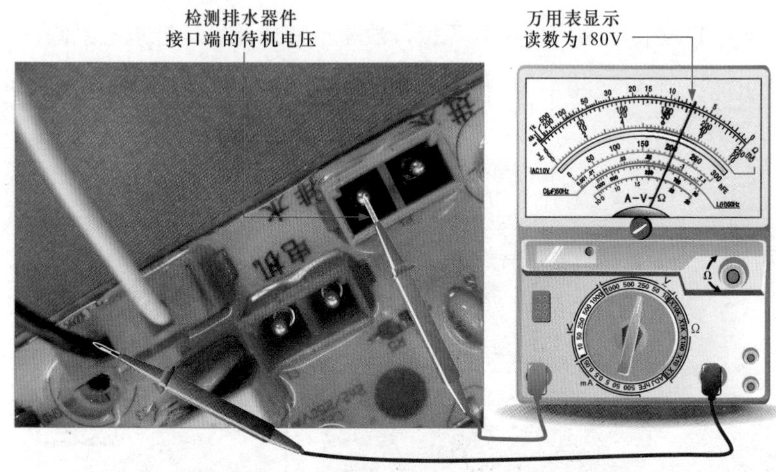

图 12-51　排水器件接口端待机电压的检测操作

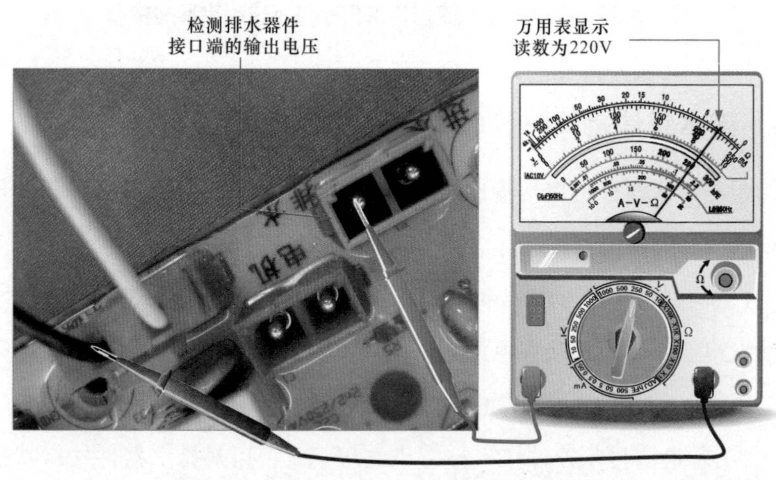

图 12-52　排水器件接口端输出电压的检测操作

5 洗涤电动机接口端输出电压的检测方法

检测洗涤电动机接口端的输出电压时，应将洗衣机处于正反转旋转洗涤工作状态。将万用表量程调至 AC 500V 电压挡，红黑表笔任意搭在洗涤电动机的接口端。正常情况下，洗涤电动机接口端为 AC 380 V 间歇供电电压，如图 12-53 所示。

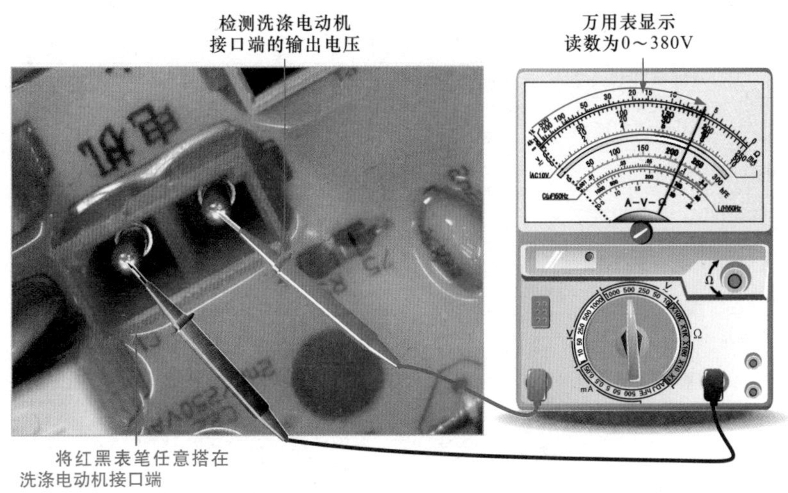

图 12-53 洗涤电动机接口端输出电压的检测操作

附　录

本书二维码清单

二维码名称	所在页码	二维码名称	所在页码
指针万用表的结构特点	002	变压器的电压变换功能	100
指针万用表的表盘	003	变压器绕组阻值的检测	103
指针万用表的功能旋钮	005	变压器输入输出电压的检测	105
指针万用表三极管检测插孔的使用	007	永磁式直流电动机的结构	106
数字万用表的结构特点	010	永磁式直流电动机的工作原理	108
数字万用表的表笔插孔	016	电磁式直流电动机的结构	111
指针万用表的表笔连接和表头校正	020	典型有刷直流电动机的结构	114
指针万用表的零欧姆校正	021	有刷直流电动机的工作原理	115
数字万用表附加测试器的使用	042	典型无刷直流电动机的结构	115
指针万用表检测直流电压	058	单相交流电动机的检测	119
普通（色环）电阻器的检测	070	集成电路的种类与特点	121
光敏电阻器的检测	072	电风扇起动电容器的检测	141
热敏电阻器的检测	073	电风扇调速开关的检测	145
普通电容器的检测	075	电饭煲加热盘的检测	160
色环电感器的检测	079	电饭煲限温器的检测	161
普通二极管的检测	082	微波炉温度保护器的检测	175
发光二极管的检测	084	微波炉门开关组件的检测	176
三极管放大倍数的检测	089	典型电话机的听筒通话电路	187
结型场效应晶体管的检测	091	洗衣机电磁式牵引器的检测	245
单向晶闸管触发能力的检测	093	洗衣机双速电动机的检测	252

读者需求调查表

读者朋友：

您好！为了给您提供更好的图书产品和服务，我们进行此次调研活动。本问卷所有个人数据仅供调查分析使用，绝无其他用途，请您放心作答，谢谢！

个人信息

姓　　名		性　　别		出生年月	
联系电话		手机号码		E-mail	
学　　历		专　　业		职　　务	
工作单位		通讯地址		邮政编码	

1. 您关注的图书类型有：

□教材教辅　□技术手册　□产品手册　□基础入门　□产品应用　□产品设计
□维修维护　□技能培训　□技能技巧　□识图读图　□技术原理　□实操经验
□应用软件　□其他（　）

2. 您喜欢的图书表达形式有：

□问答型　□论述型　□实例型　□图文对照　□图解 + 视频　□其他（　）

3. 您喜欢的图书开本为：

□口袋本　□ 32 开　□大 32　□ A5　□ B5　□ 16 开　□大 16　□其他（　）

4. 您常用的图书信息获得渠道为：

□图书征订单　□社交媒体　□书店查询　□书店广告　□网络书店　□专业网站
□行业或协会网站　□专业杂志　□专业报纸　□专业会议　□朋友介绍　□其他（　）

5. 您常用的购书途径为：

□线下书店　□网络书店　□社交媒体　□出版社直购　□单位集采　□其他（　）

6. 您所购图书的定价区间为（元 / 册）：

手册（　）图册（　）技术应用（　）技能培训（　）基础入门（　）其他（　）

7. 您每年用于纸质图书的购书费用为：

□ 100 元以下　□ 101 ~ 200 元　□ 201 ~ 300 元　□ 300 ~ 500 元　□ 500 元以上

8. 您的购书经费性质为：

□自费　□公费　□公费自费都有（其中自费大致占比为____%）

9. 您更希望通过什么方法接收最新的图书出版信息：

□邮寄书目　□电子邮件　□网页推送　□社交媒体　□电话　□短信　□其他（　）

再次感谢您的支持！如果您还有其他相关问题，欢迎随时和我们联系沟通！

地　　址：北京市海淀区中关村南大街 27 号 中央民族大学出版社　邮政编码：100081
联系电话：13520543780（同微信）　电子邮箱：buptzjh@163.com（可来信索取本表电子版）
联 系 人：张老师　购书热线：010-68932751　传真号码：010-68932447

编著 / 翻译图书推荐表

姓　　名		出生年月		职称 / 职务		
手机号码		联系电话		E-mail		
专　　业		研究方向或教学科目				
工作单位						
通讯地址				邮政编码		
个人简历（毕业院校、所学专业、从事的项目、发表过的论文）						
您近期的写作计划有：						
您推荐的外版图书有：						
您认为目前国内图书市场上比较缺乏的图书主题或产品类型有：						

感谢您的推荐与支持！如果您还有其他相关问题，欢迎随时和我们联系沟通！

地　　址：北京市海淀区中关村南大街 27 号 中央民族大学出版社　邮政编码：100081
联系电话：13520543780（同微信）　电子邮箱：buptzjh@163.com（可来信索取本表电子版）
联 系 人：张老师　　购书热线：010-68932751　　传真号码：010-68932447